Erhard Oeser

Die Suche nach der zweiten Erde

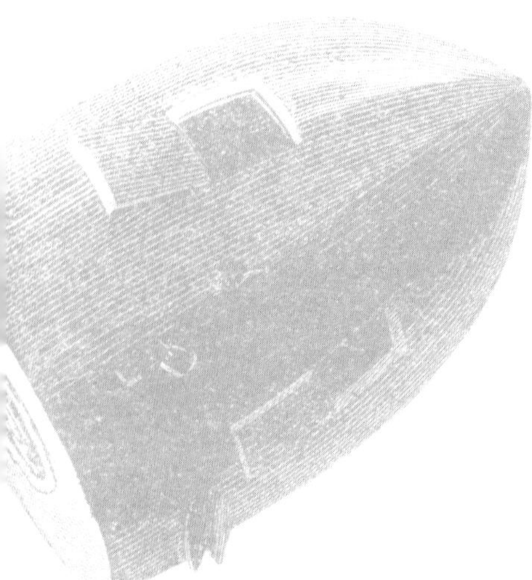

ERHARD OESER

Die Suche nach der zweiten Erde

Illusion und Wirklichkeit der Weltraumforschung

Einbandgestaltung: Peter Lohse, Büttelborn
Einbandbild: Frontispiz einer Ausgabe von „Autour de la lune“ von Jules Vernes aus dem Jahre 1869. picture-alliance/akg-images

Die Deutsche Nationalbibliothek verzeichnet diese Publikation in der Deutschen Nationalbibliografie; detaillierte bibliografische Daten sind im Internet über http://www.dnb.d-nb.de abrufbar.

Die Herausgabe des Werkes wurde durch die Vereinsmitglieder der WBG ermöglicht.
Layout & Prepress: schreiberVIS, Seeheim-Jugenheim
Gedruckt auf säurefreiem und alterungsbeständigen Papier
Printed in Germany

Besuchen Sie uns im Internet: **www.wbg-wissenverbindet.de**

ISBN 978-3-534-22147-9

Inhalt

Vorwort

Mit den Erfolgen der unbemannten Raumsonden, die ein völlig neues Bild von den Planeten unseres Sonnensystems gebracht haben, hat heutzutage die Weltraumforschung einen Höhepunkt erreicht, der nur noch durch die Rückkehr zum Mond und einen bemannten Flug zum Mars übertroffen werden kann. Angesichts des ungeheuren technischen und finanziellen Aufwandes, den derartige Unternehmen erfordern, und des Zustandes unserer menschlichen Gesellschaft hier auf Erden, in der Hunger, Not und mörderische Kriege noch lange nicht verschwunden sind, lässt sich jedoch die Frage nach dem Sinn und Zweck eines solchen aufwendigen Forschungsprogramms stellen, das sich mit dem fernen Weltraum und nicht mit unseren irdischen Verhältnissen beschäftigt.

Die Antwort, die dieses Buch zu geben versucht, lautet: Wenn heutzutage die Planeten unseres Sonnensystems und vor allem der Mars durch unbemannte Raumsonden erkundet werden und in weit entfernten Sternsystemen mit Hilfe von mächtigen Teleskopen nach Planeten geforscht wird, auf denen man Leben vermuten könnte, so ist dies nur ein weiterer Schritt in der jahrhundertealten Suche nach einer „zweiten Erde", die in der Neuzeit mit Keplers „Traum vom Mond" als wissenschaftlich fundiertes Forschungsprogramm der Astronomie begonnen hat. Man kann daher die wegen des immensen Aufwandes immer wieder heftig kritisierten Anstrengungen der gegenwärtigen Weltraumforschung nicht ohne einen Rückblick auf die Geschichte der Astronomie verstehen. Das gilt sowohl für die Entwicklung der astronomischen Beobachtungstechnik von Galileis Fernrohr bis zu den großen Radioteleskopen der Gegenwart als auch ganz ohne Zweifel für die bereits vor einem halben Jahrhundert verwirklichte Idee des bemannten Raumfluges. Bei all diesen Entwicklungen war die treibende Kraft die Vorstellung von außerirdischem intelligentem Leben auf fremden Himmelskörpern. Den meisten Astronomen ging es aber nie primär um die Behauptung der realen Existenz von Bewohnern der Planeten unseres Sonnensystems, sondern immer nur um die Bedingung der Möglichkeit von höherem organischem Leben außerhalb der Erde. Es waren vielmehr die Philosophen und Literaten, die zum Teil aus religiösen, zum Teil aber auch aus sozialkritischen Motiven jene außerirdischen Wesen schufen, die bis heute als „Aliens“ in den Köpfen der Menschheit herumgeistern.

Im Zeitalter der Raumfahrt kann jedoch niemand mehr an die Existenz von Mondbewohnern oder Marsmenschen glauben. Denn bereits mit der Entwicklung der erdgebundenen astronomischen Beobachtungstechnik war klar geworden, dass es in unserem Sonnensystem nur eine schmale Zone zwischen den sonnennahen heißen Planeten Merkur und Venus und den sonnenfernen Eiswelten des Jupiter und Saturn gibt, in der Leben möglich ist. Als „zweite Erde“ blieb daher nur noch der Planet Mars übrig, nachdem sich auch der Mond als tote Welt erwiesen hat. Zwar haben die Erkundung der extrem dünnen hauptsächlich aus Kohlendioxid bestehenden Atmosphäre und der eiskalten Oberfläche des Mars durch unbemannte Raumsonden alle Hoffnungen zerstört, dort für Menschen erträgliche Lebensbedingungen vorzufinden, doch damit ist der alte Traum von einer zweiten Erde in unserem Sonnensystem keineswegs zunichte geworden, sondern hat vielmehr ganz andere Hoffnungen und Pläne hervorgerufen. Seit die mit kleinen Labors ausgestatteten Landegeräte neuerdings auf dem Mars das Vorhandensein von Wasser, die Bedingung allen organischen Lebens im All, bestätigt haben, kann man hoffen, dass diese tote oder sterbende Welt wiederbelebt werden kann, indem man sie zu erdähnlichen Landschaften umformt. „Terraforming“ nennt sich dieses anspruchsvollste Programm menschlichen Forschungsgeistes und Tatendrangs, das jemals in der Geschichte der Menschheit aufgestellt worden ist. Die ersten Schritte dazu sind schon getan worden. Denn die NASA hat anlässlich ihres 50. Geburtstages den Plan verkündet, in naher Zukunft Menschen auf den Mars zu schicken.

Wien, im Dezember 2008 — Erhard Oeser

Einleitung:

Die Diskussion über die Mehrheit bewohnter Welten

„Man muss schon ein Narr sein, ein Tor, ein Trottel, ein Ignorant, um sich einzubilden, dass die Milliarden von Welten einzig und allein zum Ergötzen und Erstaunen des Menschen erglänzen."

Guy de Maupassant, L'Homme de Mars, 1889

Seit jeher war der Gedanke, dass wir Menschen auf der Erde die einzigen Bewohner eines unendlich ausgedehnten öden und leblosen Raumes sind, trostlos und erschreckend. Die Vorstellung, dass kein anderer der zahllosen Himmelskörper im Weltall intelligente Lebewesen beherbergen soll, widersprach nicht nur den menschlichen Gefühlen und Hoffnungen, sondern auch dem wissenschaftlichen Forschungsdrang. Daher wurden mehr als zwei Jahrtausende lang über die Bewohnbarkeit fremder Himmelskörper Argumente und Gegenargumente angehäuft. Im geozentrischen Weltbild der Antike war es nur der Mond, von dem man die Erdähnlichkeit behaupten konnte. Erst nach der kopernikanischen Revolution, als man erkannt hatte, dass die Erde nur ein Planet unter anderen Planeten ist, entstand die Vorstellung, dass vielleicht alle Planeten des Sonnensystems der Erde ähnlich sind und auch von intelligenten Lebewesen bewohnt sein könnten. Bereits der bedeutendste Begründer der neuzeitlichen Astronomie, Johannes Kepler, hatte von der möglichen Existenz der Mondbewohner geträumt, nachdem Galileo Galilei als Erster sein Fernrohr auf diesen Himmelskörper gerichtet und seine Erdähnlichkeit erkannt hatte. Der einflussreiche Sekretär der Pariser Akademie Fontennelle erweiterte gleichzeitig mit dem holländischen Physiker und Astronomen Huygens diese Idee von der Mehrheit der bewohnten Welten auf das ganze Sonnensystem. Und auch der geniale Konstrukteur der Riesenteleskope, William Herschel, war beseelt von dem Wunsch, die Existenz nicht nur der Mondbewohner, sondern auch die Bewohnbarkeit aller Planeten und sogar der Sonne zu beweisen. Als daher ein Bericht über die Entdeckung der Seleniten, d. h. der Mondbewohner, erschien, die zu beobachten seinem Sohn John Herschel mit einem solchen Riesenteleskop am Kap der Guten Hoffnung gelungen sein sollte, war die Begeisterung groß. Und selbst dann als sich diese Entdeckung als ein Zeitungsscherz herausgestellt hatte, mit dem auch ein Großteil der astronomischen Fachwelt getäuscht worden war, ging die Suche der Astronomen nach den Spuren intelligenter Wesen auf dem Mond weiter.

Es war vor allem ein junger Astronom an der berühmten Sternwarte von Paris, Camille Flammarion, der die Idee vom bewohnten Weltall in einer Weise populär machen konnte, wie es vor ihm nur Fontenelle gelungen war. Als Flammarion später eine eigene Sternwarte in der Nähe von Paris zur Verfügung gestellt bekam, wandte er sich insbesondere der Erforschung des Planeten Mars zu, über den er ein monumentales Werk herausgab, das alle vorhergehenden Beobachtungen umfasste. Übertroffen wurde er nur von dem italienischen Astronomen Giovanni Schiaparelli, der mit seiner Entdeckung der Marskanäle eine Jahrzehnte andauernde Diskussion auslöste, in der vor allem der amerikanische Geschäftsmann und Astronom Percival Lowell durch seine wilden Spekulationen über die Erbauer dieser Kanäle hervorragte.

Es waren aber nicht nur diese Spekulationen der Astronomen über die Vielheit der bewohnten Welten, welche die wissenschaftliche Erforschung des Weltalls in einem erstaunlichen Maß beeinflusst haben, sondern auch die Fantasien der Dichter und die Spekulationen der Philosophen, die sich seit der Antike mit diesem Thema beschäftigten. Gerade weil die Vorstellung von der Bewohnbarkeit der Himmelskörper noch lange Zeit auch bei den Astronomen reine Spekulation war, kam es dazu, dass sich auch die großen Philosophen der Neuzeit wie Leibniz, Locke und vor allem Kant mit dieser Frage auseinandersetzten und dabei auch das theologische Argument zur Hilfe nahmen, das auch heute noch die interdisziplinäre Diskussion über Möglichkeit und Konsequenzen außerirdischen intelligenten Lebens im Weltall bestimmt. Während naturwissenschaftlich gebildete Gelehrte, wie der Newton-Biograf David Brewster, in diesem Gedanken eines von Gott geschaffenen überall von Menschen bewohnten Universums ein Glaubensbekenntnis jedes wahren Philosophen und die Hoffnung jedes Christen sahen, schaudern christliche Theologen heutzutage vor dem Gedanken eines von Planet zu Planet herumspringenden Erlösers zurück. Doch jene Freizügigkeit, mit der die Fantasie häretischer Theologen die Planeten mit den Seelen der Verstorbenen besiedelten und die in den Träumen des Geistersehers Emanuel Swedenborg ihren Höhepunkt erreichte, führte zu einer seltsamen Art von Gespenstermetaphysik, gegen die selbst Kant, der große Philosoph der Aufklärung, vergeblich gekämpft hat.

Abb. 1: Die bedeutendsten Astronomen, die von der Bewohnbarkeit der Planeten des Sonnensystems überzeugt waren: a) Kepler, b) Huygens, c) Herschel, d) Flammarion, e) Schiaparelli, f) Lowell (zusammengestellt nach Oeser 1971, Newcomb 1892, Pohle 1922)

Im Vergleich dazu hatten dagegen die Fantasien der Dichter und Schriftsteller, die sich seit der Antike mit der Möglichkeit einer Reise zum Mond beschäftigten, einen geradezu heuristischen Charakter. Während bis in die jüngste Vergangenheit die Astronomen wie Flammarion an der Realisierung solcher Fahrten in den Weltraum zweifelten oder sie schlicht für unmöglich hielten, schufen Schriftsteller wie Jules Verne und H. G. Wells Visionen sowohl von einer Mondfahrt als auch von einer Invasion vom Mars von geradezu gespenstischer Wirklichkeitsnähe. Übertroffen wurden sie nur von den Erfindern der Raketentechnik selbst, die, wie der russische Ingenieur Ciolkovskij, ihre theoretischen Entwürfe auch in Form von utopischen Erzählungen einer breiten Öffentlichkeit bekannt gemacht haben. In diesem Zwischenreich von Dichtung und Wissenschaft bewegen sich auch heute noch jene modernen

Autoren unter den Astronomen, die, wie Frank Drake und Carl Sagan, Programme zur Suche nach extraterrestrischer Intelligenz (SETI) entworfen und realisiert haben.

Ebenfalls in diese Kategorie gehören auch jene Horrorszenarien, die auf den von alters her entworfenen Theorien vom Ende der Welt beruhen und heute von der astrophysikalischen Forschung durch die Erkenntnis bestätigt werden, dass letzten Endes unsere Erde von der sich zu einem roten Riesen aufgeblähten Sonne verschluckt wird. Obwohl es noch mehrere Milliarden Jahre dauert, bis unser Sonnensystems untergehen wird, gibt es auch selbstverschuldete oder natürliche Katastrophen, wie Treibhausklima oder Zusammenstöße mit anderen Himmelskörpern, die eine Flucht von der Erde in viel kürzeren Zeiträumen realistisch erscheinen lassen. Womit auch die Suche nach einer zweiten Erde oder sogar die Erschaffung einer neuen Erde durch Umgestaltung von anderen Himmelskörpern zu erdähnlichen Planeten ihre wenngleich auch nur illusionäre Rechtfertigung erhält.

1. Die Lehre von der Erdähnlichkeit des Mondes in der Antike

Die Lehre von der Erdähnlichkeit des Mondes und die damit verknüpfte Vorstellung von seiner Bewohnbarkeit durch intelligente menschenähnliche Wesen waren in der Antike ungewöhnlich und revolutionär. Denn es hatte sich trotz mancher anderer Überlegungen schließlich ein Weltbild durchgesetzt, das die ruhende Erde als Zentrum aller Himmelskörper ansah. In einem solchen Weltbild, das den Mond und alle Planeten ebenso wie die Sonne aus einer überirdischen leuchtenden Materie bestehend betrachtete, die in dem Gewölbe der Fixsternsphäre eingeschlossen sein sollten, war für die Vorstellung anderer bewohnter Welten kein Platz.

Die ältesten Vorstellungen von der Bewohnbarkeit des Mondes

Die Erdähnlichkeit des Mondes war zwar durch empirische Beobachtungen der Unebenheiten der Mondoberfläche gestützt, konnte sich jedoch auf keine ausgearbeitete Theorie der Erdbewegung berufen. Denn nur dann, wenn die Erde selbst ein bewegter Himmelskörper ist, kann man sie mit dem Mond vergleichen. Es gab zwar dazu spekulative Ansätze bei den Vorläufern des Kopernikus in der Antike wie etwa bei Aristarch von Samos (310 – 230 v. Chr.). Doch zu einer praktisch anwendbaren geometrisch-exakten Theorie der Planetenbewegungen haben diese Ansätze noch nicht geführt. Umso erstaunlicher ist das historische Faktum, dass diese Theorie von der Erdähnlichkeit des Mondes von den frühesten Zeiten an bis zum Höhepunkt der Entwicklung der antiken Astronomie immer präsent geblieben ist.

Ansätze dazu sind im antiken Griechenland sehr früh, noch weit vor dem ptolemäischen Weltsystem, aufgetaucht. Ein Bruchstück der pythagoreisch-ägyptischen „Orphischen Gesänge“, das durch den Neuplatoniker Proklus (410 – 485 n. Chr.) überliefert worden ist, besagt ausdrücklich, dass auf dem Mond Berge, Städte und stolze Gebäude sich erheben (Proklus, in Timaeum Lib. IV). Nach Diogenes Laertius hat auch der Begründer der Eleatenschule, Xenophanes aus Kolophon (geb. 565 v. Chr.), die Bewohnbarkeit des Mondes gelehrt. Jedenfalls hat sich der christliche Kirchenlehrer Lactantius (325 n. Chr.) über ihn lustig gemacht, weil er Mondbewohner angenommen habe, die in tiefen Höhlen wohnen. Der um 499 v. Chr. geborene griechische Philosoph Anaxagoras lehrte, dass *„der Mond Berge, Täler und bewohnte Gegenden hat"* (Diogenes Laertius II, 8). Der Mond ist aber nach seiner Meinung der einzige Himmelskörper, der gleich wie die Erde ist. Als er jedoch lehrte, dass die Sonne nur eine glühende Steinmasse, größer als der griechische Peloponnes, sei, wurde er der Gottlosigkeit angeklagt und musste nach Lampsakus auswandern (Diogen. Laert. Lib. II). Der Begründer der Atomlehre, Demokrit (460 – 370 v. Chr.), vertrat sogar eine ganz modern anmutende kosmogonische Vorstellung vom Entstehen und Vergehen unzähliger Welten im Universum: *„Die einen seien noch im Wachsen, die anderen ständen auf der Höhe ihrer Blüte; andere seien im Schwinden begriffen ... In manchen sei weder Sonne noch Mond, in manchen seien sie größer als die in unserer Welt und in manchen gäbe es mehr davon ... Und es gäbe einige Welten, in denen es keine Tiere und Pflanzen und keinerlei Feuchtigkeit gäbe"* (Hippolytos, I, cap. 13, 2; vgl. Capelle 1940, S. 416). Aber einige von diesen unzähligen Welten *„seien untereinander nicht nur ähnlich, sondern in jeder Hinsicht vollständig, ja so vollkommen gleich, dass unter ihnen überhaupt kein Unterschied wäre, und ebenso wäre es mit den Menschen dort"* (Cicero, Academica priora II, cap. 55; vgl. Capelle 1940, S. 416).

Unter all den Autoren der Antike, welche die Mehrheit bewohnter Welten vertraten, ragen vor allem die Pythagoreer schon deshalb hervor, weil sie als Vorläufer des Kopernikus annahmen, dass die Erde, wie der Mond und die anderen Planeten, um ein „Zentralfeuer" kreist. Damit wurde nicht nur die Erde zu einem Planet unter Planeten, sondern auch umgekehrt die Erdartigkeit des Mondes und der Planeten behauptet. Am deutlichsten aber hat sich Philolaos von Kroton (um 500 v. Chr.) über die Bewohner des Mondes ausgedrückt, wie der spätantike Schriftsteller Aetius (um 100 n. Chr.) zu berichten weiß: *„Einige Pythagoreer, zu denen auch Philolaos gehört, behaupten, der Mond scheine erdartig zu sein, weil er, wie unsere Erde, ringsum bewohnt würde, jedoch von größeren und schöneren Lebewesen und Pflanzen. Denn die Lebewesen auf ihm seien fünfzehnmal so groß wie bei uns; sie sonderten keinerlei Ausscheidungen aus sich ab, und der Tag sei ebenfalls fünfzehnmal so lang wie bei uns"* (Aetius II, cap. 30, 1; vgl. Capelle 1940, S. 481). Philolaos war es auch, der die seltsame Idee einer geheimnisvollen Gegenerde vertrat, die für uns immer unsichtbar bleibt, weil sie der Erde genau gegenüberliegt und sich mit ihr mit gleicher Geschwindigkeit um das Zentralfeuer herumbewegt. Infolgedessen können auch deren Bewohner von uns nicht gesehen werden (Aetius II, cap. 11, 3; vgl. Capelle 1940, S. 480).

Das Mondgesicht: Plutarch

Das bedeutendste Werk über die Erdähnlichkeit des Mondes und seine Bewohnbarkeit in der Antike stammt jedoch von dem Historiker und Philosophen Plutarch aus Chäronea (50 – 125 n. Chr.). Es trägt den Titel: „De facie in orbe lunae" (Über das Mondgesicht). Darin muss Plutarch zunächst die Auffassungen von der materiellen Beschaffenheit des Mondes widerlegen, wie sie von den beiden großen philosophischen Schulen der Antike, der aristotelischen und der stoischen Schule, vertreten worden sind. Beide nahmen an, dass der glanzartige und feine Teil des Äthers den Weltraum bildet und der verdichtete und komprimierte Teil die Himmelskörper. Von diesen sei der Mond der trägste und trübste. Denn die bereits mit bloßem Auge beobachtbaren Unebenheiten, die man „Gesicht" des Mondes nennt, beweisen, dass es eine Beeinflussung dieser reinen, von jeder Veränderung freien Substanz gibt. Eine solche Beeinflussung muss auf einer Beimischung irgendeiner anderen geringeren Substanz beruhen, wodurch die Äthersubstanz ihre Reinheit verliert. Darüber hinaus kann man die Trübheit des Glanzes, die Trägheit der Bewegung und die Kraftlosigkeit der Wärme des Mondes nur als Zeichen seiner Schwäche ansehen. Jedenfalls lässt sich für Plutarch beim Mond die Äthernatur nicht mehr aufrechterhalten. Wenn er wie die Erde ist, kann er aber trotzdem nach seiner Meinung ein *„recht schönes, verehrungswürdiges und prächtiges Ding"* sein. Als Stern oder göttlicher, himmlischer Körper dagegen macht der Mond *„eine hässliche, unziemliche Figur und tut seiner erhabenen Bezeichnung keine Ehre an. Denn unter den kreisenden Sternen des Weltraums bedarf er allein fremden Lichtes"* (Plutarch 1968, S. 36).

Plutarch kann sich in diesem Zusammenhang auf Parmenides berufen, der vom Mond sagt: *„Immer hat er die Blicke gewendet zur strahlenden Sonne"*, und auf Empedokles, der bereits erkannt hat, dass *„das Mondlicht, das die Erde beleuchtet, durch eine Art Reflexion des Sonnenlichtes am Mond entsteht. Darum kommt es auch ohne die Wärme und Leuchtkraft zu uns"* (Plutarch 1968, S. 37 f.). Damit stimmt auch der Satz des Anaxagoras überein, dass die Sonne dem Mond seinen Glanz verleiht (Plutarch 1968, S. 36). Nun wird aber der Mond nicht nur selbst beleuchtet, sondern sendet auch einen Abglanz seines Lichtes zur Erde. Das aber bestärkt Plutarchs eigene Lehre von der Erdähnlichkeit der Substanz des Mondes: *„Denn Reflexionen geschehen an keiner* *lockeren, feinen Substanz, und man kann sich nicht leicht vorstellen, dass Licht von Licht, Feuer von Feuer abprallte; jeder Körper, der Aufprall und Brechung bewirken soll, muss massig und dicht sein, damit ein Stoß gegen ihn und ein Zurückprallen von ihm geschehen kann ... und wir sehen, dass der Mond nicht wie die Luft, sondern wie die Erde beleuchtet wird; daraus folgt, dass die zwei Dinge, auf die das Gleiche die gleiche Wirkung hat, auch ähnliche Substanz haben"* (Plutarch 1968, S. 47). Einen weiteren Beweis für die Erdartigkeit des Mondes sieht Plutarch in den Mondfinsternissen, die immer dann auftreten, wenn der Mond in den Schatten der Erde tritt. Wenn der Mond nach der Auffassung der Stoiker ein eigenes, wenn auch schwaches, kraftloses Feuer hätte, müsste er im Schatten der Erde sichtbar sein: *„In Wirklichkeit aber wird er verfinstert und verliert sein Licht; er bekommt es wieder, wenn er aus dem Schatten auftaucht. Ja er ist sogar am Tage sichtbar und zeigt so, dass er alles andere ist als ein feuriger, gestirnartiger Körper"* (Plutarch 1968, S. 47).

Nach Plutarch ist auch anzunehmen, dass der Mond nicht eine einförmige Oberfläche wie das Meer hat, sondern dass seine Beschaffenheit am ehesten der Erde gleicht. Bei dieser Vorstellung, so versichert Plutarch, verliert der Mond nichts von seiner Würde und Göttlichkeit. Er kann vielmehr als eine himmlische und heilige Erde betrachtet werden: *„Denn es ist nicht unmöglich oder absurd anzunehmen, dass der Mond, da er nichts Fauliges, Sumpfiges an sich hat, sondern reines Himmelslicht genießt und von einer Wärme erfüllt ist, die nicht von hitzigem, wildem Feuer rührt, sondern von feuchtem, unschädlichem, naturgemäßem, dementsprechend herrliche Landschaften besitzt: Gebirge, die wie Flammen leuchten, und purpurne Landstriche, dazu Gold und Silber, das nicht zerstreut in der Tiefe liegt, sondern in den Ebenen in Fülle zutage tritt oder auf sanften Anhöhen erstrahlt"* (Plutarch 1968, S. 50). Und was jene Unebenheiten, jenes „Gesicht" betrifft, das auf ihm sichtbar ist, so behauptet Plutarch, dass, *„wie die Erde große Höhlungen hat, so auch der Mond von großen Vertiefungen und Klüften zerrissen ist, die Wasser oder finstere Luft enthalten, Schluchten, die das Sonnenlicht nicht durchdringt und nicht einmal berührt"* (Plutarch 1968, S. 51).

Eigenart und Verhaltensweise der Mondbewohner

Wenn der Mond in seiner Oberflächengestaltung nichts anderes ist als eine zweite Erde, dann muss nach Plutarch dort auch Leben möglich sein: *„Denn wenn es nicht möglich ist, so spricht das auch gegen die Lehre, der Mond sei aus Erde. Man müsste ja glauben, er sei ohne Zweck und Sinn geschaffen,* *wenn er nicht Früchte hervorbringt, Menschen einen Wohnsitz bietet, ihre Geburt und Ernährung ermöglicht, Dinge, um derentwillen nach unserer Überzeugung auch unsere Erde geschaffen ist"* (Plutarch 1968, S. 56). Doch Plutarch weiß auch, dass dieses Argument, wenn keine Menschen auf dem Mond wohnen, sei er ohne Sinn und Zweck, nicht zwingend ist. Denn auch unsere Erde ist nicht überall fruchtbar und bewohnt. Nur ein kleiner Teil von ihr bringt Tiere und Pflanzen hervor; der Rest ist zum Teil durch unwirtliches Wetter oder durch Dürre öde und unfruchtbar, zum größten Teil aber bedeckt vom Meer. Und doch ist die Existenz dieser Regionen keineswegs sinnlos. Das Meer lässt milde Dünste aufsteigen; und im Hochsommer kommen die erfrischendsten Winde aus der unbewohnten, kalten Zone, wo der allmählich schmelzende Schnee sie freisetzt und in alle Richtungen wehen lässt. Es ist also durchaus möglich, dass auch der Mond ohne Lebewesen sein kann, aber doch einen Zweck erfüllt.

Jedoch alle Gegeneinwände, die im Ernst wie im Scherz gegen die Existenz der Mondbewohner erhoben worden sind, hält Plutarch für lächerlich. So wurde behauptet, dass denen, die auf der Unterseite des Mondes wohnen, er wie ein Stein drohend über ihren Häuptern hänge, und die, die oben auf ihm wohnen, seien an ihn gefesselt und würden bei seinem rasenden Umschwung von Stürmen gepeitscht. Darüber hinaus müsste man auf der Erde darauf gefasst sein, dass die Mondbewohner sozusagen im Kopfsprung herunterpurzeln. Alle diese Einwände lassen sich jedoch nur im Rahmen des geozentrischen Weltbildes begründen, bei dem die Erde nicht nur im Zentrum steht, sondern auch der natürliche Ort aller schweren Körper ist, die auf ihn zustreben. Ohne sich ausdrücklich als Anhänger und Bewunderer des Aristarch zu bekennen, vertritt Plutarch eine völlig neue revolutionäre Theorie, die noch in der Neuzeit vor Newton bei Galilei als Ersatz für die Gravitationstheorie gedient hat. Diese neue Theorie kann auch als „Kohäsionstheorie" (vgl. Görgemann in Plutarch 1968, S. 7) bezeichnet werden. Sie betrachtet den Mond als eine Einheit für sich, die alle Gegenstände auf seiner Oberfläche festhält, während nach der aristotelisch-stoischen Lehre dagegen alle schweren Gegenstände auf dem Mond, wenn er aus Erde und nicht aus Äther besteht, zur Erde als ihren natürlichen Ort zurückstreben müssten.

Nach Plutarch hat es jedoch keinen Sinn, sich über die Standsicherheit der Mondbewohner den Kopf zu zerbrechen, wenn für ihre physische Existenz die Voraussetzungen fehlen. Denn wenn der Mond von der Sonne beschienen wird, die jährlich zwölfmal bei Vollmond im Zenit steht, kann man sich das Aufkommen von Winden, Wolken und Regen, die für Entstehung und Ausdauern der Pflanzen unerlässlich sind, nicht vorstellen wegen der Hitze, die durch die dünne Atmosphäre nicht gemildert werden kann. Wenn es aber auf dem Mond nicht regnet, kann man sich auch nicht vorstellen, dass dort überhaupt etwas wächst, das den Mondbewohnern als Nahrung dienen könnte. Doch für dieses Problem findet Plutarch eine plausible Lösung: *„Es ist anzunehmen, dass der ständige Temperatur-Wechsel die Extreme, die nur von kurzer Dauer sind, stark und in der rechten Weise mildert und beiden das Übermaß nimmt. Wahrscheinlich haben die Mondbewohner ein mittleres Klima, das am ehesten dem Frühling vergleichbar ist. Zweitens sendet die Sonne ihre Wärme zu uns durch feuchte Luft, die das Drückende verstärkt, und der aufsteigende Dunst nährt die Hitze; dort aber ist die Luft leicht und strahlendurchlässig; sie zerstreut und verflüchtigt die Sonnenstrahlen, da sie ihnen kein Substrat zur Entwicklung der Hitze bietet“* (Plutarch 1968, S. 59). Wenn es auf dem Mond keinen Regen gibt, so geht doch Plutarch davon aus, dass es auf dem Mond, ähnlich wie in den dürren heißen Gegenden der Erde, zum Beispiel in Oberägypten, Grundwasser gibt, durch das Fruchtbäume und Getreide ernährt werden können. Manche Pflanzen in diesen Gegenden können, wie es heißt, *„nicht einmal Tau vertragen, zum Beispiel die meisten arabischen; wenn sie benetzt werden, welken und vergehen sie“*. Es ist also gar für Plutarch keine abwegige Vorstellung, *„dass auf dem Mond Wurzeln, Samen und Hölzer gedeihen, die weder Regen noch Schnee brauchen, sondern sich in sommerlich dünner Luft wohl befinden“* (Plutarch 1968, S. 60).

Bei seinen Vorstellungen über die Natur und Wesensart der Mondbewohner geht Plutarch von dem Grundsatz aus, dass man auch auf der Erde größere und zahlreichere Unterschiede zwischen den Lebewesen als zwischen Lebendem und Unbelebtem finden kann. Wer also den Mond für einen glühendheißen Körper hält, der irrt sich, und wer andererseits erwartet, die Lebewesen dort seien auf die gleichen Voraussetzungen angewiesen wie die irdischen, der beweist geringe Erfahrung mit den Ungleichheiten in der Natur. Die Mondbewohner haben nach seiner Meinung, wenn es sie überhaupt gibt, wahrscheinlich einen zarten Körper und können mit jeder beliebigen Nahrung auskommen. Zur Begründung dieser Vorstellung liefert Plutarch einen plausiblen Vergleich: *„Stellen wir uns einmal vor, wir könnten uns nicht dem Meer nähern und es erreichen, sondern erblickten es nur aus der Ferne und erführen, dass es bitteres, untrinkbares, salziges Wasser enthalte; und nun berichtete jemand, es nähre viele große, mannigfaltige Lebewesen in der Tiefe und sei voll von Tieren, für die das Wasser dasselbe sei wie für uns die Luft – wir würden glauben, er erzähle Märchen und Wundergeschichten. Ebenso, scheint es, ist unser Verhältnis zum Mond, und ebenso ist unsere Verhaltensweise, wenn wir* *nicht glauben wollen, dass dort Menschen wohnen*" (Plutarch 1968, S. 62). Viel eher, meint Plutarch, könnten die Mondbewohner zweifeln, wenn sie die Erde betrachten, die sozusagen „*den Bodensatz und den Grundschlamm des Weltalls bildet und aus Feuchtigkeit, Nebeln und Wolken hervorschaut, ein glanzloser, niedriger und bewegungsloser Platz, ob sie Lebewesen hervorbringen und nähren könne, die an Bewegung, Atmung und Wärme Anteil haben*" (Plutarch 1968, S. 63).

2. Die kopernikanische Revolution: Alle Planeten sind Erden

Während die Vorstellung von den Mondbewohnern in der antiken Astronomie nur wenig Beachtung fand, änderte sich die Situation mit der Durchsetzung des kopernikanischen Weltbildes vollständig. Denn damit war klar geworden, dass die Sonne das Zentrum der Planetenbewegungen und die Erde nur ein Planet unter anderen Planeten ist, die dieses Zentrum umkreisen. Und es war naheliegend, dass nicht nur der Mond, sondern auch alle Planeten bewohnt sein könnten. Den entscheidenden Fortschritt in dieser Frage brachte jedoch die Entdeckung des Fernrohrs. Bereits Leonardo da Vinci (1452–1519), der wie Plutarch von der Erdähnlichkeit des Mondes überzeugt war, hatte die Forderung aufgestellt: *„Mache Vergrößerungsgläser (occhiali), um den Mond groß zu sehen“* (Leonardo 1940, S. 182). Genau das hat Galileo Galilei (1564–1642) getan, der in seinem „Sternboten“ (Sidereus Nuncius) vom Jahre 1610 davon berichtet, dass er auf Grund seiner Fernrohrbeobachtungen die alte pythagoreische Ansicht vom Mond als „zweiter Erde“ (Telluris altera) bestätigen konnte.

Galileis Fernrohr

Als Galilei sein Fernrohr auf den Mond richtete, sah er nicht nur die dunklen und ziemlich ausgedehnten Flecken, die für jedermann und in jedem Zeitalter offenkundig waren, sondern er entdeckte noch andere Flecken, die in der Ausdehnung kleiner, aber infolge ihrer Menge so dicht beieinander gelegen sind, dass die ganze Mondoberfläche, besonders jedoch der hellere Teil, mit ihnen übersät ist. Diese sind von niemandem vor ihm beobachtet worden. Durch häufig wiederholte Untersuchungen dieser Flecken ist Galilei dann zu der sicheren Erkenntnis gekommen, dass *„die Oberfläche des Mondes nicht glatt, regelmäßig und von vollkommener Kugelgestalt ist, wie es eine große Schar von Philosophen vom Mond selbst und von den übrigen Himmelskörpern geglaubt hat, sondern dass sie im Gegenteil uneben, rau und ganz mit Vertiefungen und Schwellungen bedeckt ist, nicht anders als das Antlitz der durch Bergketten und tiefe Täler unterschiedlich gestalteten Erde“* (Galilei 1810, Vol. IV, S. 309).

Zu dieser Überzeugung ist Galilei vor allem dadurch gekommen, dass am vierten oder fünften Tag nach Neumond, wenn der Mond als Sichel erscheint, die Grenze, die den dunklen vom leuchtenden Teil scheidet, nicht mehr gleichmäßig auf einer ovalen Linie verläuft, wie sie es auf einem vollkommen runden Körper tun würde, sondern eine ungleichmäßige Linie mit vielen Ausbuchtungen beschreibt (vgl. Abb. 2).

Einerseits dehnen sich mehrere leuchtende Auswüchse über die Grenze zwischen Licht und Finsternis in den dunklen Teil hinein und andererseits dringen finstere Teile in die beleuchtete Mondoberfläche vor. Eine große Menge kleiner schwarzer Flecken, die gänzlich vom finsteren Teil getrennt sind, übersät sogar überall fast die ganze Zone, die schon vom Sonnenlicht überflutet ist, ausgenommen nur der Teil, der die großen und altbekannten Flecken aufweist. Damit kommt aber Galilei ganz zwanglos zu einem Vergleich mit irdischen Verhältnissen: *„Einen ganz ähnlichen Anblick haben wir auf der Erde um die Zeit des Sonnenaufgangs, wenn wir sehen, wie die Täler noch nicht vom Licht durchflutet sind, die Berge aber, die sie umgeben, bereits voll erglänzen. Und wie auf der Erde die Schatten der Vertiefungen kleiner werden, wenn die Sonne höher steigt, so verlieren auch diese Mondflecken ihre Finsterheit, wenn der leuchtende Teil wächst"* (Galilei 1810, Vol. IV, S. 310 f.). In noch größeres Erstaunen versetzt jedoch Galilei die Beobachtung, dass *„sehr viele leuchtende Spitzen innerhalb des finsteren Mondteiles erscheinen, die völlig von der erleuchteten Zone getrennt und losgerissen und über einen nicht geringen Abstand von ihr entfernt sind. Sie nehmen, wenn man einige*

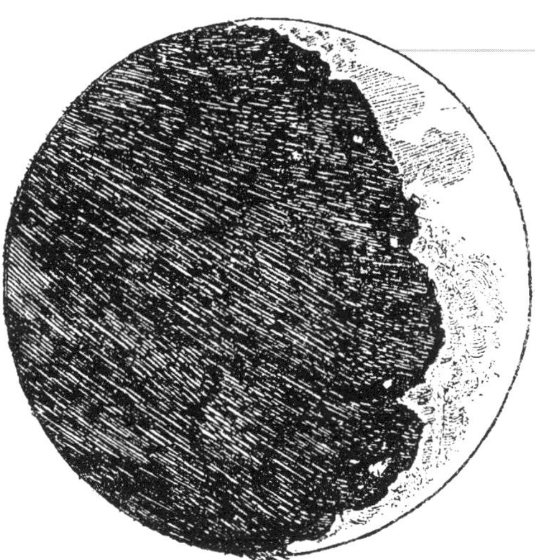

Abb. 2: Der Mond als zweite Erde (aus Galilei 1610)

Zeit wartet, allmählich an Größe und Leuchtkraft zu, und nach zwei oder drei Stunden vereinigen sie sich mit dem übrigen leuchtenden und jetzt größer gewordenen Teil. Inzwischen entzünden sich jedoch innerhalb des finsteren Teils immer neue Spitzen, allerorts gleichsam hervorsprießend, wachsen und vereinigen sich schließlich mit derselben leuchtenden Fläche, die sich noch weiter ausgedehnt hat.“ Auch für diese Beobachtung findet Galilei durch Vergleich mit irdischen Verhältnissen eine plausible Erklärung: „*Werden nun nicht auf der Erde vor Sonnenaufgang, wenn der Schatten noch die Ebene bedeckt, die Gipfel der höchsten Berge von den Sonnenstrahlen erleuchtet? Breitet sich nicht nach einer kleinen Weile das Licht aus, bis die mittleren und breiteren Teile dieser Berge beschienen werden? Und vereinigt sich nicht schließlich nach Sonnenaufgang der Sonnenschein auf den Ebenen mit dem auf den Hügeln?*“ (Galilei 1810, Vol. IV, S. 311). Während die kleinen Flecken, die Galilei als Erster beobachten konnte, über die ganze Mondoberfläche verstreut sind, erscheinen dagegen die großen Flecken des Mondes keineswegs in ähnlicher Weise unterbrochen und voll von Senken und Erhebungen, sondern sie sind gleichmäßiger und gleichförmiger. „*Will man*“, sagt Galilei, „*die alte Meinung der Pythagoreer wieder auffrischen, dass nämlich der Mond gleichsam eine zweite Erde sei, dann stellt sein leuchtenderer Teil die Landoberfläche, der dunklere die Wasseroberfläche sehr angemessen dar.*“ Er selbst habe jedenfalls nie bezweifelt, dass „*wenn die Erdkugel aus großer Entfernung betrachtet wird und von den Sonnenstrahlen beschienen wird, die Landoberfläche heller, die Wasseroberfläche dagegen dunkler aussehen wird*“ (Galilei 1810, Vol. IV, S. 313). Dass der Mond nicht nur Meere hat, sondern auch eine Atmosphäre, versucht Galilei durch folgende Überlegung zu beweisen: Da nach seiner Auffassung die Höhenunterschiede der Erhebungen und Senkungen auf dem Mond bei weitem die Unebenheit der Erde übertreffen, müsste der äußere Umriss des Mondes unregelmäßig und zackig erscheinen. Doch seine Beobachtungen ergaben, dass der ganze Saum des Mondes, der doch durchgehend aus der helleren Mondsubstanz, die überall aus Buckeln und Löchern besteht, vollkommen rund und abgezirkelt und von keinerlei Schwellungen oder Senkungen angenagt ist. Diese Beobachtung ist für Galilei der Beweis dafür, dass den Mondkörper – ebenso wie die Erde – eine Hülle umgibt, die imstande ist, die Sonnenstrahlen aufzufangen und zu reflektieren, wenn sie auch nicht so undurchsichtig ist, dass sie ein Hindurchdringen des Blicks auf die Mondoberfläche verhindern könnte.

Nachdem Galilei durch seine Fernrohrbeobachtungen auf so überzeugende Weise die Erdähnlichkeit des Mondes nachgewiesen hatte, wurde er gewarnt, dass man sehr bald diese Gegenden mit Menschen bevölkert ansehen werde.

Tatsächlich war dieser *„märchenhafte, wenn nicht gottlose Gedanke"* auch ein Gegenstand von Galileis „Dialog über die beiden Weltsysteme". Dort lässt er aber den einen der Gesprächspartner, den Vertreter des neuen kopernikanischen Weltbildes, Salviati, sich nur sehr vorsichtig über die Mondgeschöpfe äußern. Auch ist er nicht mehr völlig davon überzeugt, dass die großen dunklen Flecken, die auf der Oberfläche des Mondes zu sehen sind, Meere sind und die übrigen helleren Partien hingegen Land oder etwas Ähnliches. Denn es gibt ja noch andere Ursachen für diese Farbunterschiede: So könnten die dunkleren Flecken durch feuchte Erde zustande gekommen oder von Wäldern bewachsen sein. Fest steht nur, dass diese dunkleren Teile des Mondes Ebenen sind, während die anderen helleren Partien *„mit Felsen, Bergen, kreisförmigen und anders gestalteten Wällen bedeckt sind"* (Galilei 1891, S. 105). Noch viel weniger lässt sich mit Sicherheit etwas über das Vorhandensein von Pflanzen und Tieren oder anderen, den irdischen Dingen ähnliche Dinge sagen. Wenn es dergleichen Dinge dort gibt, würden sie vielmehr völlig von denen auf der Erde verschieden und unserem Vorstellungsvermögen ganz entrückt sein. Diese Unterschiede sind bedingt durch die unterschiedlichen klimatischen Verhältnisse: *„Man stelle sich nun vor, welche Folgen es haben würde, wenn die heiße Zone einen halben Monat ohne Unterbrechung von der Sonne beschienen würde; es versteht sich, dass unfehlbar alle Bäume, Kräuter und Tiere vernichtet würden. Wenn also doch auf dem Monde eine Erzeugung von Leben stattfände, so könnte es sich nur um Pflanzen und Tiere von völlig anderer Beschaffenheit handeln"* (Galilei 1891, S. 106).

Keplers Traum

Eine der wichtigsten Botschaften von Galileis „Sidereus Nuncius", die Entdeckung der Jupitermonde, lieferte Johannes Kepler (1571–1630) ein Argument für die Bewohnbarkeit der Planeten des Sonnensystems. Im Jahre 1610 schrieb er in seiner „Unterredung mit dem Sternboten" (Dissertatio cum nuncio sidereo) an Galilei: *„Wenn vier Monde den Jupiter in ungleichen Abständen und Umlaufzeiten umkreisen, dann muss man fragen, wem das wohl nützen mag, wenn es keine Wesen auf dem Jupiterball gibt, die diesen wunderbaren Wechsel mit ihren Augen schauen könnten."* Was aber die Bewohnbarkeit des Mondes anbelangt, so hatte Kepler bereits konkrete Vorstellungen entwickelt, die weit über Beobachtungen Galileis hinausgehen. Denn er sieht in den durch das Fernrohr sichtbaren Ringwällen ungeheure Bauten, die von den mit großartigem Geist und stolzen Kräften ausgestatteten Mondbewohnern errichtetet worden sind: *„Da sie einen Tag haben, der 15 Erdentage lang* *ist, und unerträgliche Hitze zu verspüren bekommen, da sie vielleicht auch keine Steine haben, um Schutzmauern gegen die Sonne zu errichten, dagegen vielleicht lehmartige, zusammenhaltende Erde, so wird bei ihnen das also die übliche Bauweise sein, dass sie riesige Ebenen tiefer legen, indem sie Erde in einer Kreisform hinausschaffen und ringsum aufhäufen, vielleicht auch in der Absicht, in der Tiefe Wasser zu finden. So können sie auf dem vertieften Grund hinter den aufgeworfenen Wällen im Schatten liegen und in ihrem Innern mit der Bewegung der Sonne dem Schatten folgend herumwandern. Und es kann für sie eine Art Stadt entstehen: die Häuser als eine Menge Höhlen, in jenen kreisrunden Sockel hineingegraben, Äcker und Weideland in der Mitte, damit sie auf der Flucht vor der Sonne sich dennoch nicht allzu weit von ihrem Besitz zu entfernen brauchen"* (Kepler 1610, Ges. Werke IV, S. 299, dt. Übers. nach F. Hammer in der Faksimile-Ausgabe der Dissertatio, München, S. 22). Diese fantasievollen Vorstellungen hat Kepler später in seinem Traum vom Mond weiterentwickelt, den sein Sohn Ludwig nach seinem Tode im Jahre 1634 in Frankfurt veröffentlichte.

Keplers Traum vom Mond und seinen Bewohnern verbindet sich in eigentümlicher Weise mit der Gestalt seiner unglücklichen Mutter, die in einen Hexenprozess verwickelt war (vgl. Oeser 1971, S. 75 ff.). Am 7. August 1620 wird die „Keplerin" unter dem Verdacht, Zauberei und Hexerei getrieben zu haben, in dem Ort Heumaden bei Stuttgart im Hause ihrer Tochter mitten in der Nacht verhaftet. Um kein Aufsehen zu erregen, wird die alte Frau in einer verschlossenen Truhe weggeschleppt. Man führt sie zum Gerichtsort Leonberg, wo endlich in größter Eile und Heimlichkeit die Endphase jenes Prozesses stattfinden soll, der schon mehr als sechs Jahre gedauert hat. Die Prozessakten aus dem Stuttgarter Staatsarchiv zeigen das düstere Bild einer Zeit, in der sich Aberglaube, Wahnsinn und menschliche Niedertracht zu einem fast unentwirrbaren Dickicht verflechten: Es ist von Giftmischerei, von verhexten Kühen und Schweinen, vom Totenschädel des Vaters, den sich die alte Frau hatte ausgraben lassen, um ihn als Trinkbecher zu benützen, und anderen Dingen dieser Art die Rede. Ein ganzes Jahr lang sollte dieser schändliche Prozess noch dauern. Ein Jahr lang kämpfte Kepler verbissen um das Leben seiner Mutter. Allein seinem Auftreten in diesem Prozess war es wohl zu verdanken, dass die hilflose, dem Schwachsinn nahe Alte dem sicheren Tod auf dem Scheiterhaufen entrissen wurde. Am 4. Oktober 1621 wurde sie aus der Haft entlassen, nachdem sie standhaft alle Leiden und Foltern ertragen hatte. Sie war jedoch bereits vom Tode gezeichnet: Im Frühjahr des folgenden Jahres starb sie, bis zum Ende ihres Lebens von den Einwohnern Leonbergs gefürchtet, gehasst und ständig mit Totschlag bedroht. Die damals 70-jährige Katharina

Kepler hatte tatsächlich ungewöhnliche Wesenseigenschaften und merkwürdige Gewohnheiten, die durchaus im Sinne des Hexenaberglaubens missdeutet werden konnten. Kepler selbst hat in seiner Erzählung die hexenhaften Züge seiner Mutter in der Figur der alten Fiolxhilde festgehalten. Fiolxhilde ist in seiner Darstellung jene alte Frau, die in der Mitternachtssonne auf dem Gipfel des Berges Hekla auf Thule Kräuter sammelt und sie zu Hause unter mancherlei Zeremonien und Sprüchen zubereitet; sie ist auch diejenige, die sich mit Geistern über den Mond und seine Bewohner unterhält. Kepler hat diese Schilderung freilich erst nach dem Tode seiner Mutter aufgezeichnet. Zu ihren Lebzeiten hätte sie, wie er selbst in den Anmerkungen zu seiner Traumerzählung bemerkt (Kepler 1634, S. 30), als Bestätigung des allgemein verbreiteten, abergläubischen Verdachts gegolten. In seiner Erzählung verlegt Kepler die ganze Geschichte ins ferne Island und stellt sich selbst als den Sohn der alten Fiolxhilde Duracoto dar. Auch verwendet er für den Mond und die Erde andere Namen. Den Mond bezeichnet er mit dem hebräischen Namen „Levania" und die Erde nennt er „Volva", weil sie den Mondbewohnern in stetiger Umwälzung um ihre eigene Achse erscheint. Dementsprechend bezeichnet er die Bewohner auf der Vorderseite des Mondes als „Subvolvaner" und die, welche auf der Rückseite des Mondes leben und niemals die Erde sehen können, als „Privolvaner" (Kepler 1634, S. 14 f.).

Keplers Traumerzählung beginnt mit einer Reise zum Mond. Für die Geister, mit denen sich Fiolxhilde und Duracoto unterhalten, ist diese Reise keine gefährliche Angelegenheit. Der ganze Weg, so lang er auch ist, wird in der Zeit von höchstens vier Stunden zurückgelegt. Doch für einen Menschen, der manchmal von den Geistern auf diese Reise mitgenommen wird, ist sie mit großen Gefahren verbunden. Bei der Schilderung einer solchen Mondfahrt eines Menschen, der nicht fettleibig sein darf, sondern ausgemergelt und dürr sein muss, stechen vor allem die physikalischen und astronomischen Kenntnisse Keplers hervor: Er hat die richtige Vorstellung von der ungeheuren Kraft der Beschleunigung, die notwendig ist, um aus dem Schwerefeld der Erde zu gelangen; er weiß von der Kälte und der Schwerelosigkeit im Weltraum zu berichten; und selbst das Problem der weichen Landung auf der Mondoberfläche wird von ihm behandelt, wenn er die Geister über die Mondfahrt eines von ihnen auserwählten und begleiteten Menschen erzählen lässt: *„Scharenweise stürzen wir uns auf den Auserwählten, unterstützen ihn und heben ihn geschwind empor. Diese Anfangsbewegung ist für ihn am schlimmsten, denn er wird gerade so emporgeschleudert, als wenn er, durch die Kraft des Pulvers in die Luft gesprengt, über Berge und Meere dahinflöge. Deshalb muss er zuvor mittels Opiaten betäubt und seine Glieder sorgfältig verwahrt sein,* *damit sie ihm nicht vom Leib gerissen werden, sondern vielmehr die Gewalt des Rückschlags auf die einzelnen Körperteile verteilt bleibt. Bald begegnen ihm neue Schwierigkeiten – ungeheure Kälte und Atemnot; gegen erstere schützt uns unsere angeborene Kraft, gegen letztere ein vor Nase und Mund gehaltener feuchter Schwamm. Wenn der erste Teil des Weges zurückgelegt ist, fällt uns die Reise leichter … Infolge der bei der Annäherung an unser Ziel unablässig zunehmenden Anziehung würden die Menschen aber durch den zu harten Aufprall auf dem Mond Schaden erleiden; deshalb eilen wir voran und schützen sie vor dieser Gefahr. Gewöhnlich klagen die Menschen, wenn sie aus der Betäubung erwachen, über große Mattigkeit in allen Gliedern, von der sie sich erst ganz allmählich wieder erholen können; schließlich sind sie wieder fähig zu gehen*" (Kepler 1634, S. 6 f.; dt. Übers. von Günther 1898, in: Kepler o. J., S. 60). Außer diesen Gefahren begegnen den Menschen, wenn sie auf den Mond gelandet sind, noch viele andere, die Kepler gar nicht aufzählen will. Vielmehr sind es ja die astronomischen Verhältnisse, die er am Beispiel des Mondes darstellen will. Und die von ihm aus zu beobachtenden Vorgänge am Himmel sollen ein Argument für die Bewegung der Erde liefern. Obgleich man auf dem Mond genau denselben Anblick des Fixsternhimmels hat wie hier auf der Erde, so gilt dort eine von der irdischen völlig abweichende Astronomie: Auf dem ganzen Mond gibt es, wie auch auf der Erde, den Wechsel zwischen Tag und Nacht. An den beiden Polen ist die Sonne zur Milderung der Nächte halb sichtbar, halb ist sie unter dem Horizont und läuft so im Kreis herum; ebenso wie für uns die Erde, so scheint auch der Mond für seine Bewohner stillzustehen, und die Sterne bewegen sich scheinbar im Kreis. Tag und Nacht zusammen dauern ungefähr so lange wie einer unserer Monate auf der Erde.

Die Unterschiede auf den beiden Halbkugeln des Mondes, die subvolvane und die privolvane, sind jedoch für ihre Bewohner sehr groß. Obwohl die Nacht der Subvolvaner 14 von den irdischen Tagen und Nächten dauert, erleuchtet doch die Volva (die Erde) die Länder und schützt sie vor Kälte. Denn eine solche Masse, ein solcher Glanz, kann nach Keplers Meinung der Wärmeausstrahlung unmöglich ermangeln – im Unterschied zum Mond, der für die Erdbewohner nur ein kaltes Licht verbreitet. Wenn auch der Tag bei den Subvolvanern 15 bis 16 irdische Tage und Nächte lang ist und während dieser Zeit unter der lästigen Gegenwart der Sonne leidet, so ist doch die Wirkung der Sonne nicht so gefährlich. Denn ihr Licht lockt alle Gewässer nach der von ihr beschienenen Halbkugel hin und diese überschwemmen die Ländermassen, sodass kaum noch eine Spitze von ihnen hervorragt, während die uns abgekehrte Hälfte von Dürre und Kälte geplagt wird, weil ihr alles Wasser entzogen ist. Wenn aber bei den Subvolvanern die Nacht sich herniedersenkt und bei den Privolvanern der Tag anbricht, so werden bei den Subvolvanern die Fluren frei von Wasser, bei den Privolvanern aber mildert die Nässe die Sonnenglut.

Obwohl der Mond nur einen ein Viertel so großen Umfang wie die Erde hat, weist er doch sehr hohe Berge und auch sehr tiefe und steile Täler auf. Stellenweise ist seine Oberfläche ganz porös und von Höhlen und Löchern überall gleichsam durchbohrt, hauptsächlich bei den Privolvanern; dies ist für sie auch zumeist ein Hilfsmittel, sich gegen Hitze und Kälte zu schützen. In einer Anmerkung erklärt Kepler, dass er die Porosität des Mondkörpers nicht deswegen annimmt, um auch diesen Raum mit entsprechenden Mondlebewesen zu bevölkern, sondern er hatte diese Vermutungen unter anderem aus den Bewegungen des Mondes entwickelt, die er bereits in seinem Werk „Astronomia Nova“ vom Jahre 1609 diskutiert hatte. Im nächsten Jahr erschien dann Galileis Sternenbote, der diese Vermutung durch außerordentlich deutliche Beobachtungen, die den Mond aufgrund der Vielzahl seiner Grotten mit einem Pfauenschwanz vergleichen lassen, bestätigt hat (Kepler 1634, S. 72).

Was der Mond hervorbringt oder was auf seiner Oberfläche einherschreitet, meint Kepler, muss ungeheuer groß sein. Das Wachstum geht sehr schnell vor sich. Alles lebt nur ein kurzes Leben, weil es sich zu einer so ungeheueren Körpermasse entwickelt. Dass die Körpermasse der Mondbewohner groß ist, schließt Kepler aus ihren Bauwerken, welche die unsrigen bei Weitem übertreffen. Diese sind so groß, dass sie noch aus 50 000 Meilen Entfernung erkennbar sind. Aus dieser Perspektive ist dann auch die Körpermasse der Mondbewohner abzuschätzen, die zwar ihren Bergen nicht vergleichbar, doch um vieles größer als die unsrige ist. Das hatte Kepler bereits in seiner Optik festgestellt, wo er allein aus einem Vergleich der Mondberge mit den unseren zu behaupten gewagt hatte: *„Zu Recht hat Plutarch über den Mond gesagt, er sei wie die Erde, uneben und gebirgig; und im Verhältnis zum Umfang seiner Kugel seien seine Berge sogar größer als die der Erde im Verhältnis zu ihrer Kugel. Nun aber, damit wir auch nach Art des Plutarch scherzen: Wie es bei uns üblich geworden ist, dass Menschen und Tiere sich der Beschaffenheit ihres Landes oder ihrer Provinz angepasst haben mögen, so wird es demzufolge auf dem Mond lebendige Geschöpfe geben, die an Körpermasse viel größer und im Temperament viel fester sein werden als unsere“* (Kepler 1634, S. 94; Übers. vgl. Fetscher, J. und R. Stockhammer 1997, S. 86). Auf der Hinterseite des Mondes, bei den Privolvanern, gibt es keinen sicheren und festen Wohnsitz; *„scharenweise durchqueren die Mondgeschöpfe während eines einzigen langen Tages ihre ganze Welt, indem sie teils zu Fuß, mit Beinen ausgerüstet, die länger sind als die der irdischen Kamele, teils mit Flügeln, teils zu Schiff den* *zurückweichenden Wassern folgen; wenn ein Aufenthalt von mehreren Tagen nötig ist, verkriechen sie sich in Höhlen, wie es jedem von Natur gegeben ist. Die meisten sind Taucher, alle sind von Natur sehr langsam atmende Geschöpfe und können also ihr Leben tief am Grund des Wassers zubringen, wobei sie die Natur durch Erfindungen noch verbessern. An den sehr tiefen Stellen der Gewässer soll ewige Kälte herrschen, während die oberen Schichten von der Sonne durchglüht werden. Was dann an der Oberfläche hängen bleibt, wird mittags von der Sonne gar gekocht und dient den herankommenden Scharen der Wanderer als Nahrung*" (Kepler 1634, S. 26; dt. Übers. von Günther 1898, in: Kepler o. J., S. 70). Im Allgemeinen kommt die subvolvane Halbkugel den irdischen Dörfern, Städten und Gärten, dagegen die privolvane den Feldern, Wäldern und Wüsten auf der Erde hier gleich. Diejenigen unter den Levaniern, die nicht unter Wasser leben können, weil ihnen das Atmen das wichtigste Bedürfnis ist, leiten heißes Wasser in einem engen Kanal zu ihren Höhlen, damit es auf dem langen Weg bis ins Innerste ihrer Schlupfwinkel allmählich abkühle. Dorthin ziehen sie sich während des größeren Teils des Tages zurück und benutzen jenes Wasser zum Trinken; wenn aber der Abend herankommt, gehen sie auf Beute aus.

Bei den Baumstämmen macht die Rinde, bei den Tieren das Fell, oder was sonst dessen Stelle vertritt, den größten Teil der Körpermasse aus; es ist schwammig und porös, und wenn eines der Geschöpfe von der Tageshitze überrascht worden ist, so wird die Haut an der Außenseite hart und angesengt und fällt, wenn der Abend kommt, ab. Alles, was der Boden hervorbringt – auf den Höhen der Berge naturgemäß sehr wenig –, entsteht und vergeht an einem und demselben Tag, wobei täglich Frisches nachwächst. Die schlangenartige Gestalt herrscht im Allgemeinen vor. Manchmal legen die Mondgeschöpfe sich mittags in die Sonne, gleichsam zu ihrem Vergnügen, jedoch nur in der nächsten Nähe ihrer Höhlen, damit sie sich schnell und sicher zurückziehen können. Einige sterben während der Tageshitze ab, aber während der Nacht leben sie wieder auf, umgekehrt wie bei uns die Fliegen. Weit und breit zerstreut liegen Massen von der Gestalt der Tannenzapfen umher, deren Schuppen tagsüber angesengt werden, die sich aber am Abend auseinanderfalten und Lebewesen hervorbringen. Das wichtigste Schutzmittel gegen die Hitze sind auf der erdzugewandten Hälfte die fortwährenden Wolken und Regengüsse, die sich manchmal über die ganze Hemisphäre erstrecken.

So weit kam Kepler in seinem Traum, als sich ein Wind erhob, begleitet von prasselndem Regen, der ihn aus dem Schlaf weckte, sodass er sich in der Wirklichkeit wiederfand, das Haupt ins Kissen gewühlt und den Leib in Decken gehüllt.

Unterhaltungen mit einer Marquise: Fontenelle

Während Keplers Traum vom Mond kaum allgemeine Beachtung fand, sollte einem anderen Werk ein durchschlagender Erfolg beschieden sein. Im Jahre 1686, ein Jahr vor dem Erscheinen von Newtons „Principia", veröffentlichte der später zum Sekretär der französischen Akademie ernannte Bernard Le Bovier Fontenelle (1657–1757) anonym seine Unterhaltungen mit der Marquise G*** über die Vielheit der bewohnten Welten. Noch zu seinen Lebzeiten erschienen eine ganze Reihe von Ausgaben, bei denen er bis zum Jahr 1742 (29. Auflage) selbst Veränderungen und Ergänzungen vornahm. Außerdem erschienen Übersetzungen ins Englische, Italienische, Griechische, Holländische und Deutsche. Die deutsche Ausgabe vom Jahre 1780 wurde von dem Astronomen Johann Elert Bode mit kritischen Anmerkungen versehen. Während Bode bereits ein Anhänger von Newtons Theorie des Sonnensystems war, ging Fontenelle von der Theorie seines Landsmannes René Descartes (1596–1650) aus, der im Gegensatz zu Newton, der den Weltraum als leer betrachtete, mit dicht aneinanderliegenden Wirbeln erfüllt ansah, in denen die Himmelskörper eingebettet sind: *„Die große Menge Himmelsmaterie, die von der Sonne bis zu den Fixsternen reicht, dreht sich rund und führt die Planeten mit sich fort, so dass sie insgesamt nach einer Richtung um die Sonne laufen müssen, die den Mittelpunkt ihrer Laufbahnen einnimmt … zugleich formen die Planeten besondere kleinere Wirbel, die den Sonnenwirbeln ähneln. Indem ein jeder derselben sich um die Sonne bewegt, dreht er sich zugleich selbst, und macht auch eine gewisse Menge der himmlischen Materie nach einer gleichen Richtung um ihn laufen … Wenn in einen dergleichen kleinen Wirbel ein geringerer Planet fällt, als der ist, der darin herrscht, so wird er mit dem größeren mit fortgerissen, und unvermeidlich um denselben zu laufen gezwungen, und alles zusammen, der große und der kleine Planet, mit ihrem sie einschließenden Wirbel, bewegt sich nichtsdestoweniger um die Sonne. Dergestalt hat uns schon vom Anfang der Welt her der Mond begleiten müssen, da er sich in dem Umfang des Erdwirbels befand"* (Fontenelle 1780, S. 214 ff.).

Descartes folgend überträgt Fontenelle diese in jedem Detail ausgearbeitete kartesianische Theorie auf das System der Fixsterne: *„Kann man sich wohl etwas Schöneres denken als diese zahllose Menge Wirbel, in deren Mitte eine Sonne steht, die Planeten um sich herumführt. Die Bewohner eines Planeten aus einem dieser unzählbaren Wirbel sehen von allen Seiten die Sonnen der ihnen nah angrenzenden Wirbel; können aber nicht ihre Planeten wahrnehmen, die nur ein schwaches, von ihrer Sonne geborgtes Licht haben"* (Fontenelle 1780, S. 268 ff.). Die Milchstraße, die sich wie ein weißlicher Streifen über die Mit-

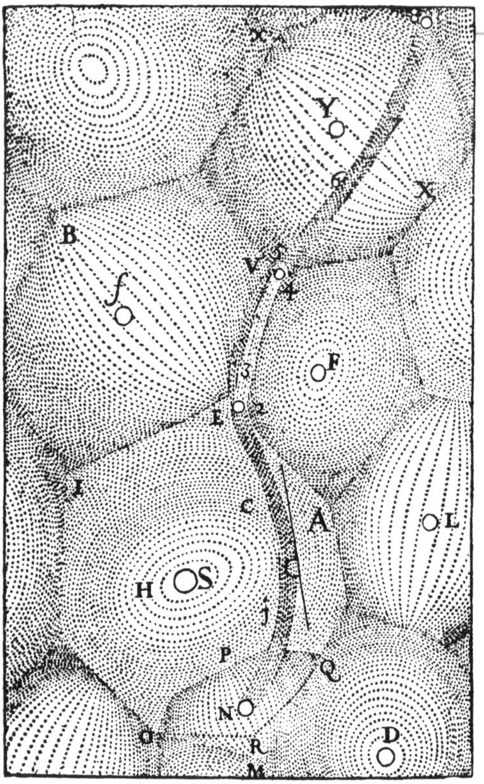

Abb. 3: Die Wirbeltheorie des Weltalls (aus Descartes 1908): S bezeichnet die Sonne, um die sich ein Wirbel dreht. Darüber hinaus gibt es noch unzählige andere Wirbel mit anderen Fixsternen als Mittelpunkten, wie z. B. f und F, durch die sich dann, von diesen Wirbeln angetrieben, ein Komet hindurchschlängeln kann.

te des ganzen Nachthimmels zieht, hält Fontenelle auf Grund der damaligen Fernrohrbetrachtungen zwar ebenfalls für eine Menge von zahllosen Fixsternen, glaubt aber, dass dieser *„Ameisenhaufen von Sternen"* nur aus sehr kleinen dicht beieinanderliegenden Wirbeln besteht. Und er meint sogar, *„man werde sich auf einer Welt mit der anderen besprechen oder sogar die Hände geben können"*. Ja, er bildet sich sogar ein, *„dass die Vögel sehr leicht aus einer Welt in die andere fliegen werden, und dass man dort die Tauben zu Briefträgern abrichten kann"* (Fontenelle 1780, S. 282). Abgesehen davon, dass die *„Begriffe des Herrn von Fontenelle von der Milchstraße"*, wie Bode kritisch bemerkt, *„viel zu niedrig sind und keiner Prüfung standhalten"*, sind nach seiner Meinung die Wirbel des Cartesius, in die sich Fontenelle so sehr verliebt hat, durch die Gravitationstheorie Newtons schon längst ersetzt worden. Schon zuvor waren hinreichende Gründe vorhanden, um sie zu verwerfen: *„Wenn die Hauptplaneten um die Sonne und die Nebenplaneten oder Monde um ihren Hauptplaneten bloß von einem wirbel- oder kreisförmigen Strome der himmlischen Materie* *fortgeführt würden, so müssten ihre Umlaufzeiten unter sich gleichförmiger sein, als sie wirklich stattfinden. Die verschiedenen Wirbel, worin die Planeten schwimmen, würden da, wo sie sich einander berühren, sich beständig stören; der Lauf aller Planeten und Monde müsste in einer und derselben Ebene geschehen, und die Kometen könnten unmöglich von allen Gegenden her und unter allen erdenklichen Richtungen die Bahnen aller Planeten durchstreifen, ohne von dieser allgemeinen Strömung der himmlischen Materie mit fortgerissen zu werden"* (Bode in: Fontenelle 1780, S. 215 f.).

Da Fontenelle auch in allen späteren Ausgaben seines Werkes an der kartesianischen Wirbeltheorie festgehalten hat, musste Bode in seinen umfangreichen Anmerkungen die Ausführungen Fontenelles im Sinne der damals bereits allgemein anerkannten Newton'schen Gravitationstheorie korrigieren. Auf diese Weise geben vor allem diese Kommentare zur deutschen Ausgabe des Werkes von Fontenelle auch den Fortschritt der Erkenntnisse über das Weltall wieder, ohne jedoch die eigentliche Zielsetzung dieses Werkes, den Nachweis für die Wahrscheinlichkeit anderer bewohnter Welten zu zerstören. Allerdings ist aber auch mit der Annahme der Newton'schen Theorie von der allgemeinen Schwere die Vorstellung von den Bewohnern der großen, massereichen schweren Planeten, wie Jupiter und Saturn, schwieriger geworden. Denn sollten sie die Größe von uns Menschen besitzen, müssten sie dort mehrere Tonnen wiegen. Diese Schwierigkeit hat jedoch Fontenelle mit der kartesianischen Wirbeltheorie nicht, bei der die Schwere keine Rolle spielt.

In einem Punkt stimmt jedoch Fontenelle nicht mit seinem Vorbild Descartes überein. Während Descartes mit seiner Wirbeltheorie noch einen Ausweg suchte, um damit zumindest die relative Unbeweglichkeit der Erde aufrechtzuerhalten, zeigt sich Fontenelle in seinen Mondscheingesprächen mit der Marquise als ein begeisterter Anhänger der kopernikanischen Revolution. Denn für ihn ist Kopernikus derjenige, der *„alle diese eingebildeten Kreise und kristallenen Himmel des Altertums mit stürmender Hand angreift, jene über die Klinge springen lässt, diese zerschmettert; der, von einem edlen astronomischen Eifer entzündet, die Erde ergreift, und sie weit vom Mittelpunkt des Weltalls, wo sie bisher ihren Platz behauptet, wegführt, und in diesen Mittelpunkt die Sonne setzt"* (Fontenelle 1780, S. 33). Als Planet unter anderen Planeten hat die Erde daher keinen Vorzug mehr. Was für sie gilt, gilt auch für alle anderen Planeten. Dazu gehört auch ihre Bewohnbarkeit.

Für Fontenelle ist wie für Kepler der Mond der nächste Himmelskörper, der bewohnt sein könnte. Denn die Gelehrten, *„welche täglich mit Fernröhren darauf herumreisen, … melden, dass sie daselbst Länder, Meere, Seen, hohe Berge, tiefe Täler und Abgründe entdeckt haben"* (Fontenelle 1780, S. 108). Auf die Frage, wie man Länder und Meere unterscheidet, antwortet Fontenelle mit dem gleichen Argument wie Galilei: *„Daran, weil das Wasser, das einen Teil der Lichtstrahlen durchfallen lässt, und daher weniger Licht zurückwirft, in der Ferne als dunkle Flecken erscheint, dahingegen die Länder, die wegen ihrer Undurchsichtigkeit alle Lichtstrahlen zurückschicken, als hellere Gegenden sich darstellen"* (Fontenelle 1780, S. 109 f.). Auch glaubt Fontenelle, dass auf dem Mond Flüsse vorhanden sein könnten, da der berühmte Cassini dort etwas entdeckt hat, das sich in zwei Teile teilt, dann sich wieder vereinigt und zuletzt sich in einen Schacht verliert. Aber über die Mondbewohner selbst, vor allem ob sie uns Menschen ähnlich sind, will Fontenelle keine konkreten Angaben machen. Wenn sich schon auf der Erde von Europa bis China die Gesichter und die Gestalt, die Sitten und Gebräuche und die Art zu denken verändern, so müssen von der Erde zum Mond die Veränderungen noch viel ansehnlicher sein. Und wenn man schon die Einwohner neu entdeckter Länder eher als Tiere in menschlicher Gestalt ansieht, so würde der, welcher bis zum Mond reisen könnte, *„sicherlich nichts weniger als Menschen dort antreffen"* (Fontenelle 1780, S. 119). Das Gleiche gilt aber auch umgekehrt für die Mondbewohner, die sich kaum vorstellen könnten, dass es hier unten eine so seltsame Gattung von Geschöpfen gibt, die man das menschliche Geschlecht nennt.

Da es aber ärgerlich ist, zu wissen, dass dort oben Mondbewohner sind, und wir uns nicht vorstellen können, wie sie beschaffen sind, gibt es nur einen Weg dieses Rätsel zu lösen: Man müsste den großen Luft- und Himmelsraum, der zwischen der Erde und dem Mond ist, durchreisen (Fontenelle 1780, S. 125 f.). Dass dies einst möglich sein wird, davon ist Fontenelle überzeugt: *„Verschiedene Leute haben das Kunststück ausfindig gemacht, sich Flügel zu verfertigen, die sie in den Lüften emporhalten, die bewegsam sind, und womit sie über Flüsse setzen können."* Freilich muss Fontenelle zugeben, dass dies noch kein Adlerflug ist, und *„es hat diesen neuen Vögeln schon zuweilen einen Arm oder ein Bein gekostet"* (Fontenelle 1780, S. 127). Doch diese Unternehmungen gleichen den ersten Brettern, die man ehedem aufs Wasser legte und womit man den Anfang zur Schifffahrt gemacht hat. Vor der Entdeckung Amerikas durch Kolumbus hätte man auch nicht gedacht, dass solche langen Strecken über den Ozean zu überwinden sind, während später aus diesen primitiven Anfängen große Schiffe entstanden sind, mit denen man die ganze Erde umsegeln konnte. Nach Fontenelles Meinung wird sich daher auch die Kunst zu fliegen *„nach und nach vervollkommnen, und mit der Zeit werden wir bis in den Mond gelangen"* (Fontenelle 1780, S. 127). Und sollte uns das nicht gelingen, sind vielleicht dazu die Mondbewohner geschickter als wir. Denn es ist gleichgültig, ob wir zu ihnen oder sie zu uns kommen. *„Vielleicht"*, sagt

Fontenelle, *„stellen die Mondbürger schon gegenwärtig zur Übung kleine Reisen durch die Luft an, und wenn sie sich darin durch mehrere Versuche eine Fertigkeit erworben haben, werden sie endlich bei uns ankommen, und der Himmel mag wissen, was uns ihre Ankunft für Schrecken verursachen wird“* (Fontenelle 1780, S. 129).

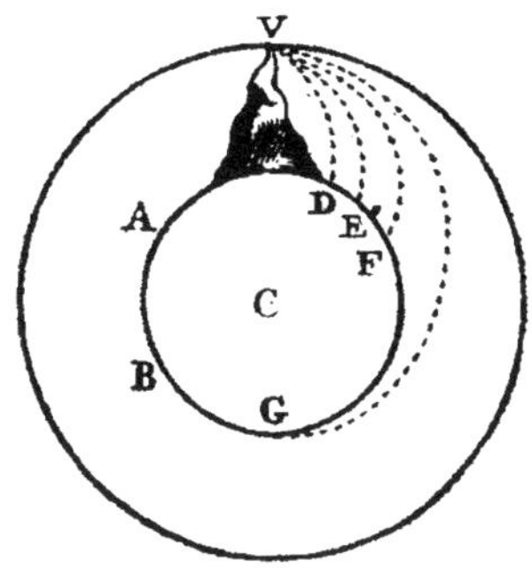

Abb. 4: Bahn eines Projektils, das die Anziehungskraft der Erde überwindet und zum Satelliten wird (aus Newton 1744)

Doch Fontenelles kritischer Kommentator Bode hält Flüge dieser Art, die den Weltraum durchqueren, für unmöglich. Im Unterschied zu Fontenelle, der im Sinne von Descartes den Weltraum von einer luftartigen Materie erfüllt sieht, nimmt Bode mit Newton an, dass der „Luftkreis“ oder die Atmosphäre der Erde begrenzt ist und ab einer gewissen Höhe immer dünner wird. *„So könnten diese Flüge der Menschen nicht sehr hoch gehen und außerhalb des Luftkreises wäre es ihnen, da sie in ihrem jetzigen Zustand die Luft zum Einatmen unumgänglich notwendig brauchen, ganz unmöglich fortzukommen“* (Bode in Fontenelle 1780, S. 128 f.). Deshalb sieht er auch solche Vorstellungen Fontenelles über eine Reise zum Mond nur als einen *„belustigenden Einfall“* an, ohne zu ahnen, dass der von ihm so verehrte Newton bereits den Weg zur Eroberung des Weltraums mit Hilfe eines künstlichen Satelliten gewiesen hat. In einem mehr populär gehaltenen Werk „De Mundi Systemate“ beschreibt Newton ein Gedankenexperiment, das er auch durch eine eindrucksvolle Zeichnung illustriert: *„Ein geworfener Stein wird, indem ihn seine Schwere antreibt, vom geradlinigen Wege abgebogen und fällt, indem er in der Luft eine krumme Linie beschreibt, zuletzt auf die Erde. Wird er mit größerer Geschwindigkeit geworfen, so geht er weiter fort und durch weitere Vergrößerungen derselben könnte es geschehen, dass er einen Bogen von 1, 2, 5, 10, 100, 1000 Meilen beschriebe, oder dass er endlich über die Grenzen der Erde hinausginge, und nicht mehr zurückfiele … Und in diesen Bahnen werden die Körper fortfahren, nach der Weise der Planeten die Himmel zu durchwandern“* (Newton 1872, S. 514 f.; Opuscula Bd. 2, S. 6).

Nachdem Fontenelle genug Gründe angeführt hat, dass der Mond von irgendwelchen Geschöpfen aller Wahrscheinlichkeit nach bewohnt sein müsste, meldet er selbst auch schwerwiegende Zweifel an. Denn so ähnlich ist der Mond der Erde nicht. Im Unterschied zur Erde lassen sich auf der Oberfläche des Mondes keine Veränderungen feststellen, die auf eine Atmosphäre mit Wolken schließen lassen. Die dunklen Flecken sind unbeweglich und die helleren Gegenden sehen immer gleich aus. *„Der Mond besteht daher wohl nur aus zusammengeschichteten Felsen und Marmorklippen, die keine Ausdünstungen haben; sonst sind solche da, wo Wasser anzutreffen ist, so natürlich und notwendig, dass es da kein Wasser geben kann, wo solche Ausdünstungen nicht stattfinden.“* Daher fragt Fontenelle mit Recht: *„Was für Einwohner haben denn diese Felsen, worauf nichts wachsen kann, und diese Länder, die kein Wasser haben?“* (Fontenelle 1780, S. 138 f.). Doch ganz will Fontenelle die Vorstellung von den Mondbewohnern nicht aufgeben. Wenn offensichtlich keine Wolken am Mond festzustellen sind, muss das nicht bedeuten, dass alle Ausdünstungen völlig fehlen. Nur ziehen sich die sehr feinen Dünste des Mondes nie in Wolken zusammen und fallen auf ihn nicht als Regen herab, sondern werden zu Tau. Und das kann bereits genügen, dass die Mondbewohner ihren benötigten Unterhalt an Früchten, Getreide, Wasser und alles andere erhalten. Dass aber der Mond überhaupt von einer Lufthülle umgeben ist, das hält Fontenelle für mehr als wahrscheinlich. Nur ist diese Lufthülle von der der Erde völlig verschieden, sodass diese beiden verschiedenen Lufthüllen ein Hindernis für die Begegnung von Mond- und Erdbewohnern darstellen: *„Wir finden die unsrige mit gröberen und dickeren Dünsten vermischt als des Mondes seine. Daher würde ein Mondbewohner, der an den äußeren Grenzen unserer Welt angelangt wäre, ersaufen, sobald er in unseren Luftkreis käme, und wir würden ihn tot zur Erde herabfallen sehen“* (Fontenelle 1780, S. 146). Noch weniger erfreulich ist allerdings die Vorstellung, dass die uns überlegenen Mondbewohner geschickt genug wären, *„auf der äußeren Oberfläche unseres Dunstkreises zu schiffen und aus Neugierde uns zu sehen, uns wie Fische wegfingen“* (Fontenelle 1780, S. 146).

Wegen der reinen dünnen Luft des Mondes müssen seine Bewohner im Unterschied zu den Erdbewohnern auf die besondere Wohltat der Morgen- und Abenddämmerung verzichten: *„Sie befinden sich in der tiefsten Finsternis; plötzlich scheint ein Vorhang aufzurollen, und der völlige Glanz der Sonne strahlt ihnen sogleich in die Augen; sie sind mit einem hellstrahlenden Licht umgeben, und im Augenblick sehen sie sich in die tiefste Finsternis versenkt“* (Fontenelle 1780, S. 155). Dies lässt sich auch, wie Bode in einer Anmerkung berichtet, durch Beobachtungen bestätigen. Hätten die Mondbewohner Dämmerungserscheinungen, dann würden sie im dunklen Teil der Mondoberfläche, gleich neben der Linie, wo die Sonne für die Mondbewohner nicht weit unter dem Horizont steht, einen von der Brechung und Zurückwerfung der Lichtstrahlen in der Mondatmosphäre verursachten, schwachen Lichtschimmer als den Vorboten oder Begleiter der auf- oder untergehenden Sonne bemerken. Doch dergleichen lässt sich eben nicht feststellen. Andererseits müssen die Mondbewohner auch keine Stürme mit Blitz und Donner befürchten. Ihre Tage sind beständig von der Sonne erhellt, die nie ihr Gesicht hinter Wolken verbirgt, und es gibt keine Nächte, wo man nicht alle Sterne sehen könnte. Da aber ein Tag auf dem Mond 14 Erdentage dauert, haben die Mondbewohner beständig eine brennende Sonne, deren Hitze durch keine Wolke gemildert ist, über ihren Häuptern. Um dieser Sonnenhitze zu entgehen, könnten aber die Mondbewohner sich in den tiefen Schächten und Gruben verbergen, die mit unseren Fernrohren erkennbar sind. Fontenelle meint sogar, dass sie sich in diesen Höhlen ganze unterirdische Städte bauen, die untereinander durch unterirdische Gänge verbunden sind. Diesen Einfall des Herrn von Fontenelle hält der sonst so kritische Kommentator Bode für *„ganz artig"* und verweist auf Fernrohrbeobachtungen, die zeigen, dass nach *„einigen dieser regelmäßig gebildeten Gruben, wie zu der großen Grube Tycho, verschiedene lichte Striemen, als so viele Wege, zugehen"* (Bode in Fontenelle 1780, S. 161).

Nachdem Fontenelle den Mond in Bezug auf seine Bewohnbarkeit genug in Augenschein genommen hat, wendet er sich der Venus zu: *„Der Mond ist nach aller Wahrscheinlichkeit bewohnt, warum Venus nicht auch?"* (Fontenelle 1780, S. 170). Dieses „Warum nicht?" hat für Fontenelle eine *„allbevölkernde Kraft"*. Denn diese Frage kann man bei allen Planeten stellen, wenn man nicht annimmt, dass die Erde als einzig bewohnter Planet unter allen anderen eine Ausnahme macht. Vor allem auch dann, wenn man nicht von vornherein annimmt, dass die Planetenbewohner uns Menschen völlig gleichen müssen: *„Wir sind im ganzen Weltgebäude nur als eine kleine Familie zu betrachten, deren Gesichter sich einander ähneln, in einem anderen Planeten wohnt eine andere Familie, deren Gesichtsbildungen einen ganz anderen Schnitt haben"* (Fontenelle 1780, S. 178). Nach Fontenelles Auffassung nimmt wahrscheinlich der Unterschied mit dem weiteren Abstand zu und derjenige, der einen Bewohner des Mondes und einen der Erde beisammen sähe, würde bald finden, dass es Bewohner zweier benachbarterer Welten sein müssen, als die von der Erde und dem Saturn. So könnte uns ein sechster Sinn fehlen, wodurch wir noch manches jetzt uns ganz Unbekanntes erfahren würden. Dieser sechste Sinn ist wahrscheinlich in einer anderen Welt vorhanden, wohingegen einer von den fünf, die wir besitzen, fehlt. Vielleicht gibt es überhaupt eine große Anzahl von natürlichen Sinnen. Aber in der Aufteilung diese Sinne sind auf uns nur diese fünf gefallen, mit denen wir nur deshalb zufrieden sind, weil wir von den übrigen nichts wissen. Das Gleiche gilt für unsere Emotionen und Verhaltensweisen. Auf unserem Planeten gibt es die Liebe zwischen den Menschen, aber die Erde wird auch in vielen Gegenden durch die Wut des Krieges verwüstet. Auf anderen Planeten genießt man einen ewigen Frieden, aber weiß nichts von Liebe und fühlt die entsetzlichste Langeweile. Aber was die Gestalten der anderen Planetenbewohner anbelangt, muss man sie den Träumen überlassen (vgl. Fontenelle 1780, S. 180 f.).

Solche Träume über die Gestalten der Planetenbewohner fallen immer dann übel aus, wenn sie nur das darstellen, das dem ähnelt, was man hier bei uns auf der Erde sieht. So entschließt sich denn Fontenelle, ohne Kenntnisse über die Gestalten der Bewohner all dieser Planeten zu bleiben, und sich damit zu begnügen, so viel von ihren Verhaltensweisen wie möglich zu erraten. Das gilt auch von der Venus, von der Fontenelle noch glaubt, dass sie anderthalbmal größer als die Erde ist und von der er nicht weiß, in welcher Zeit sie sich um ihre Achse dreht, sodass ihm auch die Länge des Tages unbekannt ist. In der Ferne hat dieser funkelnde und hell leuchtende Planet zwar ein schönes Aussehen, in der Nähe ist er aber nach seiner Meinung *„grundhässlich"*, weil er aus einer Menge von sehr spitzen Bergen besteht, die viel höher als die auf der Erde sind. Doch das Klima ist für Liebesgefühle sehr günstig. Denn die Venus steht der Sonne näher als wir und empfängt von ihr ein helleres Licht und größere Wärme. Ihre Entfernung von der Sonne beträgt etwa zwei Drittel des Abstandes von der Sonne zur Erde. Man kann sich daher auch vorstellen, wie die Venusbewohner aussehen: *„Ein schwarzes Völkchen, von der Sonne verbrannt, voll Geist und Feuer, immer verliebt, Verse machend, Freunde der Tonkunst, täglich Feste, Tänz' und Turniere erfindend"* (Fontenelle 1780, S. 189).

Die Idee von den feurigen, liebestollen Venusbewohnern hat später der mit Rousseau befreundete Direktor des botanischen Gartens Bernardin de Saint-Pierre (1737–1814) wieder aufgegriffen. Dieser träumerische Abenteurer, der nicht nur ganz Europa, sondern auch Ostindien bereiste, lieferte in seinem postum erschienenen Werk „Harmonie de la nature" (1815) eine fantasievolle Beschreibung der Landschaften der Venus und ihrer Bewohner: *„Venus muss mit Inseln übersät sein, deren jede reich ist an Bergfelsen, welche wohl fünf- bis sechsmal höher sind, als der Pic von Teneriffa. Die von diesen Gipfeln sich ergießenden schimmernden Sturzbäche benetzen und erfrischen die grünen Ufer. Ihre Meere müssen das erhabenste und anmutigste Schauspiel gewähren ... Man vergegenwärtige sich die von Kokospalmen beschatteten, mit Perlmuscheln und Bernstein bedeckten Ufer; ... und man wird ein schwaches Bild von den Landschaften der Venus haben ... Die Bewohner der Venus sind von einem dem unsern ähnlichen Wuchs. Da sie einen Planeten bewohnen, der der Erde an Größe gleich ist, aber in einer beglückteren Himmelsgegend wandelt, müssen sie ihre ganze Zeit der Liebe widmen. Die einen, auf den Bergen Herden* *weidend, führen ein Schäferleben; die anderen ergötzen sich an den Gestaden ihrer fruchtbaren Inseln durch Tanz, Festmahle und Gesänge oder kämpfen um Preise des Schwimmens wie die glücklichen Inselbewohner von Tahiti“* (Bernardin de Saint-Pierre 1815, zit. nach Flammarion; vgl. Abb. 5).

Weniger glücklich als die Venusbewohner sind nach Fontenelles Meinung die Bewohner des Merkurs. Im Vergleich zu uns sind sie der Sonne mehr als zweimal so nahe. Sie müssen vor allzu großer Lebhaftigkeit wahnsinnig sein. Fontenelle glaubt auch, *„dass sie kein Gedächtnis haben, wie die meisten Neger, und dass sie nie etwas mit Überlegung tun“*. Für ihn ist, kurz gesagt, der Merkur das *„Narrenspital des Weltalls“* (Fontenelle 1780, S. 190 f.). Die Sonne sendet den Merkurbewohnern ein so starkes Licht zu, dass sie, wenn sie auf der Erde wären, unsere heitersten Tage nur für ganz schwache Dämmerstunden halten würden. Vielleicht könnten sie sogar nicht einmal die Gegenstände deutlich wahrnehmen. Bei ihnen ist die Hitze so unmäßig, dass sie hier bei uns mitten in Afrika erfrieren würden. Wahrscheinlich würden unser Eisen, Silber und Gold bei ihnen schmelzen, und man würde sie dort nur in flüssigem Zustand sehen, wie bei uns gewöhnlich das Wasser. Die Bewohner des Merkurs würden nicht ahnen, dass in einer anderen Welt jene metallischen Flüssigkeiten, aus denen vielleicht ihre Ströme bestehen, die allerhärtesten Körper sind, die man kennt. Ihr Jahr ist nur drei Monate lang. Die Länge des Tages ist Fontenelle noch unbekannt, weil der Merkur so klein und der Sonne so nahe ist, in deren Strahlen er fast immer verschwindet, dass die damaligen Astronomen noch nicht feststellen konnten, in welcher Zeit er sich um seine Achse dreht. *„Dass dies aber in kurzer Zeit geschieht“*, sagt Fontenelle, *„ist für seine Einwohner höchst nötig; die, gebraten, wie sie wahrscheinlich sind, von einer über ihren Häuptern schwebenden Esse, die Nacht herbeiseufzen“* (Fontenelle 1780, S. 193).

Wenn Fontenelle im Vertrauen darauf, dass *„die Natur nirgends lebendige Geschöpfe hinsetzen wird, wo sie nicht leben können“*, noch annimmt, dass auch auf dem Merkur die dort lebenden Geschöpfe den dortigen mörderischen Verhältnissen angepasst sind, so lehnt er doch die Vorstellung von der Bewohnbarkeit der Sonne völlig ab. Dennoch bedauert er das, denn es gibt für ihn keinen anderen Ort im Weltall, an dem die Erforschung der Gestirne so leicht sein kann, und gerade dort lebt niemand. Andererseits würde aber auch auf der Sonne wegen des strahlenden Lichtes überhaupt keine Beobachtung möglich sein. Die Sonnenbewohner würden nicht das Geringste zu sehen vermögen, weil sie die Stärke des Lichtes nicht ertragen könnten: *„Alles wohl überlegt, so könnte die Sonne bloß ein Aufenthalt von Blinden sein“* (Fontenelle 1780, S. 208).

BLANADET

Abb. 5: Venusbewohner nach der Vorstellung von Bernardin de Saint-Pierre (aus Flammarion 1884)

Seltsamerweise will Fontenelle auch über die Bewohnbarkeit des Mars keine Angaben machen. Dieser Planet hat für ihn nichts Besonderes. Nach seiner Meinung verdient er es nicht, dass man sich länger bei ihm aufhält. Nur später kommt er auf ihn zurück, wenn er von den großen Veränderungen spricht, die auf seiner Oberfläche zu beobachten sind: *„In wenig Zeit bedecken die Meere große Länder, und ziehen sich nachher durch eine ungleich heftigere Ebbe und Flut als die unsrige wieder zurück"* (Fontenelle 1780, S. 344). Da Fontenelle noch nichts von der Entdeckung der beiden Marsmonde wissen konnte, macht er sich Gedanken, auf welche Weise der Mars seine Nächte erleuchten könnte. Denn Fontenelle vertritt die Auffassung, dass die Natur die Aufteilung der Monde nicht dem blinden Zufall überlassen hat. Merkur und Venus brauchen keine Monde, da sie ohnehin zu viel Licht bekommen. Aber der Mars, der noch weiter von der Sonne entfernt ist als die Erde, würde eine zusätzliche Lichtquelle benötigen. Fontenelle schlägt daher zwei „Hilfsquellen" zur Beleuchtung seiner Nächte vor: *„Vielleicht hat Mars sehr hohe Felsen, die natürliche Phosphore sind, und bei Tag einen Vorrat von Licht in sich aufnehmen, womit sie bei Nacht glänzen"* (Fontenelle 1780, S. 246). Der zweite Vorschlag klingt noch seltsamer. Fontenelle hatte gehört, dass es in Amerika gewisse Vögel gibt, die im Dunkeln derart leuchten, dass man dabei lesen kann. *„Wer weiß"*, sagt er, *„ob nicht Mars einen Überfluss an dergleichen Vögeln hat, die sich mit Einbruch der Nacht überall verbreiten, und gleichsam einen neuen Tag hervorbringen"* (Fontenelle 1780, S. 246 f.). Doch seine Gesprächspartnerin, die Marquise, ist weder mit den Phosphorfelsen noch mit diesen leuchtenden Vögeln zufrieden und findet zu Recht, dass der Mars eine *„verdrießliche Ausnahme"* macht. Während Fontenelle sich damit begnügt, dass man sich daran gewöhnen muss, dass es eben auch in den trefflichsten Systemen Ausnahmen gibt, hatte bereits Kepler nach der Entdeckung der Jupitermonde durch Galilei angenommen, dass der Mars von zwei Monden begleitet sein müsste (Kepler 1971, Vol. II, S. 491); eine Vorstellung die man auch bei Swift (1726) und Voltaire (1752) findet. Bode, der ebenfalls an die Existenz eines Marstrabanten glaubt, gibt als Grund dafür, warum man ihn durch Fernrohrbeobachtungen bisher nicht finden konnte, seine geringe Helligkeit an und die Tatsache, dass man nur alle zwei Jahre, wenn der Mars der Erde am nächsten steht, eine günstige Gelegenheit hat, ihn überhaupt zu finden (vgl. Bode in Fontenelle 1780, S. 246 f.). Bei einer solchen günstigen Opposition wurden dann im Jahre 1877 von den amerikanischen Astronomen A. Hall tatsächlich die beiden kleinen Marsmonde Phobos und Deimos („Furcht“ und „Schrecken“) entdeckt und damit die lang gesuchte Ordnung im Sonnensystem wiederhergestellt.

Die vier Monde des Jupiters waren dagegen Fontenelle seit ihrer Entdeckung durch Galilei bereits bekannt und er zögert auch nicht sie mit Bewohnern auszustatten. Doch glaubt er nicht, dass sie nur als Kolonien von Jupiter zu betrachten sind. Denn die *„wenige Oberherrschaft, die wir über die Leute in unserem Mond haben“*, lassen es ihm zweifelhaft erscheinen, *„ob Jupiter mehr Gewalt über die seinigen habe“*. Der einzige Vorzug Jupiters besteht vielmehr in der Furcht, die er den Bewohnern seiner Monde verursacht. Denn vom nächsten Mond aus sieht man den Jupiter 1600-mal größer als wir unseren Mond sehen. So schwebt seinen Bewohnern ein ungeheurer Planet über ihren Köpfen, der ihnen ständig die Sorge machen muss, dass er auf sie herunterfallen könne. Den Bewohnern des Jupiter dagegen bieten seine Monde den angenehmsten Anblick der Welt: *„Bald gehen sie alle vier zugleich auf, und trennen sich nachher, bald erscheinen sie alle im Mittagkreise einer unter den anderen ... bald gehen zwei unter, wenn andere zwei aufgehen“* (Fontenelle 1780, S. 226).

Noch besser mit Monden ist der Saturn ausgestattet. Schon zur Zeit Fontenelles hatte man bereits fünf davon entdeckt, die er aber auch sehr nötig hat. Denn er vollendet seinen Umlauf um die Sonne erst in 30 Jahren, sodass es Gegenden auf ihm gibt, wo die Nacht 15 Jahre dauert, ebenso wie es an den Polen der Erde, die in einem Jahr um die Sonne läuft, sechsmonatige Winternächte gibt. Natürlich nur unter der Voraussetzung, dass Saturn eine ähnliche Achsenneigung wie die Erde hat, wodurch ja die Jahreszeiten hervorgerufen werden. Als Entschädigung für das schwache Licht der Sonne, die noch einmal so weit vom Saturn entfernt ist, wie sie es von Jupiter ist, hat jedoch Saturn eine einzigartige Beleuchtung durch seinen großen Ring, der ihn überall umgibt. Doch im Unterschied zu seinen Monden, die Fontenelle ebenso wie die Jupitermonde als bewohnt ansieht, zögert er, auch den Saturnring mit Bewohnern zu besetzen. Denn er scheint ihm doch ein *„zu regelloser Ort“* zu sein. Wäre hingegen der Ring, wie der Astronom Cassini vermutet, nichts anderes als ein Kreis von lauter Monden, die unmittelbar aufeinander folgen und die gleiche Bewegung hätten, dann gäbe es viele kleine Welten im System des Saturn. Die Bewohner des Saturn und seiner Monde sind aber trotz der Beihilfe dieses Ringes übel dran. Denn die Sonne ist für sie nur ein kleiner, weißer und bleicher Stern, der nur sehr wenig Glanz und Wärme hat. Wenn man die Leute, die dort leben, *„in die kältesten Länder unserer Erde versetzte, so würden große Schweißtropfen von ihnen herabrollen, ja sie würden sogar vor*

Hitze umkommen. Hätten sie Wasser auf ihren Planeten, so würd' es für sie nicht Wasser, sondern ein polierter Stein sein" (Fontenelle 1780, S. 251). Die an den äußersten Enden des Sonnensystems liegenden Planeten müssen in allen Dingen den Bewohnern der inneren Planeten entgegengesetzt sein. So sind die Bewohner des Saturns im Gegensatz zu den lebhaften und törichten Merkurbewohnern zwar nicht sehr weise, aber doch *„aller Wahrscheinlichkeit nach herzlich phlegmatisch. Die Leute dort wissen nicht, was lachen heißt, und nehmen sich zur Beantwortung der einfachsten Frage, die man ihnen vorlegt, immer einen ganzen Tag lang Zeit"* (Fontenelle 1780, S. 253 f.).

Daher können wir uns glücklich preisen, dass unser Erdball wegen seiner Lage im Sonnensystem weder die Hitze des Merkurs und der Venus, noch die Kälte des Jupiters oder Saturns hat. Wenn daher ein antiker Philosoph der Natur dankte, dass sie ihn zum Menschen geschaffen, nicht zum Tier, zum Griechen und nicht zum Barbaren, so will ihr Fontenelle dafür danken, dass er sich auf dem am meisten gemäßigten Planeten des Weltgebäudes befindet und auf dem am meisten gemäßigten Ort dieses Planeten. Und zur Marquise gewandt fügt er galant hinzu, dass sie darüber hinaus der Natur noch danken müsse, das sie jung und nicht alt, jung und schön, nicht aber jung und hässlich; eine junge und schöne Französin, nicht aber eine junge und schöne Italienerin sei (Fontenelle 1780, S. 256).

Der Weltbeschauer: Huygens

Ebenso wie Keplers Traum ist auch der „Weltbeschauer" (Kosmotheoros) von Christiaan Huygens (1629–1695) erst nach dessen Tod im Jahre 1698 erschienen. Um dieses Werk einer breiten Öffentlichkeit zugänglich zu machen, wurde es bereits im selben Jahr aus dem Lateinischen ins Englische übersetzt und ein Jahr später ins Holländische. Anders als Fontenelle, der seine Spekulationen noch auf die kartesianische Wirbeltheorie stützt, geht Huygens bereits von Newtons Gravitationstheorie aus und liefert am Ende seines Buches eine vernichtende Kritik der Ansichten von Descartes, der nach seiner Meinung keine Ahnung von der immensen Entfernung der Sterne hatte, wenn er sich den Weltraum dicht mit Wirbeln erfüllt vorstellte.

Was nun die Bewohnbarkeit der Himmelskörper anbelangt, kann Huygens bereits auf eine Reihe von kühnen Vorläufern wie Kardinal Cusanus, Giordano Bruno und Kepler hinweisen, welche die Planeten mit Bewohnern ausgestattet haben (Huygens 1698, S. 3). Und er weist auch darauf hin, dass Cusanus und Bruno sogar die Sonne und die Fixsterne als bewohnt angesehen haben. Außerdem kennt er auch Plutarchs Abhandlung über das Mondgesicht, der nach seiner Meinung schon die richtige Vorstellung von der Gravitation hatte (Huygens 1698, S. 158). Auch erwähnt Huygens den *„geistreichen französischen Autor des Dialoges über die Mehrheit der Welten“*, der jedoch nach seiner Meinung diese Angelegenheit nicht weitergebracht hat (Huygens 1698, S. 3).

Nach seiner eigenen Vorstellung sind alle Planeten solide Körper, auf denen wie auf der Erde die Schwerkraft wirkt (Huygens 1698, S. 19). Und in der Frage nach der Bewohnbarkeit anderer Welten geht er von dem Grundsatz aus, dass es auf ihnen, wie auf unserer Erde, Wasser geben müsse. Das glaubt er vor allem für Jupiter auf Grund der Beobachtungen von Cassini feststellen zu können, der auf diesen Planeten nicht nur Wolken und dunkle Flecken, sondern auch die Reflexionen des Schnees auf den Gipfeln der Berge bemerkt hat. Wenn aber die Erde und Jupiter Wasser und Wolken haben, gibt es keinen Grund, warum die anderen Planeten dies nicht haben sollten. Doch Huygens behauptet nicht, dass dieses Wasser genau von derselben Art ist wie unser Wasser auf der Erde. Denn unser Wasser würde auf dem Jupiter oder Saturn wegen der dort durch den großen Abstand von der Sonne vorhandenen Kälte sofort gefrieren. Jeder Planet muss daher eine besondere Art von Wasser mit einer Temperatur haben, die seiner Wärme angepasst ist. So muss auch das Wasser auf Jupiter und Saturn so sein, dass es nicht in Gefahr ist, zu gefrieren, und auf der Venus und dem Merkur muss es so sein, dass es nicht leicht durch die Hitze der Sonnenglut zu Dampf wird (Huygens 1698, S. 27). Das Vorhandensein von Wasser welcher Art und Temperatur auch immer war jedenfalls für Huygens ein Grund für die Annahme, dass auch auf allen anderen Planeten des Sonnensystems Pflanzen und Tiere vorhanden sind und sich vervielfältigen wie auf der Erde. Und er war auch der Meinung, dass die Tiere der Planeten von derselben Art, ja sogar von der gleichen Gestalt wie die Tiere der Erde sind. Auch den intelligenten Bewohnern der Planeten schreibt er einen dem unseren ähnlichen Wuchs und Körperbau zu. Denn er kann sich *„nicht ohne Horror und Ungeduld einen anderen Wohnort einer vernunftbegabten Seele“* (Huygens 1698, S. 77) vorstellen als den menschlichen Körper. Alle Planetenbewohner haben Augen und ein aufwärts gerichtetes Gesicht, um auf diese Weise leichter und bequemer die Sterne beobachten zu können (Huygens 1698, S. 74). Sie müssen auch Hände haben und keine Hufe wie Pferde oder Rüssel wie Elefanten (Huygens 1698, S. 71 f.), um im Stande zu sein, Häuser nach Art der unseren zu errichten und ihre mathematischen Instrumente und ihre Gegenstände der Industrie verfertigen zu können. Auch müssen sie eine ähnliche Größe wie wir Menschen auf der Erde haben. Denn wenn wir sie zu *„kleinen Burschen von der Größe wie Ratten oder Mäusen“* (Huygens 1698, S. 78) machen, könnten sie derartige Beobachtungen mit astronomischen Instrumenten nicht zu Stande bringen. Auch müssen sie der Schrift mächtig sein, um diese Beobachtungen aufzeichnen zu können. Huygens glaubt auch, dass sie wie wir die sicheren Regeln der Geometrie und die Lehrsätze der Mathematik kennen, ebenso wie die Gesetze der Musik. Auch verstehen sie nach seiner Meinung das Seewesen und treiben Schifffahrt – kurz, sie sind die getreue Nachbildung der Menschheit der Erde (vgl. Flammarion 1865, S. 187 f.).

Über die Bewohner des der Sonne am nächsten stehenden Planeten Merkur muss sich jedoch Huygens besondere Gedanken machen. Denn diese sind der ungeheuren Lichtquelle dreimal näher als wir. Sie sehen die Sonne daher dreimal größer und fühlen ihre Strahlen neunmal heißer, als wir es tun. Eine derartige Hitze ist für uns unerträglich und auch unsere ausgetrockneten Pflanzen würden dort wie Heu und Stroh in Feuer aufgehen. Daher nimmt Huygens an, dass auf dem Merkur die Tiere selbst eine solche Temperatur haben, dass sie es dort erträglich warm empfinden und dass die Pflanzen so beschaffen sind, dass sie die Hitze überstehen können. Die Merkurbewohner, wenn es sie gibt, müssten die gleiche Vorstellung von uns haben, wie wir sie vom Saturn haben, dass wir unerträglich kalt sein müssen und nur wenig oder gar kein Licht haben, da wir so weit von der Sonne entfernt sind. Huygens zweifelt aber, dass es einen Grund dafür gibt, dass die Merkurbewohner, die doch so viel näher der Sonne, der Quelle des Lebens und der Kraft, viel lebhafter und geistreicher sind als wir. Zu einer derartigen Ansicht fühlt sich Huygens nicht gezwungen, wenn er die Verhältnisse hier auf der Erde betrachtet, wo die Einwohner von Afrika und Brasilien, die doch auf den heißesten Plätzen der Erde beheimatet sind, keineswegs weiser und fleißiger sind als die, welche die kälteren oder gemäßigteren Klimaten haben. Auch ist er nicht willens, die riesige Anzahl der Bewohner der beiden großen Planeten Jupiter und Saturn als „stumpfsinnige Holzköpfe“ anzusehen, ohne so viel Verstand wie wir, nur weil sie so viel mehr von der Sonne entfernt sind (Huygens 1698, S. 106 f.).

Während er als der eigentliche Entdecker des Saturnringes, von dem er auch eine getreue Abbildung liefert (vgl. Abb. 6), eine besondere Vorliebe für die Bewohner dieser Riesenplaneten hat, will er jedoch von Keplers Vorstellung, dass unser Mond von intelligenten Lebewesen bewohnt sei, weil er die Ringgebirge wegen ihrer exakten Rundung als ihre künstlichen Bauwerke angesehen hat, nichts wissen. Für Huygens sind diese Ringgebirge vielmehr wegen ihrer unglaublichen Größe nur durch natürliche Ursachen zu Stande gekommen. Auch findet er, dass die gewöhnlich als Meere bezeichneten großen dunklen Flecken am Mond diesen Namen nicht verdienen. Denn mit einen guten Teleskop erkennt man, dass sie voll von kleinen runden Höhlungen sind,

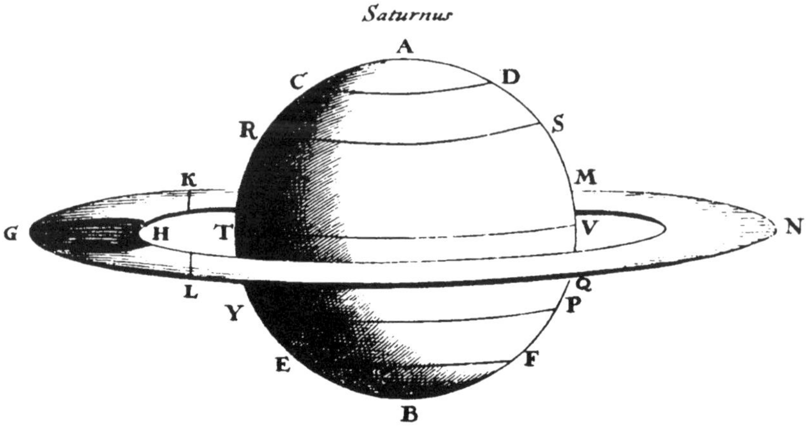

Abb. 6 Der Planet Saturn mit seinem Ring (aus Huygens 1698)

deren Schatten auf ihre Oberfläche fallen. Er kann auch keinen Dunst und keine Wolken auf dem Mond erkennen. Daher gibt es auch keine Atmosphäre und folglich auch keine Flüsse und Seen. Somit sind aber auch alle Vermutungen, dass es dort Pflanzen oder Tiere geben könne, äußerst zweifelhaft, von intelligenten Bewohnern des Mondes ganz zu schweigen. Das Gleiche gilt dann auch für die übrigen Monde des Sonnensystems. Wenn aber Huygens trotzdem von ihren Bewohnern spricht, dann nur deswegen, weil er ähnlich wie Kepler darstellen will, welch großartige Aussicht von einem Himmelskörper sein kann, die nicht durch eine Atmosphäre mit ihrem Dunst und ihren Wolken behindert ist.

Wenn man aber nun annimmt, dass die Planeten von intelligenten Lebewesen bewohnt sind, dann erhebt sich die Frage, ob sie unter „Vernunft" dasselbe verstehen wie wir. Bei uns liegt ja schließlich die Vernunft all unseren Vorstellungen von Gerechtigkeit, Aufrichtigkeit, Sittlichkeit, Güte und Dankbarkeit zugrunde. Der Verstand ermöglicht uns die Unterscheidung zwischen Gut und Böse, ohne ihn gäbe es keine Erziehung und Ausbildung, kein Wissen und keine Erfindungen. Huygens glaubt nun nicht, dass es eine andersartige Vernunft als die unsere geben kann und dass das, was wir für gerecht und richtig ansehen, etwa auf dem Mars oder Jupiter als ungerecht und verbrecherisch gelten könnte. Die Bewohner jener Planeten mögen sich von uns in ihren Vorstellungen von Freundschaft und Zorn, von Hass und Ehrbarkeit, von Scham und Wohlbefinden bis zu einem gewissen Grade unterscheiden, aber man darf wohl nicht daran zweifeln, dass sie ganz wie wir von dem glühenden Wunsch durchdrungen sind, die Wahrheit zu finden. Was bei uns wahr ist, ist daher auch für die Bewohner auf den anderen Planeten wahr, mögen diese auch in mehr oder minder großem Ausmaß als wir mit Vernunft und Verstand begabt sein.

Mit der durch die Weiterentwicklung der Fernrohrtechnik sich verbessernden Kenntnis der Größe und Zustände der übrigen Planeten des Sonnensystems kam es auch zu einer Abwandlung in der Vorstellung von ihren Bewohnern. Sie wurden zwar noch immer als menschenähnlich angesehen, doch in ihrer Größe vermutete man beträchtliche Variationen entsprechend den unterschiedlichen Lebensverhältnissen auf den jeweiligen Planeten. Dass es nicht nur Abstufungen der Größe der Planetenbewohner entsprechend ihrer Entfernung von der Sonne geben muss, sondern auch in ihrer Wesensart und in ihren geistigen Fähigkeiten Unterschiede bestehen müssen, hat unter allen Philosophen der Neuzeit besonders Kant hervorgehoben.

3. Außerirdische Gespenster: Das philosophisch-theologische Argument

„Die Lehre vom bewohnten Weltall birgt Wissenschaft, Philosophie und Religion in sich; sie ist eine Lehre von schwerem Gewicht.“ Mit diesen Worten hat bereits Camille Flammarion (1884, S. 7) festgestellt, dass die Suche nach intelligentem Leben im Weltall nicht nur eine Angelegenheit der naturwissenschaftlich-astronomischen Forschung ist. Tatsächlich war diese Fragestellung von allem Anfang an bis zum heutigen Tag nicht nur mit philosophischen Spekulationen, sondern auch mit theologischen Überlegungen verbunden. Das theologische Argument hatte aber seit jeher einen ambivalenten Charakter. In der Antike, als man die Himmelskörper noch als göttliche Wesen ansah, war die Vorstellung ihrer Erdähnlichkeit und Bewohnbarkeit mit dem Fluch der Gottlosigkeit behaftet, während sie im christlichen Mittelalter und noch in der Neuzeit mit Häresien verknüpft war, welche die Planeten mit Gespenstern bevölkerten.

Tod auf dem Scheiterhaufen: Giordano Bruno und seine Vorläufer

Die Vorstellung, dass die Planeten unseres Sonnensystems keine menschenähnlichen Lebewesen beherbergen, sondern nur der Ort für die Seelen der Verstorbenen seien, ist sehr alt. Schon ein antiker Mythos, von dem Plutarch berichtet, lässt die Seelen der guten Verstorbenen zum Mond aufsteigen, während keine schlechte und unreine Menschenseele dorthin kommt.

Unter den christlichen Gelehrten der ersten Jahrhunderte war es insbesondere Origenes (gest. 254), der die Ansicht von einer Vielheit bewohnter Welten vertrat. Um die Ewigkeit der Allmacht des Weltschöpfers zu retten, nahm er eine im ewigen Wechsel sich erneuernde Reihe von Weltschöpfungen an. In diesem Zusammenhang behauptete er aber auch die vom Christentum als häretisch angesehene Präexistenz der Menschenseelen, die, mit ätherischen Leibern umkleidet, die verschiedenen Welten bewohnen sollen (Origenes, Opera omnia, De principiis Lib. III, cap. V). Durch eine derartige Verknüpfung dieser theologischen Irrlehre mit der Vorstellung einer Vielfalt von bewohnten Welten ließ aber Origenes begründete Zweifel an seiner Rechtgläubigkeit aufkommen. Ein notwendiger Zusammenhang zwischen der Vorstellung einer Vielfalt von bewohnten Welten mit theologischen Irrlehren besteht aber nicht. Vielmehr haben auch gläubige Vertreter der Lehre von der Vielheit bewohnter Welten bewiesen, dass diese Ansicht mit der christlichen Weltanschauung durchaus verträglich ist.

Der bedeutendste unter ihnen war Nikolaus von Kues (1401 – 1464), der bereits vor Kopernikus die Ansicht vertrat, dass die Erde nur ein Planet sei, dem, genauso wie den anderen Planeten, eine Bewegung zukomme. Er wurde deswegen als ein Vorläufer des Kopernikus angesehen. Doch die Art der Bewegung, die Nikolaus von Kues der Erde zubilligt, ist nicht die, welche Kopernikus ihr zuschreibt: Es ist weder die tägliche Umdrehung um ihre Achse, noch der jährliche Umlauf um die Sonne, sondern eine Art nicht genau bestimmten Umlaufs um ein nicht genau bestimmtes und fortwährend sich verlagerndes Zentrum. Die Unbeweglichkeit der Erde ist für Nikolaus von Kues nur eine Täuschung: *„Wüsste jemand nicht um das Fließen des Wassers und sähe die Ufer nicht, während er sich auf einem Schiff inmitten des Wassers befindet, wie sollte der erkennen, dass das Schiff sich bewegt?“* Da eine Bewegung nur durch einen Vergleich mit etwas Feststehendem erkannt werden kann und da es stets jedem, ob er sich auf der Erde oder der Sonne oder auf einem anderen Stern befindet, so vorkommt, dass er sich gleichsam an einem unbeweglichen Mittelpunkt befindet und dass alles andere sich bewegt, deshalb würde jemand, wenn er sich auf der Sonne, der Erde, dem Mond, dem Mars usw. befände, sich immer im Mittelpunkt des Alls fühlen: *„Der Bau der Welt ist daher so, als hätte sie überall ihren Mittelpunkt und nirgends ihre Peripherie, da ihre Peripherie und ihr Mittelpunkt Gott ist, der überall und nirgends ist“* (Nikolaus von Kues 1967, S. 93 ff.).

Auf Grund dieser Vorstellung vom Aufbau des Weltalls vertritt Nikolaus von Kues in seiner berühmten Schrift „De docta ignorantia“ (Die belehrte Unwissenheit) ausdrücklich die Bewohntheit der Himmelskörper durch vernünftige Geschöpfe. Seiner Ansicht nach sind wir von keinem Stern berechtigt auszuschließen, dass es dort sinnbegabte, vernünftige Lebewesen gibt. Vielmehr liegt die Vermutung nahe, dass alle Welten bewohnt seien.

Über die Beschaffenheit dieser Geschöpfe kann man jedoch nicht viel sagen. Da die Region unseres Sonnensystems in ihrer Gesamtheit noch weitgehend unbekannt ist, so bleiben auch ihre Bewohner uns völlig unbekannt. Obwohl die Bewohner der Sonne und des Mondes klarsichtiger und geistbegabter sein könnten als die Erdbewohner, ist damit die Würde des Menschen nicht geringer zu werten. Denn es *„scheint doch im Rahmen der Geistnatur keine edlere und vollkommenere Ausprägung geben zu können als die Geistnatur, die hier auf dieser Erde und in ihrer Region zu Hause ist, mag es auch auf anderen Sternen Bewohner anderer Gattungen geben. Der Mensch strebt nämlich nicht nach einer anderen Natur, sondern nur nach Vollendung in der seinen“* (Nikolaus von Kues 1967, S. 101).

Die Vorstellung von einem unbegrenzten bewohnten Weltall wurde hundert Jahre später von Giordano Bruno (1548 – 1600) wieder aufgegriffen. Er konnte sich bereits auf das heliozentrische System des Kopernikus stützen, der jedoch noch an der Fixsternsphäre als Begrenzung des Weltalls festhielt. Dieser Schritt ins unbegrenzte, unendliche Weltall war daher ein Wagnis, vor dem auch noch Kepler zurückschauderte (vgl. Oeser 1971, S. 100). Giordano Bruno war davon überzeugt, dass niemand *„auch nur einen halb wahrscheinlichen Beweis dafür aufstellen kann, dass dieses körperliche Universum einen Rand und eine Grenze habe und dass somit die Gestirne, die es in seinem Schoße vereint, eine begrenzte Anzahl ausmachen“* (Bruno, Das Aschermittwochsmahl, 1904, S. 99). Wo Nikolaus von Kues nur die Unmöglichkeit feststellt, die Grenzen der Welt zu bestimmen, besteht Giordano Bruno auf ihrer Unendlichkeit. Dabei kommt nun auch das theologische Argument zum Tragen: *„So nur rühmen die Himmel die Herrlichkeit Gottes, so nur offenbart sich die Größe seines Reichs. Nicht auf einem, auf unzähligen Thronen strahlt seine Majestät, nicht auf einer Erde, auf einer Welt, auf zehnmal hunderttausenden, auf unzähligen. Nicht eitel ist daher das Vermögen des Geistes, immer Raum an Raum zu fügen, Masse zur Masse, Einheit zur Einheit, Zahl zur Zahl, mit Hilfe der Wissenschaften, die uns von den Ketten einer so engen Herrschaft erlöst und uns zu freien Bürgern eines so herrlichen Reiches befördert, uns von eingebildeter Armut befreit und mit den unzählbaren Reichtümern dieses unermesslichen Raumes, dieses herrlichsten Gefildes, so vieler bewohnter Welten beglückt; so dass weder der täuschende Horizont des irdischen Auges noch die erdichtete Sphäre der Phantasie im ätherischen Gefilde unsern Geist mehr einkerkert“* (Bruno, Zwiegespräche, 1904, S. 23). Und ganz im Sinne seines Vorläufers Nikolaus von Kues behauptet er: *„Und wenn wir dann in einem solchen Raume zahllose Körper annehmen, wie diese Erde oder irgendeine andre Erde, diese Sonne oder irgendeine andre Sonne, so vollenden alle diese Weltkörper ihre Umläufe durch endliche und begrenzte Raumteile und um ihre eignen besonderen Zentra. So können wir Erdbewohner sagen, die Erde befinde sich im Mittelpunkte, und alle Philosophen, neuere und alte, zu welcher Schule immer sie gehören, würden, ohne ihren Prinzipien zu widersprechen, behaupten können, dass sie den Mittelpunkt bilde … Aber ebenso gut würden* *auch etwaige Mondbewohner glauben, dass unsre Erde als ihr Mond und viele andre Sterne, welche den Endpunkt der Radien ihres Gesichtskreises bilden, ihr Zentrum umkreisen. So ist die Erde im Verhältnis zum All nicht mehr und nicht weniger Mittelpunkt als jeder beliebige andere Weltkörper"* (Bruno 1904, S. 61 f.).

Dass die anderen Weltkörper wie die Erde bewohnt sind, darüber gibt es für Giordano Bruno keinen Zweifel: *„Denn unmöglich kann ein vernünftiger und einigermaßen geweckter Verstand sich einbilden, jene unzähligen Welten, die sich entweder ebenso oder noch prächtiger bezeugen als diese, die entweder Sonnen sind, oder denen eine Sonne nicht weniger herrliche und befruchtende Strahlen zusendet, die das Glück ihres eigenen Quells dadurch an den Tag legen, dass sie alle umstehenden Welten durch Teilnahme an seiner Kraft glücklich machen, – dass, sage ich, alle diese Welten von ähnlichen oder besseren Bewohnern beraubt seien. Die zahllosen und wesentlichen Glieder des Alls sind also unbegrenzt, von derselben Ansicht, demselben Ansehen, denselben Kräften und Wirkungen"* (Bruno 1904, S. 112).

Weder von Nikolaus von Kues noch von Giordano Bruno wurde die Verdrängung der Erde aus dem Mittelpunkt der Welt als Degradierung empfunden. Ganz im Gegenteil behauptet Nikolaus von Kues mit Genugtuung ihre Erhebung in den Rang der vornehmen Sterne; und Giordano Bruno verkündet mit glühender Begeisterung das Bersten der Sphären, die uns von den weit offenen Räumen und unerschöpflichen Schätzen des sich ständig verändernden, ewigen und unendlichen Universums trennten. Für ihn sind Veränderung und Bewegung Anzeichen der Vollkommenheit und kein Mangel. Ein unveränderliches Universum wäre ein totes Universum; ein lebendiges muss fähig sein, sich zu bewegen und sich zu verändern (vgl. Koyré 1957, S. 50).

Giordano Bruno musste jedoch nicht, wie mehrfach behauptet (Flammarion 1880, Arrhenius 1919), wegen seiner astronomischen Lehren den Feuertod erleiden. Vielmehr waren es seine religiösen Einstellungen, die ihm dieses schreckliche Schicksal bereiteten. Er galt als Pantheist oder sogar als „Atheist" und stand als solcher mit dem kirchlichen wie staatsrechtlichen Rechtsbewusstsein des damaligen Zeitalters in einem unversöhnlichen Gegensatz. Schließlich war es auch seine maßlose Kritik an der römischen Kirche in seinem in England verfassten Werk „Spaccio della Bestia trionfante", die ihn nach damaliger Anschauung zugleich als gemeingefährlichen Empörer gegen die christliche Gesellschaftsordnung erscheinen ließ. Deswegen wurde er nach seiner Rückkehr nach Italien im Jahre 1593 von der Inquisition verhaftet und nach Rom gebracht, wo er sieben Jahre eingekerkert blieb, bis er exkommuniziert und am 17. Februar 1600 auf dem Scheiterhaufen verbrannt wurde.

Die beste aller Welten und das Gesetz der Analogie: Leibniz und Locke

Bei dem deutschen Philosophen und Universalgelehrten Gottfried Wilhelm Leibniz (1646 – 1716) waren es theologische Überlegungen und nicht astronomische Beobachtungen, die ihn zur Ansicht führten, dass es im Weltall unzählige Erden mit intelligenten Bewohnern gibt. Denn er war trotz des sichtbaren Übels auf dieser unserer Erde der Überzeugung, dass Gott die beste aller Welten geschaffen hat. Deshalb war er auch um die Rechtfertigung Gottes bemüht, der so viel Übel und Leid auf dieser Welt zulässt. In seiner „Theodicee" vertritt er daher die Meinung, dass die Anwesenheit des auf der Erde gar nicht wegzuleugnenden Übels durch die Seligkeit außerirdischer vernunftbegabter Kreaturen aufgewogen wird. Der Wohnort dieser vernünftigen Kreaturen ist das gesamte Weltall. Wenn man auf diese *„wahre Größe des göttlichen Staates"* achtet, erscheint dann das Übel, verglichen mit dem Guten, fast wie ein Nichts: *„Den Alten erschien nur unsere Erde als bewohnt, und hier fürchteten sie sich sogar vor den Antipoden. Die ganze übrige Welt bestand ihrer Meinung nach aus einigen leuchtenden und einigen kristallischen Kugeln. Heutzutage aber muss man, welche Grenzen man auch dem Universum zu- oder abspricht, anerkennen, dass es unzählige Erden gibt, von derselben und noch größeren Ausdehnung als die unsrige, und dass diese ebenso wohl Anspruch auf vernünftige Bewohner haben, obgleich es keine Menschen zu sein brauchen"* (Leibniz 1925, S. 109).

Auch der englische Philosoph John Locke (1632 – 1704), der im Gegensatz zum Rationalismus von Leibniz als Hauptvertreter des Empirismus gilt, hatte in dieser Hinsicht ganz ähnliche Überlegungen wie Leibniz. Wer sich nach seiner Meinung nicht selbst überheblich an die Spitze aller Dinge stellt, sondern die Unendlichkeit des Weltbaues in Betracht zieht, der mag zu der Annahme neigen, dass es in anderen Wohnstätten dieses Weltalls vielleicht andere und verschieden geartete vernunftbegabte Wesen gebe, von deren Fähigkeiten wir ebenso wenig eine Kenntnis besitzen, wie ein *„im Schubfach des Schrankes eingeschlossener Wurm sie von den Sinnen oder dem Verstand eines Menschen hat"* (Locke 1758, Vol. I, S. 103). Da aber keine direkte Sinneserfahrung über die Bewohner der Himmelskörper möglich ist, kann man zumindest nach dem Gesetz der Analogie annehmen, dass es sie wirklich gibt und dass sie denkende Wesen sein könnten, die uns sogar in verschiedenen Graden der Vollkommenheit überragen. So könnten einige andere Kreaturen in anderen Teilen dieses gewaltigen und erstaunlichen Universums sechs, sieben oder acht Sinne haben.

Astrotheologie: William Derham

Die Verbindung von Astronomie und Theologie erreichte ihren Höhepunkt in William Derham, Kanonikus in Windsor, Rektor von Upminster in Essex und Mitglied der Royal Society. Dieser auch als beobachtender Astronom tätige Gelehrte veröffentlicht im Jahre 1717 ein Werk unter dem Titel „Astrotheologie", in dem er außer unserem Sonnensystem unzählige andere solcher Systeme von Sonnen und Planeten annimmt (Derham 1745, S. CLV). Doch die Fernrohre seiner Zeit waren noch nicht ausreichend, um *„die Planeten, welche um einige von diesen Fixsternen ihren Umlauf halten, zuversichtlich in Augenschein nehmen zu lassen"* (Derham 1745, S. CLIX). Aber von den Planeten, die um unsere Sonne kreisen, wissen wir, dass sie finstere Körper sind, die nach aller Wahrscheinlichkeit aus Land und Wasser, Berg und Tal bestehen und eine Atmosphäre besitzen (Derham 1745, S. CLXIII f.). Wenn man nun bedenkt, wie vollkommen der Mond und die Planeten sich zu Wohnstätten von Lebewesen eignen, so ist es für Derham ein ganz vernünftiger Schluss, *„dass diese Planeten, ja alle Planeten, die um die Sonne und um die Fixsterne ihren Umlauf haben, bewohnte Weltkugeln sind"* (Derham 1745, S. CLXXII). Wenn aber einer Lust hat, sich mit allerlei Mutmaßungen zu ergötzen, wie die Planeten in unserem Sonnensystem beschaffen sind, welche Art von Landschaften sie haben, welche Gewächse sie hervorbringen und was für Tiere auf ihnen leben, den verweist Derham auf Christian Huygens, in dessen „Kosmotheoros" oder „Weltbeschauer" der Leser einen *„sehr angenehmen Zeitvertreib"* finden wird (Derham 1745, S. CLXXIII).

Es gibt nur einen strittigen Punkt, den aber Derham durch eigene Beobachtungen geklärt haben will. Er betrifft die Meere oder Seen im Mond, die von Huygens geleugnet werden. Als Argument gibt Huygens an, dass sich in den großen Ebenen, die viel dunkler scheinen als die Berge, die man für Seen ansieht und denen man Namen von Ozeanen gegeben hat, wenn man sie durch ein längeres Fernglas betrachtet, runde kleine Höhlungen befinden und einige Plätze, die ein helleres Licht von sich geben. All das lässt sich mit der Ansicht der Oberfläche eines Meeres nicht vereinbaren. Huygens geht dann noch einen Schritt weiter und will beweisen, dass weder Flüsse noch Wolken, noch Luft und Dünste am Mond vorhanden sind. Doch Derham ist dagegen ein begeisterter Verteidiger dieser ursprünglichen schon von Galilei und Kepler vertretenen Ansicht von der Existenz der Meere am Mond. Denn nach seiner Meinung kann man auf Grund der Beobachtungen von Unebenheiten in den dunklen großen Flächen nicht den Schluss ziehen, dass diese Gegenden keine Meere sind: *„Denn sie können wohl Seen sein, aber Inseln und solche seichte Orte in* *sich haben*" (Derham 1745, S. CLXI). Derham zweifelt auch nicht, dass unsere Wasserkugel Erde ebenso aussehen würde, wenn sie vom Mond aus oder einige Meilen weiter davon betrachtet würde. Man würde die tiefen Meere an ihrer finsteren Farbe erkennen und die einzelnen Inseln würden die gleiche Gestalt haben wie die Inseln in den tiefen Seen im Mond.

Die Träume eines Geistersehers: Swedenborg

Während die Astrotheologie Derhams der Verherrlichung Gottes dient und sich noch sich im Rahmen der „wahren Religion" bewegt, ist jedoch auch in der Neuzeit der alte antike Mythos von den Planeten als Wohnort der abgeschiedenen Seelen der Menschen wieder aufgetaucht. Ungerechtfertigterweise wurde diese Vorstellung auch dem gelehrten Jesuiten Athanasius Kircher zugeschrieben. Dieser stellte zwar in seiner „Verzückten Himmelsreise" (Iter ecstaticum coeleste) aus dem Jahre 1656 die Planeten Merkur, Venus und Jupiter als Träger von paradiesisch schönen und glänzenden Gefilden, den Mars und Saturn als höllenartig düstere, qualm- und gestankerfüllte Stätten dar, hütete sich aber, ihnen menschenartige Lebewesen oder abgeschiedene Geister als Bewohner zuzuschreiben. Dagegen beschäftigten sich manche christliche Theologen mit der Frage, wo im Weltall der Platz der Hölle sei. Im Unterschied zu diesen Fantastereien solcher Geisterseher hatten die Ausführungen von Emanuel Swedenborg (1688 – 1772) zunächst einen wissenschaftlichen Charakter. Bevor er zu einem Geisterseher wurde, der die Planeten mit Gespenstern bevölkerte, wurde er zu Recht als Gelehrter von hohem Rang in den Naturwissenschaften angesehen. In seinem Werk „Principia Rerum Naturalium" aus dem Jahr 1733 stützte sich Swedenborg auf die kartesianische Kosmogonie, modifizierte sie jedoch in wesentlichen Punkten. Seine Vorstellung von der Entstehung des Sonnensystems unterscheidet sich von der kartesianischen hauptsächlich dadurch, dass er annimmt, die Planeten seien nicht von außen in den Wirbel des Sonnensystems eingewandert, sondern umgekehrt von der Sonne ausgestoßen worden.

Alle anderen Angaben Swedenborgs entsprechen den damaligen Kenntnissen über unser Sonnensystem: Die Planeten rotieren um ihre Achsen, sodass sie Tage und Nächte haben. Mehrere von ihnen haben auch Monde, die sich um sie bewegen, geradeso wie unser Mond um die Erde. Der Planet Saturn, der von der Sonne am weitesten entfernt ist, hat außerdem einen ungeheuer großen Ring, welcher seinen Planeten mit Licht versieht. Daher fragt Swedenborg durchaus im Stil seiner Zeit: „*Wie ist es möglich, dass jemand, der diese Tatsachen kennt und die Fähigkeit besitzt, vernünftig zu denken, behaupten kann, die*

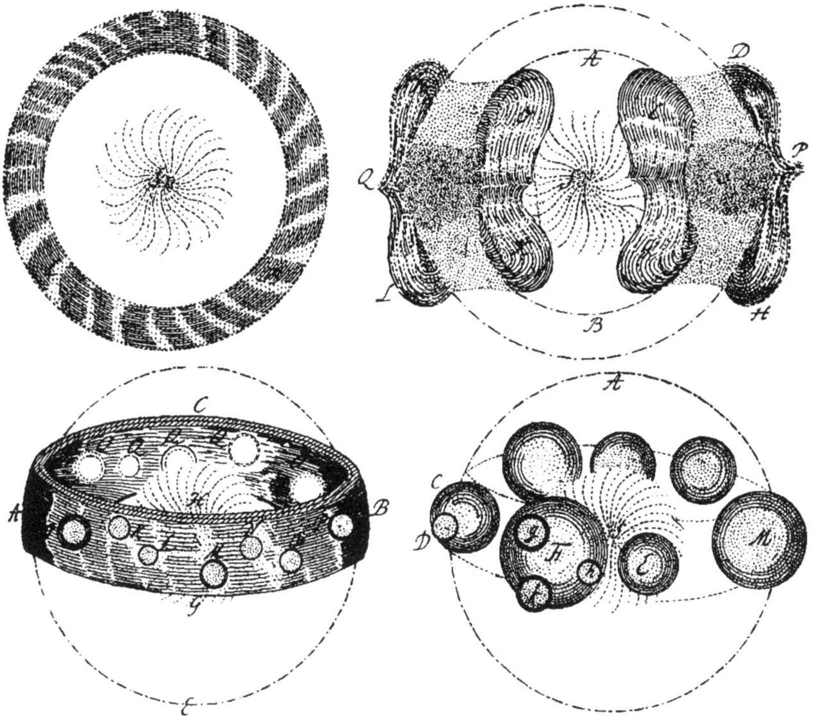

Abb. 7: Bildung des Planetensystems aus dem Sonnenwirbel nach Swedenborg: Fig. links oben zeigt den Sonnenwirbel S ringsum von einer festen kugelförmigen Rinde A, B, C umgeben. Dieser zerbricht und fällt (rechts oben) von den Polen des Wirbels gegen dessen Äquator nieder, längs welchem sie einen Gürtel bildet (Fig. links unten). Die Partikel I, K, L, M usw. bestehen aus Sonnenmaterie. Schließlich zerbricht der Gürtel und aus seinen Teilen bilden sich kugelförmige Planeten, C, F, M usw. (Fig. rechts unten) und Monde, D, g, h, k. Die Planeten werden vom Wirbel um S herumgeführt, bis sie an Stellen, wo sie im Gleichgewicht mit der Umgebung sind, gelangen (aus Arrhenius 1911).

Himmelskörper seien unbewohnt?" Für ihn war es daher *„ein vernünftiger Schluss, dass so große Massen wie die Planeten, die an Größe unsere Erde teilweise übertreffen, nicht nur dazu geschaffen sind, um die Sonne zu kreisen und mit ihrem sparsamen Licht nur einer einzigen Erde zu leuchten, sondern dass sie auch eine andere Aufgabe haben"* (zit. nach Arrhenius 1911, S. 96).

Er behauptete jedoch nicht nur, dass die Planeten bewohnt seien, sondern auch, dass er selbst tage- und wochenlang im Verkehr mit Geistern und Engeln aus diesen anderen Welten gewesen sei. Diese Behauptung fand jedoch erst zu einer Zeit statt, als Swedenborg bereits um die Entlassung aus allen seinen Ämtern gebeten hatte. Von dieser Zeit an entsagte er aller weltlichen Gelehrsamkeit und beschäftigte sich hauptsächlich mit religiös-mystischen Fragestellungen. Im Jahr 1748 begann er sein großes theologisches Werk, die „Arcana Coelestia" niederzuschreiben, das in acht großen Quartbänden zwischen 1749 und 1756 erschien. Dieses Werk begründete seinen Ruf als Verkünder einer neuen Religion, die ihm bis heute eine Anhängerschaft verschaffte, aber auch herbe Kritik von Seiten des größten Philosophen der damaligen Zeit, Immanuel Kant (1724 – 1804), einbrachte, der darin lediglich die Träume eines Geistersehers sah. Die Bewohner der Planeten werden von Swedenborg in einem eigenen 1758 in London erschienenen Werk als intelligente, menschenähnliche Wesen beschrieben. So berichtet er von den Bewohnern des Merkurs, dass sie von schlankerem Wuchs als die Menschen auf der Erde sind (Swedenborg 1937, S. 23). Auch eine Art von Rindern und Kühe gibt es auf dem Merkur. Sie unterscheiden sich nur dadurch, dass sie etwas kleiner sind als die unsrigen. Sehr auffallend ist auch die Behauptung, dass die Temperatur auf dem Merkur, obwohl er der Sonne näher steht als alle anderen Planeten, *„nicht zu warm und nicht zu kalt sei"*. Der Grund davon sei die geringe Dichte der Atmosphäre. Dass eine dünne Atmosphäre abkühlend wirkt, schloss Swedenborg aus der *„großen Kälte auf hohen Bergen, sogar in den heißen Gegenden auf unserer Erde"* (Swedenborg 1937, S. 23 f.). Noch umfangreicher und genauer ist der Bericht Swedenborgs über die Jupiterbewohner, mit deren Geistern er länger als mit allen anderen verkehren durfte. Im Unterschied zu den Menschen auf unserer Erde kommen bei ihnen niemals raue oder entstellte Gesichter vor. Was ihren Gang betrifft, so weiß Swedenborg zu berichten, dass sie nicht aufrecht gehen, wie die Bewohner unserer Erde. Auch kriechen sie nicht nach der Art der Tiere, sondern *„sie stützen sich beim Vorwärtsschreiten auf ihre flachen Hände und richten sich ein und das andere Mal halb auf. Bei jedem dritten Schritt schauen sie zur Seite und nach hinten und wenden dabei auch etwas den Körper, was schnell geschieht; denn es ist bei ihnen unanständig, anders als von vorn gesehen zu werden"* (Swedenborg 1937, S. 31). Das Gesicht halten sie immer aufrecht und niemals niedergebeugt. Wer das trotzdem tut, wird als Verdammter aus ihrer Gesellschaft ausgestoßen. Auch beim Sitzen mit untergeschlagenen Beinen hüten sie sich sorgfältig, nicht von hinten, sondern immer nur von vorne gesehen zu werden. Und auch beim Schlafen kehren sie nie das Gesicht zur Wand. Ganz anders geartet als das eines Jupiterbewohners ist das Gesicht eines Marsbewohners: *„Sein Angesicht war wie das Angesicht der Bewohner unserer Erde, nur war der untere Teil des Angesichtes schwarz, nicht von einem Bart, da er keinen hatte, sondern von einer dunklen Färbung* *an der Stelle eines solchen"* (Swedenborg 1937, S. 56). Von den Bewohnern des Saturns berichtet Swedenborg nur, dass sie um ihre Kleidung wenig besorgt sind, weil sie mit einer dicken Haut oder Hülle, welche die Kälte abhält, umgeben sind. *„Auf dem Planeten Venus"*, weiß Swedenborg zu berichten, *„gibt es zwei Gattungen von Menschen, von entgegengesetzter Gemütsart; solche, die sanft und menschenfreundlich sind und auf der uns abgekehrten Seite der Venus leben, und solche, die wild und beinahe tierisch sind, die auf der uns zugekehrten Hälfte hausen."* Diese haben eine *„große Freude an Räubereien, und lieben hauptsächlich von den Geraubten zu essen"* (Swedenborg 1937, S. 66). Die meisten von ihnen sind wahre Riesen. Die Menschen unserer Erde reichen ihnen nur bis zum Nabel. Sie sind stumpfsinnig und fragen nicht danach, was im Himmel oder was das ewige Leben sei, und kümmern sich nur um das, was ihr Land und ihr Vieh betrifft. Die Bewohner des Mondes dagegen sind Zwerge, von der Gestalt eines siebenjährigen Knaben, jedoch mit einer Stimme ausgestattet, die wie Donnerschläge aus den Wolken klingen, wenn es geblitzt hat. Diese Stimme der Mondbewohner wird nach Art eines Aufstoßens aus dem Unterleib hervorgestoßen. Der Grund dafür ist, dass der Mond nicht von einer ähnlichen Atmosphäre wie andere Erdkörper umflossen ist (Swedenborg 1937, S. 68).

Swedenborg behauptet, dass er in seinen Gesprächen mit den Planetengeistern nicht nur Kenntnis von den Planeten unseres Sonnensystems bekommen hatte, sondern auch von bewohnten Welten, die nach der Meinung der Gelehrten um andere Sonnen kreisen. Sein Geist wurde dabei in jene fernen Gegenden versetzt, während sein Körper auf der Erde blieb. So erfuhr er, dass es auf diesen weit entfernten Planeten Wiesen, Blumengärten, Wälder voll fruchttragender Bäume, Seen mit Fischen gebe und auch Vögel von himmelblauer Farbe mit goldenen Federn, dazu große und kleine vierfüßige Tiere. Die Gesichter der Bewohner eines jener Planeten waren denen der Menschen unserer Erde nicht unähnlich, nur dass ihre Augen klein waren und ebenso die Nasen.

Das Argument aus der Kosmogonie: Kant und Laplace

Svante Arrhenius hatte behauptet, dass sich Kant erst durch Swedenborgs Beispiel veranlasst sah, in seiner „Theorie des Himmels" sich mit der Beschaffenheit der vernünftigen Wesen auf andern Planeten zu beschäftigen (Arrhenius 1913, S. 98). Doch Kant selbst hat jede Verwandtschaft mit den Ideen Swedenborgs scharf abgelehnt und es als Unglück angesehen, dass das, was seiner eigenen *„philosophischen Hirngeburt so ungemein ähnlich ist, verzweifelt missgeschaffen und albern aussieht"*. Kant erklärt daher in aller Deutlichkeit, dass er, was *„solche anzügliche Vergleiche"* anbelangt, *„keinen Spaß verstehe"* (Kant 1755/1968, S. 356). Noch deutlicher ist seine Kritik an dem theologisch-mystischen Hauptwerk Swedenborgs, wenn er in den „Träumen eines Geistersehers" vom Jahre 1766 schreibt: *„Das große Werk dieses Schriftstellers enthält acht Quartbände voll Unsinn, welche er unter dem Titel: Arcana caelestia, der Welt als eine neue Offenbarung vorlegt"* (Kant 1755/1968, S. 354 und S. 360). Für Kant ist Swedenborg nicht nur der *„Erzgeisterseher"* unter allen Geistersehern, sondern sicherlich auch der *„Erzfantast"* unter allen Fantasten. Er *„spricht mit abgeschiedenen Seelen, wenn es ihm beliebt. Auch ist die ungeheure Entfernung der vernünftigen Bewohner der Welt in Absicht auf das geistige Weltganze für nichts zu halten, und mit einem Bewohner des Saturn zu reden, ist ihm ebenso leicht, als eine abgeschiedene Menschenseele zu sprechen"* (Kant 1755/1968, Bd. II, S. 363). Während für Kant die Wachträume solcher Geisterseher krankhafte Zustände des Gehirns darstellen, in denen das Ergebnis der bloßen Einbildung als ein realer, sinnlich erfassbarer Gegenstand vorgestellt wird, kann man im normalen Wachzustand jederzeit diese Einbildungen als seine eigenen Hirngespinste von dem Eindruck der Sinne unterscheiden (Kant 1755/1968, Bd. II, S. 345). Das gilt auch für jene Spekulationen, die sich Kant selbst am Schluss seiner „Allgemeinen Naturgeschichte und Theorie des Himmels" aus dem Jahre 1755 über die Bewohner der Gestirne erlaubt. Denn er ist sich darüber im Klaren, dass in diesem Fall der Freiheit zu erdichten keine eigentliche Schranken gesetzt sind, und dass *„man in dem Urteil von der Beschaffenheit der Einwohner entlegener Welten, mit weit größerer Ungebundenheit, der Fantasie könne den Zügel schießen lassen, als ein Maler in der Abbildung der Gewächse oder Tiere unentdeckter Länder, und dass dergleichen Gedanken weder recht erwiesen, noch widerlegt werden könnten"*. Deshalb will er nur solche Überlegungen anführen, *„die zur Erweiterung unserer Erkenntnisse wirklich beitragen können, und deren Wahrscheinlichkeit zugleich so wohl gegründet ist, dass man sich kaum entbrechen kann, sie gelten zu lassen"* (Kant 1755/1968, Bd. I, S. 351).

Im Unterschied zu Swedenborg geht jedoch Kant in seiner astronomischen Theorie über die „systematische Verfassung des Weltbaues" nicht von der kartesianischen Wirbeltheorie, sondern von der Newton'schen Mechanik aus und ergänzt diese durch eine „kosmogonische" Betrachtung über die Entwicklung des Sonnensystems, die als Kant-Laplace'sche Nebularhypothese in die Geschichte der Astronomie eingegangen ist, weil auch 40 Jahre später und unabhängig von Kant der große französische Astronom Pierre-Simon Laplace (1749–1827) ähnliche Überlegungen in seiner „Exposition du système du monde" angestellt hat. Kant nahm an, *„dass alle Materien, daraus* *die Kugeln, die zu unserer Sonnenwelt gehören, alle Planeten und Kometen, bestehen, im Anfang aller Dinge, in ihren elementaren Grundstoff aufgelöst, den ganzen Raum des Weltgebäudes erfüllt haben, darin jetzt diese gebildeten Körper herumlaufen"* (Kant 1755/1968, Bd. I, S. 263). Dieser Zustand der allgemeinen Ruhe dauert jedoch nur einen Augenblick. Dann beginnen die Anziehungskräfte der elementaren Partikel zu wirken, die sich zu Klumpen zusammenballen und so den Ursprung der Planeten bilden. Diese beginnen entsprechend ihrer Dichte in näherer oder weiterer Entfernung um den Zentralköper zu kreisen, aus dem die Sonne entsteht. Als Resultat dieses Entwicklungsprozesses unseres Sonnensystems ergibt sich nach Kants Auffassung, dass die dichteren und damit schwereren Planeten wie Merkur und Venus der Sonne näher stehen, während die äußeren Planeten, wie Jupiter und Saturn, von geringerer Dichte sind, obwohl sie in Bezug auf ihre Massen die Erde und die inneren Planeten bei weitem übertreffen. Was nun die Bewohner der verschiedenen Planeten betrifft, so nimmt Kant mit einem Grade der Glaubwürdigkeit an, der *„nicht weit von einer ausgemachten Gewissheit entfernt ist"* (Kant 1755/1968, Bd. I, S. 359), dass nach dem Verhältnis ihrer Entfernung von der Sonne sowohl die Vollkommenheit des materiellen Aufbaus des Gehirns als auch damit die Vollkommenheit des Geistes wächst. Kant behauptet zwar nicht, dass alle Planeten bewohnt sein müssten. Doch nach seiner Meinung ist zu vermuten, dass, wenn ein Planet jetzt unbewohnt ist, er es dennoch dereinst werden wird, wenn seine Entwicklung vollendet sein wird. *„Vielleicht"*, sagt Kant durchaus im Sinne gegenwärtiger Vorstellungen von der Entwicklung der Erde – allerdings in Verkennung der viel größeren Zeitausmaße –, *„ist unsere Erde tausend oder mehr Jahre vorhanden gewesen, ehe sie sich in Verfassung befunden hat, Menschen, Tiere und Gewächse unterhalten zu können"* (Kant 1755/1968, Bd. I, S. 352 f.). Wenn die Beschaffenheit eines Himmelskörpers der Bewohnbarkeit natürliche Hindernisse entgegensetzt, so wird er nach Kants Meinung unbewohnt sein. Doch glaubt er, dass die meisten von den Planeten unseres Sonnensystems bewohnt sind, aber ihre Bewohner nicht ihren Ursprungsort verlassen können. So können die Bewohner der Erde und der Venus *„ohne ihr beiderseitiges Verderben ihre Wohnplätze gegeneinander nicht vertauschen"*. Ein Erdbewohner würde *„in einer erhitzteren Sphäre eine Zerrüttung seiner Natur erleiden, die von der Zerstreuung und Austrocknung der Säfte und einer gewaltsamen Spannung seiner elastischen Fasern entstehen würde"* (Kant 1755/1968, Bd. I, S. 358). Dagegen würde ein Venusbewohner, dessen gröberer Bau eines großen Einflusses der Sonne bedarf, in einer kühleren Himmelsgegend bis zur Leblosigkeit erstarren. Ebenso müssen es nach Kants Meinung weit leichtere und flüchtigere Materien sein, aus denen der Körper eines Jupiterbewohners besteht, *„damit die geringe Regung, womit die Sonne in diesem Abstand wirken kann, diese Maschinen ebenso kräftig bewegen könne, als sie es in den unteren Gegenden verrichtet"* (Kant 1755/1968, Bd. I, S. 358). Der Stoff, woraus die Einwohner verschiedener Planeten, ja sogar ihre Tiere und Gewächse bestehen, muss überhaupt je nach dem Maße ihrer Entfernung von der Sonne um desto leichterer und feinerer Art sein. Dieses Verhältnis wird für Kant sowohl *„durch die Rechnungen des Newton, als auch durch die Gründe der Kosmogonie"* (Kant 1755/1968, Bd. I, S. 359) gestützt. Ebenso klar ist es für Kant, dass diese geistige Fähigkeiten, die *„eine notwendige Abhängigkeit von dem Stoffe der Maschine haben, welche sie bewohnen"*, nach dem Verhältnis des Abstandes ihrer Wohnplätze von der Sonne immer trefflicher und vollkommener werden (Kant 1755/1968, Bd. I, S. 359). So könnten für einen Bewohner der Erde die fünf Stunden der nächtlichen Finsternis auf dem schnell rotierenden Jupiter kaum zur Ruhe ausreichen, die diese grobe Maschine zu ihrer Erholung durch den Schlaf braucht. Wenn dagegen Jupiter von vollkommeneren Kreaturen bewohnt ist, *„die mit einer feineren körperlichen Konstitution mehr elastische Kräfte, und eine größere Behändigkeit in der Ausübung verbinden, so kann man glauben, dass diese fünf Stunden für sie eben dasselbe oder sogar mehr sind, als was die zwölf Stunden des Tages für die niedrige Klasse der Menschen betragen"* (Kant 1755/1968, Bd. I, S. 361). Die logische Konsequenz aus solchen Überlegungen ist für Kant, *„dass die menschliche Natur, welche in der Leiter der Wesen gleichsam die mittlere Sprosse inne hat, sich zwischen den zwei äußersten Grenzen der Vollkommenheit sieht, von deren beiden Enden sie gleich weit entfernt ist: Von der einen Seite sahen wir denkende Geschöpfe, bei denen ein Grönländer oder Hottentotte ein Newton sein würde; und auf der andern Seite andere, die diesen als einen Affen bewundern"* (Kant 1755/1968, Bd. I, S. 359 f.). Auf diese Weise wäre die Erde, und vielleicht noch der Mars (*„damit der elende Trost uns ja nicht genommen werde, Gefährten des Unglücks zu haben"*), allein in der *„gefährlichen Mittelstraße"* (Kant 1755/1968, Bd. I, S. 366), und es lässt sich von ihren Bewohnern vermuten, dass sie einen mittleren Zustand der physischen und moralischen Beschaffenheit zwischen den zwei Endpunkten einnehmen. Doch nach Kant besteht auch die Hoffnung, dass wir uns in ferner Zukunft nach dem unvermeidlichen Untergang unserer Erde zu höheren Lebewesen entwickeln: *„Vielleicht bilden sich darum noch einige Kugeln des Planetensystems aus, um nach vollendetem Ablaufe der Zeit, die unserem Aufenthalte allhier vorgeschrieben ist, uns in andern Himmeln neue Wohnplätze zu bereiten. Wer weiß, laufen nicht jene Trabanten um den Jupiter, um uns dereinst zu leuchten?"* (Kant 1755/1968, Bd. I, S. 367).

Laplace, der ebenfalls durch seine kosmogonische Theorie des Sonnensystems zur Hypothese von der Bewohnbarkeit der Planeten gekommen war, nahm eine glühende Gasmasse an, die sich von Anfang an in einer wirbelnden Bewegung um eine durch ihren Schwerpunkt gehende Achse dreht. Das war für ihn der Urzustand der Sonne, die auf diese Weise den Nebelflecken glich, die nach den Teleskopbeobachtungen von Herschel aus einem leuchtenden Kern und einem ihn umgebenden Nebel besteht. Durch Abkühlung zog sich diese glühende Gasmasse langsam zusammen und sonderte eine gasförmige Scheibe ab, aus der sich mehrere Ringe bildeten, die sich dann allmählich zu Planeten verdichten. In gleicher Weise bildeten dann die Gasmassen um die in Entstehung begriffenen Planeten bei genügender Ausdehnung Ringe, aus denen dann sich die Satelliten der Planeten bildeten. Bei der Annahme einer solchen einheitlichen Entstehung des Sonnensystems ist es für Laplace genauso wie für Kant eine logische Konsequenz, dass nicht nur die Erde, sondern auch die übrigen Planeten von Lebewesen bewohnt sind, die sich entsprechend ihrer Entfernung von der Sonnenwärme auch auf höchst verschiedene Art entwickelt haben: *„Die wohltuende Wirkung der Sonne erzeugt die Tiere und Pflanzen, welche die Erde bedecken, und die Analogie führt uns zur Annahme, dass sie auf die übrigen Planeten eine ähnliche Wirkung ausübt, denn es ist widernatürlich, zu denken, die Materie, deren fruchtbare Kraft wir auf so vielfache Weise sich enthüllen sehen, sei auf einen so großen Planeten, wie Jupiter ist, unfruchtbar, da derselbe doch gleich der Erde seine Tage, Nächte und Jahre hat.“* Dem Einwand, dass der für die Temperatur der Erde geschaffene Mensch, allem Anschein nach, nicht auf den anderen Planeten leben könne, begegnet Laplace mit der Frage: *„Muss es aber nicht eine unendliche Menge von Wesen geben, welche je nach den verschiedenen Temperaturen der Gestirne und Welten eingerichtet sind? Wenn der bloße Unterschied der Elemente und Klimate schon auf der Erde eine so große Mannigfaltigkeit der Geschöpfe begründet, um wie viel mehr müssen die Geschöpfe der übrigen Planeten von denen der Erde verschieden sein?“* (zit. nach Flammarion 1884, S. 48).

Die Bewohnbarkeit der Kometen: Lamberts kosmologische Briefe

Ein Zeitgenosse Kants, der Astronom, Mathematiker und Philosoph Johann Heinrich Lambert (1728 – 1777) nahm nicht nur die Bewohnbarkeit der Planeten unseres Sonnensystems und der anderen Fixsternsysteme an, sondern ließ in dieser Hinsicht auch die Kometen nicht aus. Der Hintergrund dieser scheinbar absurden Idee war jedoch seine Vorstellung von der *„Einrichtung des Weltbaues"*, die er in seinen „Cosmologischen Briefen" dargestellt hat. Diese Briefe, die als eine Art Fortsetzung von Fontenelles Unterhaltungen mit einer Marquise gedacht waren, schrieb Lambert, ohne die damals bereits veröffentlichten Arbeiten über die Weltentstehung, wie die des Engländers Wright, gekannt zu haben. Auch die Arbeit von Kant über die „Allgemeine Naturgeschichte und Theorie des Himmels" war ihm unbekannt. Ähnlich wie Kant und unabhängig von ihm versuchte auch Lambert die Newton'schen Erkenntnisse auf das gesamte Weltall auszudehnen und wie Kant nahm er an, dass die gesetzmäßige Ordnung unseres Sonnensystems sich überall im Weltall fortsetzen muss. Er kommt dadurch zu einer Vorstellung vom Aufbau des Weltalls, die man in ihren Grundzügen auch heute noch als richtig ansehen kann: Das einfachste System ist ein Planet, um den die Satelliten kreisen. Das nächsthöhere ist das Sonnensystem mit der Sonne als Mittelpunkt, um welche die Planeten mit ihren Trabanten sich kreis- oder ellipsenförmig bewegen. Jeder einzelne Fixstern ist ein solches System wie das Sonnensystem. Diese Systeme sind im Raum nicht gleichmäßig verstreut, sondern zu Haufen geballt. Die Sternhaufen wiederum bilden die Milchstraße. Es ist aber für Lambert nicht ausgeschlossen, dass auch außerhalb unserer Milchstraße noch weitere solche Sternhaufen existieren, die Glieder eines noch größeren und komplizierteren Systems sind. Heute weiß man, dass die Milchstraße nur ein Teil einer lokalen Gruppe von Galaxien ist, die durch ihre Schwerkraft zusammengehalten werden. Solche Galaxienhaufen bilden dann ebenfalls, durch die Schwerkraft aneinandergebunden, galaktische Superhaufen, die durch große Leerräume voneinander getrennt sind. Während man aber heute nicht mehr an einen großen Zentralkörper glaubt, um den sich die Galaxienhaufen drehen, hat Lambert einen großen dunklen Körper als *„Regent der Fixsternsysteme"* angenommen und nicht ausgeschlossen, dass sich diese Analogie im Weltall fortsetzt.

Die „Cosmologischen Briefe" sind eine Art von Glaubensbekenntnis über die zweckgerichtete Ordnung der Welt, in der es keine nutzlosen, das aber heißt unbewohnten, Himmelskörper geben kann. Deshalb entscheidet sich Lambert für ihre Bewohnbarkeit und leitet daraus ab, dass auch die Kometen nicht unbewohnt sein können. Dies umso mehr, weil er eine ungeheure Zahl der Kometen annahm, die von einem Sonnensystem zum andern wandern. Deshalb sind auch die Astronomen, die dort wohnen, gegenüber denen auf der Erde ungleich bevorzugt und überhaupt nehmen sie den ersten Rang im Weltall ein: *„Ihr Weg geht von Sonnen zu Sonnen, wie wir auf der Erde von Stadt zu Stadt gehen und wie uns dabei einzelne Tage vorbeieilen, so zählen sie Myriaden von unseren Jahren. Sie sind bestimmt, den Grundriss des Weltbaues zu bewundern und* *in seiner Grundlage und Anordnung die Reihen der göttlichen Ratschlüsse in ihrer Bestimmung einzusehen ... Sie kennen die Wärme und die Klarheit jeder Sonne und mit einem Schluss bestimmen sie die allgemeine Beschaffenheit der Einwohner jedes Planeten, die in jedem Abstand um dieselben herum sind. Ihr Jahr ist die Zeit von einer Sonne zur andern ... Jeder Eintritt in ein neues Sonnensystem ist ihr Frühling und den Herbst feiern sie, wenn sie es wieder verlassen"* (Lambert 1943, S. 80). Doch über das Aussehen und die physische Konstitution der Kometenbewohner will sich Lambert nicht äußern. Er akzeptiert zwar die Meinung seiner Vorläufer unter den Astronomen, die auf *„dem Mond, der Venus und anderen Planeten, Berge, Meere, Atmosphären usw."* entdeckt und daraus geschlossen haben, dass es dort Einwohner geben müsse, *„aber man würde zu weit gehen"*, sagt er, *„wenn man gleich Menschen aus ihnen machen wollte. Man würde ebenso gut Menschen in der Tiefe des Meeres suchen müssen"* (Lambert 1943, S. 83).

Die Einzigartigkeit unserer Welt: William Whewell

Zu einer Zeit, in der seit der kopernikanischen Revolution nicht nur die Philosophen, sondern vor allem auch die größten Fachleute der Astronomie davon überzeugt waren, dass die Planeten unseres Sonnensystems und sogar die Sonne selbst von intelligenten Lebewesen bewohnt sind, veröffentlichte der durch seine umfangreiche „History of the Inductive Science" berühmt gewordene Master des Trinity Colleges in Cambridge William Whewell (1794–1866) anonym ein Buch, in dem er die damals höchst unbeliebte Meinung von der Einzigartigkeit der Menschheit auf unserem Planeten Erde vertrat. Die Argumente dafür lieferte er nicht nur aus der Astronomie und Geologie, sondern auch aus Philosophie und Religion. Die Folgerung, die Whewell aus den naturwissenschaftlichen Ergebnissen seiner Zeit zog, war, dass kein Grund vorhanden ist, außer der unsrigen noch andere bewohnte Welten anzunehmen. Angefangen mit Fontenelles Unterhaltungen über die Vielheit der Welten waren es für Whewell immer nur unvollständige Analogien, mit denen man die Vorstellung von den Bewohnern der Himmelskörper begründet hatte. Mit der Konstruktion von immer größeren und leistungsfähigeren Teleskopen mussten aber nach seiner Meinung solche Analogieschlüsse immer unsicherer werden. So ließ sich kein einziger Hinweis erbringen, dass sich um die Fixsterne, wie um unsere Sonne, Planeten drehen, die wie unsere Erde von intelligenten Lebewesen bewohnt sein sollen (Whewell 1853, S. 121, S. 165). Zwar hat Whewell die Nebularhypothese von Laplace über die Entstehung unseres Sonnensystems akzeptiert, doch war er nicht wie Laplace der Meinung, dass ihre logische Konsequenz die Bewohnbarkeit aller Himmelskörper sein muss. Denn er sieht es nicht als ein allgemeines Naturgesetz an, dass alle kosmischen Nebel sich zu Sonnen verdichten, um die sich Planeten drehen, auf denen sich dann Leben entwickeln muss. Genau das ist es, was Whewell mit seiner These von der Einzigartigkeit unserer Erde und ihrer intelligenten Bewohner zurückweisen will. Und selbst dann, wenn die anderen Planeten unseres Sonnensystems oder die Planeten in anderen Sonnensystemen bewohnt sein sollten, so können diese Bewohner aller Wahrscheinlichkeit nach nur solche Geschöpfe sein, welche der niedrigsten Art der Tierwelt angehören.

Jedenfalls war für Whewell durch die Fernrohrbeobachtungen seiner Zeit bereits entschieden, dass der Mond unbewohnt sein muss, da er weder eine Atmosphäre noch Wasser besitzt und sich auf seiner Oberfläche keine Veränderungen nachweisen lassen (Whewell 1853, S. 173). Im Gegensatz zu einer solchen Beschaffenheit des Mondes besteht der Jupiter in seiner ganzen Masse aus Wasser und Dampf. Obwohl die Dichte dieses Planeten geringer als die der Erde ist, würde trotzdem wegen seiner großen Masse ein Körper auf seiner Oberfläche zweieinhalbmal so viel wiegen wie auf der Erde. Unter solchen Umständen würden größere Lebewesen durch ihr eigenes Gewicht zerdrückt werden. Da aber Jupiters Oberfläche nur aus grundlos tiefem Wasser besteht, müssten seine Bewohner nichts anderes als *„große Monster aus einer knorpeligen und klebrigen Masse“* sein. Für das Gewicht einer solch umfangreichen Kreatur ist das Schweben in einer Flüssigkeit viel leichter erträglich, als wenn sie sich auf einem festen Grund aufhielte. Whewell will zwar nicht behaupten, dass solche Kreaturen auf dem Jupiter wirklich existieren, aber für ihn gibt es keinen Zweifel, dass es dort nur eine solche Population von Lebewesen geben kann oder gar keine (Whewell 1853, S. 183). Ähnliches muss auch für die Bewohner des Saturn gelten: *„Wässrige, klebrige Kreaturen, zu träge, um noch als lebendig angesehen zu werden, schwimmend in ihrem eiskalten Wasser, für immer eingehüllt vom Leichentuch ihrer feuchten Umgebung“* (Whewell 1853, S. 185 f.). Von derselben Art, aber viel stärker, sind die Argumente gegen die Vorstellung, dass die noch weiter von der Sonne entfernten Planeten, Uranus und Neptun, von Lebewesen mit einer ebenfalls wässrigen Natur und noch geringeren Lebendigkeit bewohnt sein könnten. Umgekehrt hält Whewell es wegen der großen Hitze für unmöglich, dass die sonnennahen Planeten Merkur und Venus von Lebewesen bewohnt sein können. Dort könnten höchsten mikroskopisch kleine Kreaturen mit kieselartigem Überzug diese Hitze unzerstört überleben. Ganz anders aber verhält es sich beim Mars, der sowohl in seiner Beschaffenheit als auch in seiner Position im Sonnensystem die größte Ähnlichkeit mit der Erde aufweist. Sein Licht und seine Wärme, die er von der Sonne bekommt, sind zwar entsprechend seinem Abstand von ihr weniger als die Hälfte als die der Erde, und da er auch viel kleiner als die Erde ist, ist auch seine Schwerkraft nur halb so viel wie auf der Erde. Aber nach den Beobachtungen der Astronomen scheint er Meere und Kontinente zu besitzen. Die rote Farbe, die er zeigt, stammt nach ihrer Meinung von Farbe des Landes, während die Meere grünlich erscheinen. Wie die Erde rotiert der Mars in 24 Stunden um seine Achse und dass er eine Atmosphäre besitzt, erkennt man an den Wolken, die oft den Blick der Astronomen auf seine Oberfläche verhindern. Außerdem weist er auch glänzend weiße Flecken an seinen Polen auf, die verschwinden, wenn sie die Sonne lange bescheint und die im Polarwinter wiederkehren. All das kann Whewell zwar nicht leugnen, doch nimmt er an, wenn es auf dem Mars Lebewesen gibt, müssten sie so verschieden sein wie die großen Land- und Seedinosaurier aus früheren Epochen der Erde von den jetzt lebenden verschieden sind. Es könnte auch sein, dass der Planet Mars noch nicht die Periode erreicht hat, in der sich intelligente Lebewesen entwickelt haben oder er könnte überhaupt ohne lebende Bewohner sein.

Dem klassischen theologischen Argument, das von allen Vertretern der Vorstellung von der Mehrheit der von Menschen bewohnten Welten benutzt wurde, dass dies allein der Macht und Weisheit Gottes entspräche, setzt Whewell schließlich folgende Überlegung entgegen: *„Wenn auch die Planeten und ihre Monde und Ringe ohne Bewohner sind, so sind sie doch Zeugen der Gegenwart Gottes und der Tätigkeit, mit welcher er überall die Gesetze der Natur zur Ausführung bringt, und die Erhabenheit der Schöpfung ist nicht nur das Endresultat, sondern auch noch fernerhin das Feld von Gottes Tun und Denken und seiner Weisheit und Macht“* (Whewell 1853, S. 254, vgl. Proctor 1877, S. 35).

Das Glaubensbekenntnis des Philosophen und die Hoffnung des Christen: Brewster

In seiner Verteidigung der Doktrin von der Mehrheit der bewohnten Welten beruft sich der durch seine umfangreiche Biografie Newtons und seine Erfindungen auf dem Gebiet der Optik bekannte Physiker David Brewster (1781–1868) vor allem auf das Zeugnis der Heiligen Schrift. Weder im Alten noch im Neuen Testament findet der tief religiöse schottische Calvinist eine einzige Textstelle, die mit der *„großen Wahrheit unvereinbar wäre, dass es auch andere Welten als unsere gibt, die der Wohnsitz von Leben und Intelligenz sind“* (Brewster 1862, S. 9). Vielmehr zählt er mehrere Passagen auf, in denen von den *„Heerscharen der Himmel“* (hosts of heavens) die Rede ist. Besonders bemerkenswert findet er die Aussage in Jesaja XIV, 18, dass Gott, der die Himmel erschaffen hat, die Erde vergeblich erschaffen hätte, wenn er sie nicht so geformt hätte, um bewohnt zu sein. Daraus schließt Brewster, dass man nicht annehmen könne, der Schöpfer habe die Welten unseres Sonnensystems und diejenigen des Sternenuniversums vergeblich erschaffen, sie müssen vielmehr so gestaltet worden sein, um bewohnt zu sein. Um diese Ansicht wissenschaftlich zu beweisen, geht er in seinem 1862 erschienenen Werk „More Worlds Than One: The Creed of the Philosopher and the Hope of Christian" nicht, wie es Whewell den älteren Autoren der Theorie von der Mehrheit der bewohnten Welten vorwirft, von „unvollständigen Analogien" aus, sondern er benützt sehr ausführlich die damals vorhandenen Beobachtungsergebnisse über die Stellung, Bewegungsweise und physikalische Beschaffenheit der Planeten unseres Sonnensystems.

Beginnend mit Jupiter stellt er zunächst fest, dass dieser Riesenplanet mehr als tausendmal größer als die Erde ist. Das allein ist schon für ihn ein Grund anzunehmen, dass er für einen *„großen und nützlichen Zweck"* ausersehen ist. Wie die Erde ist er an den Polen abgeflacht und rotiert in neun Stunden und 56 Minuten um seine Achse, was auch bei ihm die Länge eines Tages ausmacht. In der kurzen Zeit der Abwesenheit der Sonne wird er von vier Monden beleuchtet. Er erfreut sich auch unterschiedlicher klimatischer Verhältnisse und unterschiedlicher Jahreszeiten. Da er jedoch nur eine kleine Achsenneigung von drei Grad besitzt, gibt es nur einen geringen Wechsel der jahreszeitlichen Temperatur, sodass auf ihm sozusagen ein *„ewiger Frühling"* herrscht. Die Astronomen haben auch ausgedehnte Flecken und Streifen beobachtet, die auch ihre Form verändern. Doch im Unterschied zur Erde ist die Masse der Wolken in der Atmosphäre des Jupiters in ihrer Form und Position viel beständiger. Brewster beruft sich auf den deutschen Astronomen Mädler, der hauptsächlich diese Beobachtungen gemacht und sogar angenommen hat, dass die Bewohner des Jupiters ab dem 40. Breitengrad vielleicht niemals den Sternenhimmel gesehen haben. Auf Grund der Ähnlichkeiten zwischen Erde und Jupiter kann man, wenn man einen unvoreingenommenen Geist besitzt und die Fakten der astronomischen Beobachtungen anerkennt, nicht ernsthaft den Schluss zurückweisen, dass Jupiter wie die Erde ausdrücklich für den Zweck geschaffen wurden, der Sitz von intelligentem Leben zu sein (Brewster 1862, S. 67). Dem Einwand, dass Jupiter so weit von der Sonne entfernt ist, dass er für Tiere und Pflanzen, wie sie auf der Erde existieren, ungeeignet ist, weil dort eine unerträgliche eisige Kälte herrschen muss, bei der Wasser in flüssigem Zustand nicht vorhanden sein kann, begegnet Brewster damit, dass man nicht davon ausgehen kann, dass die Sonne allein einen Planeten mit Wärme versorgt. Denn die Temperatur eines Planeten hängt auch von seiner Atmosphäre und seiner inneren Hitze ab, die bei Jupiter noch so groß ist, dass sie seine Flüsse und Seen in einem flüssigen Zustand erhalten kann, sodass die gleiche Vegetation und Tierwelt wie auf unserem Globus existieren können. Und auch die wegen der großen Entfernung geringe Leuchtkraft der Sonne kann durch eine Vergrößerung der Pupille und durch eine größere Empfindlichkeit der Netzhaut des Auges ausgeglichen werden, sodass für die Bewohner des Jupiters das Licht der Sonne ebenso strahlend ist wie für uns auf der Erde. Auch der Einwand, dass die kurze Ruhepause eines Tages, der insgesamt nicht mehr als zehn Stunden an Länge hat, nicht zur Erholung der physischen Funktionen ausreicht, hat für Brewster ähnlich wie für Kant keine Überzeugungskraft, da fünf Stunden der Ruhe sicherlich genügen, um fünf Stunden Arbeit auszugleichen. Die einzige ernsthafte Schwierigkeit für die Bewohnbarkeit des Jupiters durch menschenähnliche Lebewesen sieht Brewster in der Schwerkraft eines so gigantischen Planeten. Aber auch hier findet er einen Ausweg, indem er auf die geringe Dichte des Jupiters verweist, die sich zu der Dichte der Erde wie 24 zu 100 verhält, sodass der Mann, der auf der Erde 150 Pfund wiegt, schließlich auf dem Jupiter nur mehr 393 Pfund wiegt, also nur ungefähr zweieinhalbmal so viel wie auf der Erde. Einen derartigen Unterschied in den Gewichtsverhältnissen gibt es aber auch zwischen den einzelnen Individuen auf der Erde (Brewster 1862, S. 70). Das aber bedeutet, dass ein Mensch mit einer Konstitution gleich der unsrigen auf dem Jupiter ohne Schwierigkeit existieren kann. Ebenso können dort, was die Schwerkraft anbelangt, Pflanzen, Bäume und Gebäude wachsen und genau so sicher stehen wie bei uns auf der Erde. Darüber hinaus kann man sich aber auch die Frage stellen, ob auf einem so gewaltigen Planeten wie Jupiter nicht ein Typ von Verstand existiert, bei dem die Intelligenz Newtons nur den untersten Grad darstellt. Dort könnten weitreichernde Teleskope und stärkere Mikroskope als unsere vorhanden sein, das Dreikörperproblem in der Geometrie könnte gelöst sein, wie überhaupt alle Wissenschaften weiter entwickelt sein könnten als bei uns. Wie immer auch die intellektuellen Fähigkeiten der Bewohner des Jupiters auch sein mögen, für Brewster kann es keinen Zweifel geben, dass sie alle Objekte studieren und die Gesetze ausfindig machen, die um sie herum, über ihnen, unter ihnen und jenseits von ihnen am Himmel wirksam sind. Das Gleiche gilt von den drei Planeten oberhalb des Jupiters. Die Ähnlichkeit mit der Erde ist wegen der geringeren Schwerkraft noch größer als bei Jupiter und ihre größere Entfernung von der Sonne wird ausgeglichen durch eine besondere Atmosphäre und die Hitze in ihrem Inneren. Entscheidend für die Annahme, dass auch sie der Sitz von intelligenten Lebewesen sind, waren für Brewster jedoch nicht diese noch weitgehend unsicheren astronomischen und physikalischen

Einzelheiten, sondern vielmehr das teleologische, auf den Zweck ihres Vorhandenseins ausgerichtete Argument, wenn er sagt: *„Wo ist das Großartige, wo die Nützlichkeit und Poesie bei den fast unsichtbaren Sternen, welche die himmlischen Namen Uranus und Neptun für sich in Anspruch nehmen, und die selbst nur wenige der eigentlichen Förderer der Wissenschaft gesehen haben? Der Seemann im pfadlosen Ozean richtet sich nicht nach ihnen, für ihn haben sie nicht die Bedeutung wie der Polarstern, sie tragen nichts zur Verschönerung des irdischen Lebens bei.“* Daraus zieht Brewster dann den Schluss, dass *„Uranus und Neptun für andere Zwecke geschaffen sein müssen, dass sie nämlich die Heimat von Leben und Intelligenz, die ungeheuren Tempel sind, wo ihr Schöpfer erkannt und geehrt wird, die äußersten Wachtposten unseres Systems, von welchen aus seine Werke besser erforscht werden und seine Herrlichkeit vollkommener geschildert werden kann“* (Brewster 1862, S. 80; vgl. Proctor 1877, S. 36). Diese Argumentation hat jedoch für seinen Landsmann, den Astronomen Richard A. Proctor, der allerdings von der Jahrzehnte später erkannten wahren Beschaffenheit dieser riesigen eiskalten Gasplaneten ausgeht, *„etwas geradezu Possierliches“* (Proctor 1877, S. 35). Bei den Planeten Mars, Venus und Merkur stellt Brewster große Ähnlichkeiten mit der Erde fest. Die Dichte von Mars und Venus ist beinahe die gleiche wie die der Erde, die von Merkur etwas größer. Während der Durchmesser der Venus ungefähr gleich dem der Erde ist, beträgt er bei Merkur und Mars nur die Hälfte von der Erde, sodass die Körper dort nur die Hälfte von dem wiegen, was sie bei uns auf der Erde wiegen. Kontinente, Ozeane und grüne Savannen wurden auf dem Mars beobachtet und es wurde gesehen, wie der Schnee von seinen Polarkappen mit der Hitze des Sommers verschwindet. Die Oberfläche von Venus und Merkur ist vielfältig gestaltet durch Bergketten von großer Höhe, aber wegen des Glanzes ihrer Scheiben und wegen der Wolken, die sie einhüllen, konnte man mit den Teleskopen viel weniger Details entdecken. Aber alle Planeten dieser unteren Gruppe sind mit der gleichen Atmosphäre wie die der Erde umgeben, welche die wichtigste Bedingung für die Existenz von Leben darstellt. Diese Atmosphäre und die Abwesenheit einer Hitze im Innern dieser Planeten gleicht die große Hitze aus, die sie von der Sonne bekommen. Und umgekehrt wie bei den äußeren Planeten wird das intensive Sonnenlicht für die Bewohner der sonnennahen Planeten dadurch erträglich gemacht, dass sie eine sehr kleine Pupille und eine viel weniger empfindliche Netzhaut haben.

4. Fenster ins Weltall: Die Entwicklung der astronomischen Beobachtungstechnik

Der entscheidende Mangel bei all diesen philosophisch-theologischen Spekulationen über die Bewohner anderer Planeten war die Unvollkommenheit der Beobachtungsinstrumente. Daher war es gerade diese Suche nach außerirdischen Leben auf einer anderen Erde im Weltraum, welche die Entwicklung der astronomischen Beobachtungstechnik weiter vorantrieb.

Die Konkurrenz von Linsenfernrohr und Spiegelteleskop

Auf der Jagd nach immer höheren Vergrößerungen entstanden in der zweiten Hälfte des 17. Jahrhunderts astronomische Fernrohre von geradezu ungeheurer Baulänge. Huygens, Domenicus Cassini, Hevelius und andere Astronomen konstruierten und benutzten Fernrohre von 30, 40 und mehr Meter Länge. Manche, wie z. B. Huygens, verzichteten ganz auf die Röhre, in die Objektiv und Okular sonst gefasst wurden, und verbanden die beiden Gläser durch eine lange Stange oder brachten das Objektiv auf einer hohen Säule an, während das Okular sich in der Nähe des Bodens befand (vgl. Abb. 8).

Einen echten Konkurrenten sollten diese meterlangen Linsenfernrohre erst durch das Newton'sche Spiegelteleskop bekommen. Newton hatte sich schon seit 1664 mit dem Bau von Fernrohren beschäftigt. Schon zuvor hatte man erkannt, dass man bei einem Fernrohr an Stelle einer Sammellinse als Objektiv auch einen Hohlspiegel verwenden kann, der im Unterschied zu einer Linse den Vorteil hat, keine Farbfehler aufzuweisen. Nach mehren Versuchen gelang Newton im Jahre 1671 die Herstellung eines Spiegelteleskops, das alle Versuche seiner Vorgänger übertraf. Dafür wurde er auch ein Jahr später in die Royal Society aufgenommen.

Seit dieser Zeit gibt es den Konkurrenzkampf zwischen Refraktor (Linsenfernrohr) und Reflektor (Spiegelteleskop). Jede Errungenschaft in einem Gebiet wurde bald auf dem anderen erreicht oder übertroffen. Die Spiegelteleskope Newtons und seiner Zeitgenossen, mit Spiegeln von nur wenigen Zoll Durchmesser, leisteten kaum so viel als die durch ihre Länge unbequemen

Refraktoren, wie sie Huygens benutzte. Wäre die Kunst des Glasschmelzens damals weiter gediehen gewesen, so hätte man auch ein vollständiges Zurückdrängen der Spiegelteleskope durch die später erfundenen achromatischen (farbenfreien) Linsenfernrohre erwarten können. Aber selbst zu dieser Zeit war es noch unmöglich, Glasscheiben von mehr als einigen Zoll Durchmesser rein und gleichförmig herzustellen. Fast ebenso große Schwierigkeiten traten auch beim Schleifen der Metallspiegel auf. Erst um die Mitte des 18. Jahrhunderts gelang es dem Scharfsinn und der unermüdlichen Geduld eines Mannes, Spiegelteleskope zu konstruieren, die auch die besten Linsenfernrohre hinsichtlich ihrer optischen Stärke weitaus übertrafen (vgl. Newcomb 1877, S. 125).

William Herschels Riesenteleskope

Wilhelm Herschel, damals Organist und Musiklehrer in Bath bei Bristol, kam um 1766 zufällig in den Besitz eines kleinen Fernrohres von nur 60 cm Länge. Der Anblick des Sternenhimmels erregte in ihm den lebhaften Wunsch, ein ähnliches, aber noch größeres und besseres Instrument zu besitzen. Die von

Abb. 8: Luftfernrohr von Chr. Huygens (nach Smith 1738)

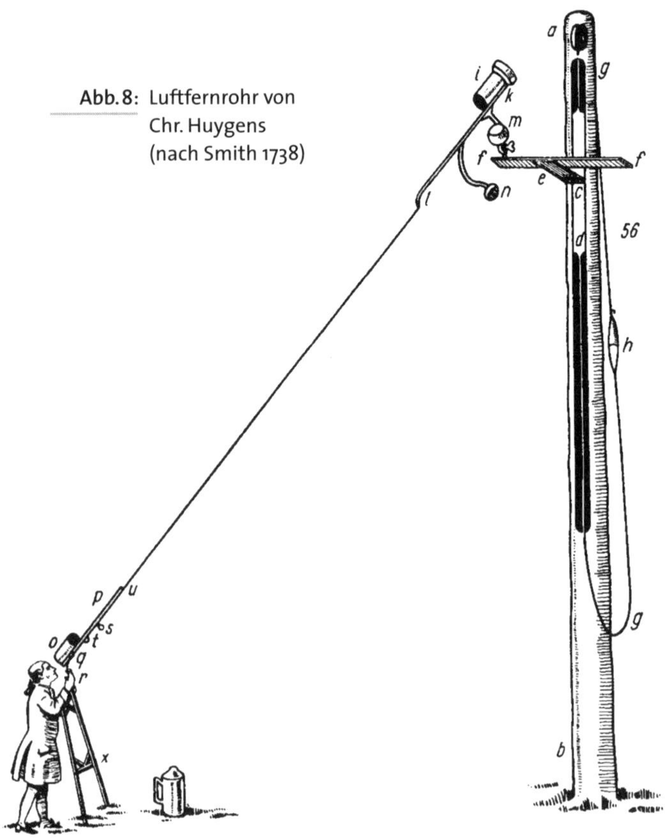

Abb. 9: Herschels Riesenteleskop (aus Newcomb 1892)

den Londoner Optikern geforderten Preise überstiegen aber seine geringen Mittel erheblich. Daher entschloss er sich, selbst ein Spiegelteleskop Newton'scher Art zu verfertigen. Nach vielen Versuchen – er hatte in sechs bis sieben Jahren nach eigenen Angaben 400 Spiegel angefertigt – gelang ihm endlich 1774 die Vollendung eines Spiegelteleskopes von 2,10 m Brennweite. Mit einem solchen Teleskop entdeckte er am 13. März 1781 den Uranus, den er zunächst für einen Kometen hielt (vgl. Oeser 1979, Bd. 2, S. 127). Dadurch wurde König Georg III. auf den Musiker-Astronomen aufmerksam. Er ernannte ihn zum „Astronomer Royal" und gewährte ihm ein Jahresgehalt von 200 £. Dadurch konnte sich nun Herschel dauernd der Astronomie und dem Bau von immer größeren Spiegelteleskopen widmen, der seinen Abschluss in einem Riesenteleskop von 12 m Brennweite und 122 cm Spiegeldurchmesser fand (vgl. Abb. 9).

Es zeigte sich aber, dass mit diesem gewaltigen Instrument die Grenze praktischer Brauchbarkeit erreicht war. Der Beobachter musste mehr als 10 Meter hoch in einem Kasten schweben, der groß genug war, ihn sowie alle zu den Beobachtungen erforderlichen Hilfsinstrumente aufzunehmen. Dieser Kasten musste den Bewegungen des Teleskops folgen, die bei dem enormen Gewicht des Instruments nur durch mehrere Gehilfen in einem eigenen Maschinenraum ausgeführt werden konnten. Ein Sprachrohr ging zu diesem Arbeitsraum hinab, womit der Beobachter vom Okularende aus die nötigen Anweisungen geben konnte. So war es nicht verwunderlich, dass Herschel sein größtes Teleskop nicht viel benutzte und selbst bei der Untersuchung sehr lichtschwacher Objekte kleinere Instrumente vorzog. Im Jahre 1839 wurde das Riesenteleskop von Sir John Herschel, dem Sohn des großen Beobachters, auseinandergenommen und – nach einer Familienfeier im Innern des Tubus – für immer zur Ruhe gebracht. Die Existenz eines solchen Riesenteleskops blieb aber im Bewusstsein der Öffentlichkeit verhaftet und sollte noch zu einer aufsehenerregenden Entdeckung führen, die sich jedoch schließlich als bloße Fiktion erwies: Es war die angebliche Entdeckung der Seleniten, also der Mondbewohner, die man John Herschel als sensationelles Resultat seiner Beobachtungen am Kap der Guten Hoffnung zugeschrieben hatte.

Das fotografische Riesenauge

Einen weiteren unentbehrlichen Fortschritt hatte die Einführung der fotografischen Technik in die beobachtende Astronomie gebracht. Die Verwendung der Fotografie für astronomische Beobachtungen geschah bereits 1845 in Frankreich, nur sieben Jahre nach Erfindung dieser neuen Kunst. Die berühmten Physiker Fizeau und Foucault, die Berechner der Lichtgeschwindigkeit, versuchten damals die Sonne zu fotografieren und etwas später (1850) konnte der amerikanische Astronom Bond auf einer chemisch präparierten, mit dem Fernrohr verbundenen Metallplatte gelungene Mondfotografien herstellen. Verbessert wurde diese Technik bereits 1857 durch den englischen Astronomen Warren de la Rue und den Amerikaner Rutherford, die allgemein bewunderte Mondbilder herstellten. Doch es gab auch ernstzunehmende Kritik an diesem Verfahren: *„So hübsch auch derlei Mondfotografien dem Laien erscheinen mögen“*, so heißt es in einer zeitgenössischen Kritik dieses Verfahrens, *„so wenig kann sich der Astronom damit zufrieden stellen, wenn sie ein detailliertes Bild vom jetzigen Aussehen der Mondoberfläche für vergleichende Studien in ferner Zukunft abgeben sollen, da sie in der Schärfe und Wiedergabe der Einzelheiten hinter der Wahrnehmung durch das Auge weit zurückstehen.“*

Der große und unleugbare Vorteil dieses neuen Verfahrens besteht jedoch in dem Zeitunterschied zwischen der Darstellung der Mondoberfläche durch die fotografische Platte und einer Zeichnung nach den Gesichtswahrnehmungen: *„Während sich der lichtempfindlichen Platte in ein paar Sekunden das Bild des Mondes aufdrückt, brauchte der berühmte Mondtopograf Mädler fast sieben Jahre (1830 – 1836), um seine große Mondkarte herzustellen. Ja, Julius Schmidt in Athen gelang es sogar erst nach mehr als 30-jähriger, mühevoller Arbeit (1840 – 1874), seine Gesichtswahrnehmungen am Monde in seiner schönen Karte der Nachwelt zu überliefern"* (Spitaler 1887, S. 149 f.).

Diese bisher für unglaublich gehaltene Zeitersparnis war für Flammarion der Grund, voller Begeisterung das Lob des *„fotografischen Riesenauges"* zu singen: *„Dieses Auge hat ungefähr einen Meter im Durchmesser und 15 cm Tiefe. Sein Kristallin ist aus einer riesigen Glaslinse gebildet, und seine Netzhaut aus einer sehr empfindlichen chemischen Platte. – Ein Riesenauge, das in vier Beziehungen bedeutsame Vorzüge vor dem unsrigen besitzt: es sieht schneller, weiter, länger, und hat überdies die kostbare Fähigkeit, alles was es sieht, zu fixieren, zu drucken, zu bewahren"* (zit. nach Kuhlenbeck in Giordano Bruno 1904, S. XXVI f.). Um diese Vorzüge des fotografischen Auges gegenüber dem natürlichen menschlichen Auge zu demonstrieren, greift Flammarion zu einem ebenso anschaulichen wie brutalen Vergleich, den er auf einem Planeten wie der Erde, *„dessen sämtliche Bürger Soldaten sind und einander durchschnittlich 1100 per Tag umbringen"*, nicht für übertrieben hält: *„Nehmen Sie beispielsweise an, dass Sie einen Menschen totschlagen, in dem Augenblick, da er in seinem Lehnstuhl ruhig sitzend die Augen auf ein hell erleuchtetes Fenster gerichtet hält; dass Sie ihm dann die Augen ausreißen und dieselben in eine Alaunlösung tauchen. Diese Augen werden das Bild des Fensters mit seinem dunklen Rahmen und den hellen Scheiben festhalten. Aber im gewöhnlichen Lauf der Dinge bewahrt unser Auge die Bilder nicht; es wären ihrer übrigens gar zu viele. Das Riesenauge, von dem wir sprechen, hält alles fest, was es sieht. Man braucht nur die Netzhaut auszuwechseln. Dieses neue Auge ist das fotografische Auge"* (zit. nach Kuhlenbeck in Giordano Bruno 1904, S. XXVI f.).

Doch sosehr dieses neue Hilfsmittel der astronomischen Beobachtung bereits gegen Ende des 19. Jahrhunderts geeignet war, bei längeren Belichtungszeiten weit entfernte Sterne zu entdecken, für die Beobachtung und Registrierung von Einzelheiten der Mondoberfläche waren die fotografischen Platten in dieser Zeit zu wenig lichtempfindlich und zu grobkörnig. Deshalb konnte W. H. Pickering mit Recht behaupten: *„Die beste Mondfotografie, die jemals aufgenommen worden ist, wird nicht das zeigen, was man mit einem* *sechszölligen Fernrohr unter günstigen atmosphärischen Bedingungen sehen kann*" (Harvard Annals, Vol. 32, 1, 109). Zum Teil hing diese Minderwertigkeit der Mondfotografien sicherlich von der Verschiedenheit der fotochemischen Strahlen ab, welche die dunkleren Ebenen und die helleren Gebilde ausstrahlen; man hätte eigentlich die verschiedenen Lichtstärken der Mondlandschaften einer entsprechend ungleichen Expositionsdauer aussetzen müssen, um scharfe und unverwischte Abbildungen der Details der Mondoberfläche zu erhalten. In noch viel höherem Maße gilt das Gesagte für die Bilder der großen Planeten. Die Planetenfotographie steckt am Ende des 19. Jahrhunderts noch in ihren Kinderschuhen. Was vor allem benötigt wurde, waren viel lichtempfindlichere Platten. Keine noch so gelungene Jupiter- oder Marsphotografie konnte auch nur einen geringen Teil von dem zeigen, was geübte Beobachter unter den Astronomen mit dem Auge gesehen und gezeichnet hatten.

Der Zauberstab des Astronomen: Die Spektralanalyse

Hatte man den Bau von Riesenteleskopen in der Hoffnung vorangetrieben, damit Vergrößerungen zu erreichen, mit denen man, wenn schon nicht die Mondbewohner selbst, so doch wenigsten ihre vermuteten Bauwerke erblicken könnte, so entdeckte man schließlich auch ein Verfahren, um überhaupt erst die notwendigen Bedingungen der Bewohnbarkeit fremder Himmelskörper feststellen zu können. Die wichtigste Bedingung für die Existenzmöglichkeit von menschenähnlichen Lebewesen ist das Vorhandensein einer Atmosphäre von bestimmter chemischer Zusammensetzung. Um die chemische Zusammensetzung einer Planetenatmosphäre zu ermitteln, bedient sich der Astronom eines bis zum heutigen Tag viel gerühmten Zauberstabes, der sogenannten Spektralanalyse.

Schon Newton erkannte durch seinen bekannten Versuch, bei dem er ein Bündel weißen Lichts durch ein Prisma auf einem Schirm fallen ließ, dass das weiße Sonnenlicht aus verschiedenen Farben, Rot, Orange, Gelb, Grün, Blau, Indigo und Violett, besteht. Dieses Farbenband wurde „Spektrum" genannt. Wie wir heute wissen, handelt es sich dabei um Bereiche verschieden langer Wellen der elektromagnetischen Schwingung. Rotes Licht ist langwellig, violettes Licht kurzwellig.

Die für die astronomische Beobachtung der Himmelskörper entscheidende Entdeckung machte jedoch erst ein junger Mann namens Joseph Fraunhofer, der in einer Spiegelfabrik in München zunächst als Schleiferlehrling tätig war. Als die baufällige Fabrik einstürzte, begrub sie den damals 15-jährigen Fraunhofer unter ihren Trümmern. Halbtot zog man ihn aus den Trümmern hervor. Für das erlittene Unglück bekam er 18 Dukaten, ein kleines Vermögen, mit dem er sich Lehrbücher und Instrumente verschaffte und sich auf diese Weise aus eigener Kraft zu einem der größten Optiker seiner Zeit ausbildete. Er untersuchte die feinen dunklen Linien im Sonnenspektrum, die nach ihm „Fraunhofer'sche Linien" genannt wurden, und erkannte als Erster ihre große wissenschaftliche Bedeutung. Wie man durch Vergleich verschiedener Lichtquellen feststellen konnte, besteht der Vorteil dieser neuen Methode darin, dass man diese Linien bestimmten chemischen Elementen zuordnen kann. So konnte man mit einem eigens dafür konstruierten Spektrografen nicht nur alle selbstleuchtenden Sterne auf ihre chemische Zusammensetzung untersuchen, sondern hatte auch die Möglichkeit, die Zusammensetzung der Atmosphären der Planeten und Monde des Sonnensystems festzustellen.

Die Planeten und Monde werfen zwar nun das Sonnenlicht zurück, sodass man lediglich eine Kopie des Sonnenspektrums erhält. Wenn aber der betreffende Planet eine Atmosphäre besitzt, so muss das Sonnenlicht, ehe es reflektiert wird, diese durchdringen. Auf diesem Wege müssen sich daher neue Linien und Banden in das Spektrum einprägen, die den einzelnen Gasen dieser Atmosphäre angehören. Doch wird die genaue Ermittlung der Bestandteile einer Planetenatmosphäre sehr schwierig, wenn es sich um Stoffe handelt, die bereits in der Sonne selbst vorhanden sind oder in so geringer Menge in der Atmosphäre eines Planeten vorkommen, dass sie noch keine deutlich nachweisbare Linie entstehen lassen. Außerdem können sich diese Linien durch die Bewegung der von der Erde aus beobachteten Planeten verschieben. Alle diese Schwierigkeiten erklären die so unterschiedlichen Resultate in der Ermittlung der chemischen Zusammensetzung der Planetenatmosphären, die ihre Auswirkung auf die Diskussion über die Bewohnbarkeit der Himmelskörper in unserem Sonnensystem hatten. Diese Schwierigkeiten konnten nur dadurch überwunden werden, dass man Spektralapparate außerhalb der dichtesten Schichten der Erdatmosphäre auf hoch gelegenen Bergobservatorien aufgestellt oder sie in Stratosphärenballone oder in künstliche Erdsatelliten eingebaut hat.

5. Nachbarn im Weltall: Die Mondbewohner

Vor der Erfindung des Fernrohrs waren bei der Betrachtung des Mondes der Fantasie keine Grenzen gesetzt. Die Ansichten der Menschen schwankten zwischen äußersten Gegensätzen: *„Bald war er ein bewundernswerter Aufenthalt, ein irdisches und himmlisches Paradies, zugleich eine vom Himmel begünstigte Region, bereichert durch ein üppiges Leben, von höheren Wesen bewohnt; bald ein Ort des Schreckens, aller Gaben der Natur bar, wüst und stumm, ein wahres im Raum verlorenes wandelndes Grab“* (Flammarion o. J, S. 141). Mit der Entwicklung der Fernrohrtechnik und Spektralanalyse hoffte man, die Frage endgültig zu klären, ob auf dem Mond lebende menschenähnliche Wesen vorhanden sind oder zumindest früher dort einmal waren. Der Grund für solche Überlegungen war natürlich, dass der Mond verhältnismäßig so nahe ist und die wilde Hoffnung bestand, dass es einst gelingen würde, mit Hilfe der größten Teleskope Gegenstände auf der Mondoberfläche in unseren Sehbereich zu ziehen, die in ihren Dimensionen der Größe der menschlichen Gestalt entsprechen. Und wenn das nicht gelingen sollte, hoffte man, wenigstens Spuren der Tätigkeit von intelligenten Lebewesen zu entdecken. Es waren nicht nur Fantasten wie der Münchener Astronom Franz von Paula Gruithuisen, die diese Hoffnung aufrechterhielten, sondern sie wurde vor allem auch durch den berühmten Konstrukteur von Riesenteleskopen William Herschel gefördert, der selbst von der hohen Wahrscheinlichkeit überzeugt war, dass der Mond, der ja schon in der Antike, aber vor allem seit Galilei als zweite Erde angesehen wurde, von intelligenten Lebewesen bewohnt sein müsse. Doch man war sich immer im Klaren, dass die Bewohnbarkeit des Mondes von zwei Bedingungen abhängt: von der Existenz einer Atmosphäre und dem Vorhandensein von Wasser. Die Frage nach der Atmosphäre des Mondes war noch lange Zeit umstritten. Klar war nur, wenn sie überhaupt vorhanden sei, dass sie sehr dünn sein müsse und nicht sehr hoch reichen könne. Auch war es nicht auszuschließen, dass sie die Niederungen des Mondes, die tiefen Täler und den Boden der Krater, erfüllen könne. Dort wollte man manchmal vorüberziehende Dunststreifen gesehen haben. Obwohl niemand mehr annehmen konnte, dass die sogenannten Meere Ansammlungen von flüssigen Wasser sind, glaubte man ausgetrocknete Flussläufe erkennen zu können, die in diese flachen Ebenen einmünden; was zumindest ein Hinweis sein konnte, dass in früheren Zeiten flüssiges Wasser vorhanden war, das sich vielleicht noch in gefrorenem Zustand im Boden des Mondes befindet. Alle diese Fragestellungen über die Bewohnbarkeit des Mondes gingen jedoch von seiner Erdähnlichkeit aus, die auf eine gemeinsame Entstehungsgeschichte mit der Erde hinwies.

Die Herkunft des Mondes: Aggregationstheorie und Gezeitentheorie

Die gemeinsame Entstehungsgeschichte von Erde und Mond war schon für Kant und Laplace ein Argument nicht nur für die Bewohnbarkeit des Mondes, sondern für die aller Planeten des Sonnensystems und ihrer Trabanten (s. oben Kap. 3). Doch zwischen der Erde und ihrem Mond herrscht ein ungewöhnliches Verhältnis, das mit den anderen Planeten nicht zu vergleichen ist. Das Ungewöhnliche daran ist die unverhältnismäßige Größe des Mondes, die das System Erde – Mond geradezu als einen Doppelplaneten ansehen lässt. Wenn man die Masse aller Monde relativ zu den Massen ihrer Planeten zusammenfasst, so ist der Erdmond vergleichsweise der massereichste Trabant im Sonnensystem. Nur der viel später entdeckte Plutomond Charon übertrifft ihn (vgl. Asimov 1981, S. 222).

Während man im Sinn der Kant-Laplace'schen Nebularhypothese annahm, dass sich die übrigen Monde aus dem Gasnebel der Urplaneten gebildet haben, gab es für den Ursprung des übermäßig großen Erdmondes bereits unterschiedliche Theorien. Eine dieser Theorien, deren Konsequenz die Bewohnbarkeit des Mondes mit einschließt, war die Aggregationstheorie. Sie stammt von dem eifrigsten und zugleich auch fantasievollsten Beobachter der Mondoberfläche in der ersten Hälfte des 19. Jahrhunderts, dem Münchener Astronomen Franz von Paula Gruithuisen (1774 – 1852).

Sein Interesse an der Astronomie war von der Überzeugung bestimmt, dass es außerhalb der Erde verständige Wesen geben müsse, die uns Menschen ähnlich sind. Diese Ansicht beruhte auf seiner Vorstellung von der einheitlichen Entstehungsgeschichte unseres Sonnensystems, für die er eine eigene von ihm als „Aggregationstheorie“ bezeichnete Hypothese vorschlug, die von unserem heutigen Standpunkt aus höchst aktuell anmutet. Sie besagt, dass alle großen Himmelskörper, wie Sonne, Monde, Planeten und Sterne, sich durch *„Niederschlag von außen“*, durch Meteormassen und Kometen gebildet haben. Die Kometen sind nach Gruithuisens Meinung durch einen besonderen Wasserreichtum ausgezeichnet. Als Beweis, dass schon lange vor ihm dieser Gedanke vorhanden war, führt er berühmte Namen von Astronomen wie Whiston, Halley und Lalande an, die alle glaubten, dass die Noah'sche Flut durch Kometenwasser erzeugt worden sei. Auch Laplace war vom Wasserreichtum der Kometen überzeugt, nur nahm er an, dass die Kometen, wenn sie der Sonne sehr nahe kommen, ihre Flüssigkeiten verlieren. Den tatsächlichen Beweis, dass die *„obere Masse der Kometen aus einer tropfbaren Flüssigkeit bestehen müsse"*, liefern nach Gruithuisen die Beobachtungen. Denn es ist unmöglich, einen ganzen Kometenkern zu sehen. Was man jedoch erkennen kann, ist eine *„helle Umnebelung des Kerns"*. Aus all diesen Vermutungen und Beobachtungen ergibt sich für Gruithuisen, dass alle großen vorgeschichtlichen Fluten von dem Sturz solcher wasserreichen Kometen auf die Erde herrühren.

Mit der Aggregationstheorie wollte Gruithuisen auch die Herkunft des Mondes erklären. Denn der Mond war ja der nächstliegende Himmelskörper, auf dem er Spuren von verständigen Wesen zu entdecken hoffte. Ausgangspunkt seiner Überlegungen war, dass er irgendwo gelesen hatte, dass sowohl die Arkadier als auch die Chaldäer behaupteten, *„dass ihre Urväter schon vor der Ankunft des Mondes bei der Erde dagewesen seien"* (Gruithuisen 1846, S. 1). Nach Arago stammen solche Behauptungen von Lukian und Ovid (Arago 1856, III, S. 359). Für Gruithuisen verraten sie zumindest, dass der Mond erst in der spätern Urzeit von der Erde eingefangen worden ist, was wiederum sehr gut mit seiner Aggregationstheorie übereinstimmt, zufolge der die massigeren Weltkörper mit ihrer Schwerkraft alle geringeren einfangen. Für ihn gab es auch keinen Zweifel, dass unser Mond, als erste Bedingung für dort vorhandenes Leben, Wasser im flüssigen Zustand besessen haben musste. Nun war es aber auch für ihn klar, dass die von den alten Astronomen als „Meere" bezeichneten flachen dunklen Ebenen ihren Namen nicht verdienen, denn sie enthalten kein Wasser. Seine Behauptung, dass der Mond in seiner Entstehungsgeschichte einmal ein Wasserplanet mit einem tiefen Urmeer gewesen sein muss, begründet Gruithuisen ebenfalls mit seiner Aggregationstheorie. Denn die sogenannten Mondkrater sind nach seiner Meinung nicht vulkanischen Ursprungs, sondern sind in ihrer regelmäßigen kreisförmigen Gestalt durch das senkrechte Einsinken von Kometen und Meteoriten in das Urmeer des Mondes zustande gekommen (vgl. Abb. 10). Mit dieser Erklärung der Ringwälle am Mond hatte sich Gruithuisen große Verdienste erworben. Denn er war der Erste, der erkannte, dass die Mondkrater von Meteoriteneinschlägen herrühren.

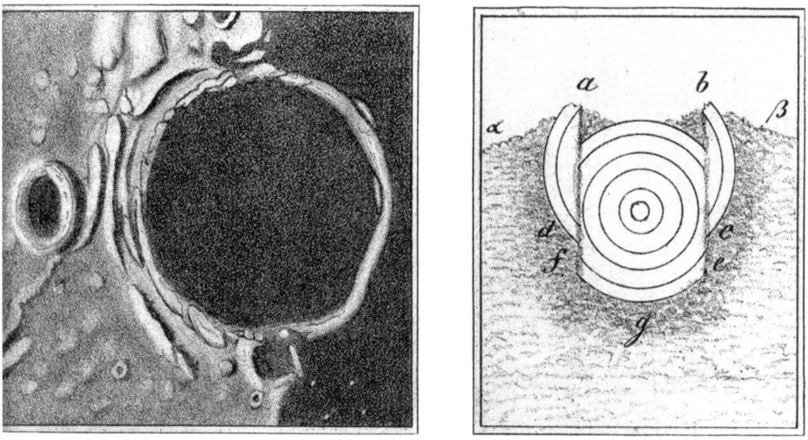

Abb. 10: Vertikaler Durchschnitt einer in den Mondboden eingeschlagenen Kometenkugel, die das Ringgebirge des Kraters Theophilus gebildet hat (aus Gruithuisen 1846)

Eine andere der Aggregations- und Einfangtheorie völlig entgegengesetzte Theorie wurde fast hundert Jahre später von George Howard Darwin, dem Sohn des Begründers der Evolutionstheorie Charles Darwin, aufgestellt und von dem amerikanischen Astronomen William H. Pickering weiter ausgearbeitet. Während Darwin nicht an die Bewohnbarkeit des Mondes dachte, war diese Theorie, nach welcher der Mond aus einem herausgerissenen Stück Erde entstanden ist, für Pickering die Grundlage für seine Vorstellung, dass der Mond kein toter Planet ist, sondern an bestimmten tiefer liegenden Stellen zumindest mit einer durch Fernrohrbeobachtungen erkennbaren Pflanzendecke ausgestattet sein könnte. Darwin selbst war bei der Formulierung seiner Hypothese sehr vorsichtig, wenn er sagt: „*Wir haben daher Grund, zu vermuten, dass der Mond aus Stücken des ursprünglichen, jetzt Erde genannten Planeten besteht, welche sich abtrennten, als der Planet sich sehr rasch drehte, und nachher zu einer Kugel verschmolzen. Es übersteigt die Macht der mathematischen Berechnung, die Einzelheiten dieses Prozesses der Zerreißung und Wiederverschmelzung zu verfolgen, doch können wir kaum bezweifeln, dass das System eine Periode allgemeiner Verworrenheit durchschritten hat, ehe mit der Bildung eines Satelliten wieder Ordnung hergestellt wurde*“ (Darwin 1902, S. 255). Außerdem war Darwin der Meinung, dass die sehr schnelle Rotation nicht die alleinige Ursache der Entstehung des Mondes war. Vielmehr könnte auch eine immer höher zunehmende Sonnenflut so heftig geworden sein, „*dass sie im Verein mit der von der raschen Umdrehung herrührenden Zentrifugalkraft den Planeten*

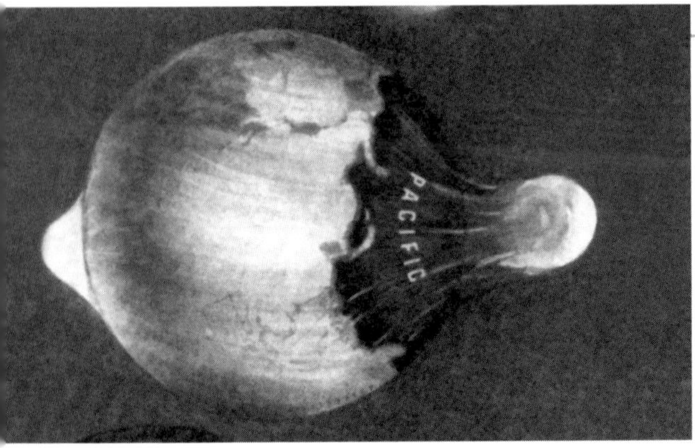

Abb. 11: Die Entstehung des Mondes nach der Gezeitentheorie von Darwin und Pickering (nach Kahn 1952)

auseinanderriss, und dass riesige Stücke von demselben abgetrennt wurden, welche schließlich unsern Mond bildeten." Und er fügt hinzu: *„Freilich ist es durch nichts zu beweisen, ob diese Theorie die wahre Erklärung der Entstehung des Mondes ist, und ich bezeichne sie daher nur als eine bloße, der Bestätigung unfähige Spekulation*" (Darwin 1902, S. 257).

Wesentlich kühner waren jedoch die Vorstellungen Pickerings, der Darwins Spekulationen über den Ursprung des Mondes fortsetzte. Er nahm an, dass zur Zeit, als sich der Mond von der Erde ablöste, die Erde selbst schon eine feste Kruste besaß, die von geringerer Dichte als ihr Kern im Zentrum war. Da das spezifische Gewicht des Mondes geringer als das der Erde ist, muss man nach dieser Hypothese annehmen, dass das Material, aus dem der Mond zusammengesetzt ist, von der Oberfläche der Erde stammt. Es muss daher auch noch heute die *„Geburtsstätte"* des Mondes als eine Art von *„Narbe"* auf der Oberfläche der Erde erkennbar sein. Eine solche Narbe stellt nach Pickerings Meinung das Bett des Pazifischen Ozeans dar (Pickering 1907, S. 124).

Nachdem die Kontinentalmasse, die früher den Pazifik bedeckte, in den Weltraum gerissen worden war und den Mond bildete, zerteilte sich der auf der Erde noch übrig gebliebene Kontinent und bildete zwei Teile, Amerika und Eurasien, die auseinanderdrifteten und auf diese Weise das Bett des Atlantischen Ozeans formten. Pickering war sich aber auch im Klaren, dass die Entstehung eines neuen Himmelskörpers, der sich in wenigen Minuten von der Erdkruste losgerissen hat und tausende Meilen durch den Weltraum transportiert wurde, bis er eine stabile Lage erreicht hat, eine anscheinend unmögliche Vorstellung ist. Doch angesichts der Kräfte, die wir täglich am Himmel über uns beobachten können, wäre auch die totale Vernichtung unseres Planeten nur eine Bagatelle. Unser *„Begräbnis auf einem Scheiterhaufen"*, das sich in nur wenigen Sekunden vollenden könnte, würde gerade noch als Blitz von dem am nächsten liegenden Stern bemerkt werden. Die Entstehung des Mondes genau in dieser Größe sieht Pickering jedoch als ein für die Menschheit sehr positives Ereignis an: *„Wenn es wahr ist, dass wir unsere Kontinente und Ozean-Betten in unserer heutigen Gestalt dem Mond verdanken, dann verdankt die menschliche Rasse diesem Körper weit mehr, als wir ihm jemals zuvor zugebilligt haben. Wenn der Mond überhaupt nicht entstanden wäre oder wenn er die gesamte Erdkruste mit sich fortgerissen hätte, dann würde unsere Erde vollständig von ihren Ozeanen eingehüllt sein, so wie es derzeit vermutlich auf dem Planeten Venus der Fall ist. Unsere Rasse hätte sich in diesem Fall kaum über die Intelligenz der Tiefseefische hinaus entwickelt. Wenn aber der Mond nur als ein Bruchteil seiner gegenwärtigen Masse entstanden wäre oder wenn er nur ein bisschen größer gewesen wäre als er es ist, dann wären unsere Kontinente beträchtlich kleiner im Ausmaß und unsere Anzahl wäre verringert oder aber unsere Länder wären überbevölkert"* (Pickering 1907, S. 127, übers. v. S. Oeser).

Verständige Wesen auf dem Mond

Es war vor allem William Herschel, der berühmte Konstrukteur des Riesenteleskops, der den Anstoß gab, auf dem Mond nach Spuren seiner Bewohner zu suchen. Denn für ihn war der Mond der erste und nächstliegende Kandidat für eine zweite Erde: *„Seine Oberfläche hat wie die unserer Erde ihre Abwechslungen von Berg und Tal, und seine Stellung gegen die Sonne ist beinahe der unsrigen gleich … Die Sonne, die Planeten und die Fixsterne gehen auf ihm eben so, wie auf unserer Erde auf und unter; auch fallen schwere Körper auf seiner Oberfläche eben so, wie bei uns. Es scheint zur vollständigsten Übereinstimmung nichts weiter zu fehlen, als die Bewohnbarkeit. Man könnte dagegen einwenden, dass wir keine beträchtlichen Seen im Monde bemerken; dass seine Atmosphäre, deren Existenz von einigen gar bezweifelt worden, äußerst dünn ist, und folglich zu den Zwecken des animalischen Lebens unbrauchbar sein muss, dass seine Klimate, seine Jahrszeiten und seine Tageslängen durchaus von den unsrigen verschieden sind; dass ohne dichte Wolken, die ihm ganz fehlen, kein Regen, keine Flüsse und Seen möglich sein können, kurz, dass beide Körper, der erwähnten Ähnlichkeit ungeachtet, völlig verschieden organisiert sein müssen. Ich antworte, dass eben diese Verschiedenheit die Kraft meines Arguments eher verstärke als schwäche. Wir finden auf unserer Erde die auffallendste Verschiedenheit in dem Zustande der auf ihr lebenden Geschöpfe. Eine völlige Übereinstimmung würde Unvoll-*

kommenheit verraten, dergleichen wir nirgends in der Natur bemerken, und in diesem Betracht halte ich die erwähnte Analogie für hinreichend, um daraus die hohe Wahrscheinlichkeit von der Bewohnbarkeit des Mondes zu folgern" (Herschel 1795, S. 178).

Auch einer der bekanntesten deutschen Astronomen in dieser Zeit, der Oberamtmann von Lilienthal bei Bremen, Johann Hieronymus Schroeter (1745–1816), hatte auf seiner Privatsternwarte nach Leben auf dem Mond geforscht und in einigen Kapiteln seines Mondwerkes „Selenotopographische Fragmente zur genaueren Kenntnis der Mondfläche, ihrer erlittenen Veränderungen und Atmosphäre" (1791–1802) darüber berichtet. So war ihm im Laufe seiner Untersuchungen im Jahre 1788 eine Rille aufgefallen, welche die Ringgebirge des Kraters Hyginus sprengt und durch sein Inneres hindurchgeht. Der Umstand, das Schröter etwas Ähnliches bis dahin nirgendwo auf der Mondfläche bemerkt hat, legte ihm nahe, dass *„sich gar leicht menschliche Einbildungskraft etwas ebenso absichtlich Ausgeführtes, wie bei den Kanälen denken könnte, welche so manche unserer Länder der Industrie verdanken; wenn ich auch gleich selbst diese Rillen nach den angezeigten Lokalverbindungen bloß für die Werke der Natur zu halten geneigt bin"* (Schröter 1791, § 793, vgl. Schröter 1995, S. 186 f.). Doch er überlässt es dem Leser *„darüber zu denken, was er will"*. Aber er fügt in Form einer Frage hinzu: *„Sollte es aber wohl ganz ungereimt sein, wenn er sich bei dem regelmäßigen Bau des westlichen Kanals, irgend eine zweckmäßige Benutzung desselben, und gewisse darauf Beziehung habende selenitische Gewerbe dächte, durch deren abwechselnden Betrieb sich die wahrgenommenen veränderlichen Erscheinungen desto leichter erklären ließen?"* (Schröter 1791, § 801, vgl. Schröter 1995, S. 186).

Gruithuisen hatte diese Überlegungen des von ihm zwar wegen der Annahme des vulkanischen Ursprungs der Mondkrater kritisierten, aber sonst sehr bewunderten Mondforschers mit großem Interesse aufgenommen und immer wieder an verschiedenen Veränderungen der Mondoberfläche Spuren der Tätigkeit denkender Wesen zu erkennen geglaubt. All diese merkwürdigen Veränderungen waren für Gruithuisen nicht auf physikalisch-chemische Ursachen zurückzuführen. Vielmehr schloss er mit „absoluter Gewissheit", dass auf der Mondoberfläche *„organische Wesen"* existieren, die diese Veränderungen bewirken. Das es sich dabei um *„verständige Wesen"* mit *„menschlicher Natur"* handeln muss, lässt sich zwar auch nach seiner Meinung *„nur analogisch ohne Gewissheit"* vermuten, aber *„die Wahrscheinlichkeit nähert sich der Gewissheit so sehr, dass man alles daran verwettet, es sei wahr"* (zit. nach Klein 1891, S. 209). Daher scheut er sich auch nicht, über die Gestalt dieser menschenähnlichen Mondbewohner auf Grund der damaligen Erkenntnisse von der Atmosphäre des Mondes zumindest eine konkrete Bemerkung zu machen: *„Aber von der Gestalt der Menschen kann man aus Naturgesetzen nur sagen, sie hätten eine weitere Brust als wir, weil ihre Lungen wegen der verdünnten Mondluft ein größeres Volumen verlangen“* (zit. nach Klein 1891, S. 209). Und er behauptet sogar, weil die Atmung allein vom Sauerstoffangebot und den angepassten Organen abhängig sei, dass ein Neugeborenes auf dem Mond überleben könne, ein erwachsener Erdbewohner jedoch nicht. Den größten Erfolg seiner Suche nach den Spuren der Mondbewohner konnte jedoch Gruithuisen am 12. Juli 1822 verbuchen, als er eine kolossale Ruinenstadt auf dem Mond entdeckt zu haben glaubte. Da die Luft zu unruhig war und er selbst von der Wichtigkeit seiner Entdeckung zu sehr ergriffen war, konnte er zunächst das Ganze nicht erkennen. Erst nach mehrmaligen Beobachtungen gelang es ihm Monate später mit einem Fernrohr von 90-facher Vergrößerung *„alles Einzelne in diesem kolossalen Kunstwerke deutlich wahrzunehmen“*. Nach seiner Meinung zeigten diese Beobachtungen deutlich, *„dass dieses kein Trugbild sein könne“*. Ohne Zweifel, sagt er, würde er dieses wunderbare Werk übersehen haben, hätte er nicht schon von Jugend an diesen dunklen Flecken für den bewohntesten Teil des Mondes angesehen. Dieser Landschaft (8° westlicher selenografischer Länge und 6° nördlicher Breite) gab er den Namen des damals bereits verstorbenen Schröter und lieferte dazu eine bis auf kleinste Details eingehende Beschreibung: *„Bei der ersten natürlichen Ansichtwerdung dieses Gegenstandes wähnte ich, von großer Höhe eines steilen Berges herab, bei trüber Luft, die Vogelperspektive einer Stadt vor mir zu haben und mein erster Ausruf war: O Schröter, da ist's, was du immer vergebens suchtest!“* (Gruithuisen 1824, in: Schröter 1995, S. 188). Dass dieses Objekt nicht ein Termitenbau sein konnte, der von riesenartigen flügellosen Insekten errichtet worden war, sondern nur das Werk von Wesen mit Menschenverstand sein müsse, schließt Gruithuisen aus folgenden Punkten: *„1. Dieses ungewöhnliche Mondgebilde fällt jedem geübten Auge mit dem ersten Blicke sogleich als Kunstwerk auf. 2. Es hat von Ost nach West und von Nord nach Süd, soweit daran eine künstliche Bauweise merklich ist, einen Durchmesser von wenigstens fünf geographischen Meilen (37,5 km) ... 3. liegt es in der Nähe des Äquators, daher es mit der ganzen Umgegend eine außergewöhnliche Fruchtbarkeit hat. Schließlich 4. das ganze Gebäude ist genau nach den 4 Weltrichtungen angelegt.“*

Weiter führt Gruithuisen an, *„ist der umgebende langgestreckte Wall vollkommen geeignet, den von der ausgedehnten Gebirgshöhe aus Südwest kommenden kalten Passatwind zu brechen, da der Selenit, der Mondbewohner, nichts stärker zu scheuen hat als einen kalten, wenn auch gleich noch so sanften Wind, der ihm seine Abende eher rau und kalt macht, und auch seine Morgen* *gar sehr verbittert, wenn diese anfangen warm und angenehm zu werden; um so mehr, da die Mondluft so dünn (28 × dünner als auf der Erde) und so sehr Wärme leitend ist. Da auch die Hauptzüge des Gebäudes mathematisch regulär, in Winkeln von 45 und 90 Grad gestellt sind, kann man in dieser Hinsicht den Baumeistern dieses großen Werkes doch einige Bildung nicht absprechen, wobei Beachtung der Ventilation oder einige polizeiliche Aufsicht über die Bewohner eine solche Einteilung erforderlich machen. Die dunkle Oberfläche des Baues lässt den Schluss zu, dass auch die Decke mit Pflanzen bewachsen sei und aus aufgeschüttetem Boden, wie die ganze Oberfläche der Umgebung besteht, die Seleniten also in unterirdischen Gewölben wohnen. Die zwischen heißer Sonne und weltraumkalter Nacht schwankende Mondtemperatur lässt ohnehin nur zivilisierte Höhlenbewohner zu, die sich mit einer solchen Lebensart durchhelfen müssen.*" Abschließend stellt dann Gruithuisen fest: „*Alles möge für zukünftige Generationen ein Ansporn sein, denn Vieles wird noch zu berichtigen, zu erweitern und zu entdecken sein. Doch werden sich die Spuren verständiger Mondbewohner nie wieder verlieren*" (Gruithuisen 1824, in: Schröter 1995, S. 189).

Tatsächlich sollte diese Entdeckung Gruithuisens der Beginn einer lang andauernden Suche nach weiteren Spuren von Mondbewohnern oder zumindest von vegetativem Leben auf dem Mond sein. Doch diese Suche war viel mehr dazu angetan, Gruithuisens angebliche „*Entdeckung vieler deutlicher Spuren der Mondbewohner*" als bloße Fantasterei zu entlarven. So hatte bereits kurze Zeit später der deutsche Astronom Mädler mit viel stärkeren Instrumenten erkannt, dass sechs Hügelketten mit kleinen Tälern dazwischen und einem Krater an einem Ende Gruithuisen zur irrigen Deutung veranlasst haben, dass es sich hier um eine große Stadt mit nahezu parallelen Straßen und einer Zitadelle an einem Ende handeln könnte. In diese Diskussion über angebliche oder wirkliche Spuren einer Tätigkeit von Mondbewohnern platzte jedoch die Nachricht über eine sensationelle Entdeckung, die der fast ebenso berühmte Sohn William Herschels, John Herschel, in Afrika mit einem Riesenteleskop am Kap der Guten Hoffnung gemacht haben soll.

Die Entdeckung der Seleniten: John Herschel am Kap der Guten Hoffnung

Wie die meisten Astronomen seiner Zeit neigte auch John Herschel ebenso wie sein Vater tatsächlich zur Ansicht, dass die Himmelskörper von lebenden Wesen bewohnt sein müssten. „*Zu welchem Zweck*", schrieb er, „*sind wohl die Sterne erschaffen und so herrliche Weltkörper im unermesslichen Raum ausgestreut worden? Gewiss nicht, um unsere Nächte zu erhellen, den dies würde ein zweiter Mond, welcher nur den tausendsten Teil von der Größe des unsrigen hätte, weit besser bewirken, und auch nicht, um als Schauspiel ohne Sinn und Wahrheit zu glänzen und uns in leeren Vermutungen umherirren zu lassen. Allerdings dienen diese Gestirne dem Menschen als feste Punkte, auf welche er alles mit Sicherheit zurückbeziehen kann; man müsste aber wenig Nutzen aus dem Studium der Astronomie gewonnen haben, wenn man annehmen wollte, der Mensch sei das einzige Ziel vom Wirken des Schöpfers, und wenn man in dem weiten, wunderbaren Gebäude, das uns umschließt, Aufenthaltsorte für lebende Wesen anderer Art nicht zu erkennen vermöchte!"* (zit. nach Flammarion 1884, S. 49).

Als daher im Jahre 1835 in der New Yorker Zeitung „The Sun" in mehreren Fortsetzungen (No. 615 bis 619) ein Artikel über John Herschels Entdeckung der Mondbewohner erschien, hegte man zunächst trotz der darin enthaltenen fantastischen Ausführungen über die Mondlandschaften und die Artenvielfalt ihrer Geschöpfe keine Zweifel an der Glaubwürdigkeit dieses Berichtes. War doch bekannt, dass Herschel seine astronomischen Instrumente gerade zu dieser Zeit an einem besonders günstigen Beobachtungsort, am Kap der Guten Hoffnung zum Einsatz gebracht hatte. Nach Angaben des Herausgebers dieser Artikelserie beruht deren Inhalt auf einem Bericht des Sekretärs John Herschels, Dr. Andrew Grant, der auch am Kap der Guten Hoffnung der Aufseher des großen Teleskops war. Dieser Bericht sollte alle Entdeckungen wiedergeben – aber ohne den mathematischen Apparat, den Herschel selbst in *„voluminösen Dokumenten"* der Astronomischen Societät übersandt haben soll. Er beginnt mit einem Dank an John Herschel, der diese vorzeitige Veröffentlichung seiner Entdeckungen durch seinen Sekretär zugelassen hat, und schildert zunächst die Konstruktion des neuen Fernrohres, das sogar die Leistung des größten Teleskops von William Herschel übertreffen soll. Ein Jahr vor seinem Tod soll sich dieser hochgeachtete Astronom mit Plänen zu einem auf Grund neuer theoretischer Erkenntnisse verbesserten Reflektor beschäftigt haben. Doch Kränklichkeit und schließlich sein Tod verhinderten die Ausführung. *„Sein Sohn"*, fährt der Zeitungsbericht fort, *„der in der Sternwarte gesäugt und gewiegt worden und der seit seiner Kindheit praktischer Astronom war, hielt sich von dem Wert jener theoretischen Grundsätze so sehr überzeugt, dass er beschloss, einen Versuch zu machen, es möge kosten, was es wolle"* (Herschel 1836, S. 23). Entscheidend soll dabei ein Gespräch gewesen sein, das der jüngere Herschel mit Sir David Brewster geführt hat, der ja einer der eifrigsten Vertreter der Hypothese von der Bewohnbarkeit der Himmelskörper war (vgl. oben Kap. 3). Im Laufe dieses Gespräches beklagte sich Brewster über die verminderte Lichtstärke bei starken Vergrößerungsgläsern. Als aber Sir

John schüchtern den Vorschlag machte, ein künstlich erleuchtetes Mikroskop anzuwenden, um den lichtschwachen Brennpunktgegenstand des Teleskops zu verdeutlichen, sprang Sir David vor Begeisterung von seinem Stuhl *„hoch bis fast an die Zimmerdecke"*. Auf diese Weise kam es zur Fertigstellung eines Riesenteleskops mit einer *„42 000-fachen vergrößernden Kraft, mit dem man Gegenstände unseres Satelliten von wenig mehr als 18 Zoll im Durchmesser"* erkennen kann. Herschels Zuversicht war so groß, dass er *„sicher darauf rechnete, sogar die Entomologie (Insektenkunde) des Mondes studieren zu können, falls nämlich auf der Oberfläche desselben sich Insekten finden sollten"* (Herschel 1836, S. 40 f.).

Die hohe Meinung, die das Britische Längenbureau von diesem neuen Teleskop und von der ernormen Geschicklichkeit seines Erfinders gefasst hatte, bestimmte die Regierung, seine Dienste beim Durchgang des Merkurs durch die Sonnenscheibe in Anspruch zu nehmen. Da dieses Ereignis am besten auf der Südhalbkugel am Kap der Guten Hoffnung zu beobachten ist, wurde das Riesenteleskop dorthin verfrachtet und aufgestellt. All das geschah aber im Geheimen, weil man die versprochenen glänzenden Entdeckungen erst abwarten wollte. Diese ließen nicht lange auf sich warten. Bis zum 10. Januar 1834 waren die Beobachtungen hauptsächlich den südlichen Sternbildern gewidmet, wo zahllose neue Sterne und Nebelflecken entdeckt wurden. Am Abend des gleichen Tages aber wurde die ganze ungeheure Kraft des Teleskops zur Beobachtung des Mondes in Anwendung gebracht. Das Erste, das man erblickte, war eine über die ganze Fläche des Gesichtsfeldes sich erstreckende prachtvolle und deutliche Darstellung eines Basaltgebirges. Auf einem losgetrennten säulenförmigen Bruchstück dieser Basaltgebilde machte man dann die erste sensationelle Entdeckung: *„Dies umgestürzte Bruchstück war mit einer dunkelroten, der Klatschrose unserer sublunarischen Kornfelder vollkommen ähnlichen Blumengattung über und über bedeckt: dem ersten organischen Naturprodukt einer anderen Welt, welches dem menschlichen Auge enthüllt worden ist"* (Herschel 1836, S. 54). Damit war der Beweis erbracht, dass der Mond eine der unseren ähnliche Atmosphäre habe, in der sich organische und daher auch mit größter Wahrscheinlichkeit lebendige Geschöpfe aufhalten.

Diese Erwartung wurde auch nicht enttäuscht. Kurz darauf erblickte man einen Mondwald in einer gebirgigen Gegend *„von hoher romantischer Schönheit und Abwechslung"*, wo man auch einen See entdeckte mit einem *„Strand von glänzend weißem Sande, umgürtet mit wilden, hochgetürmten und, dem Anscheine nach, grünen Marmorfelsen"* (Herschel 1836, S. 57). Das Wasser war blau, fast wie das des tiefen Ozeans, und brach sich in langen weißen Wogen am Ufer. Auf einer Strecke von mehr als hundert Meilen ließen sich die Spuren hoher Fluten deutlich an den Klippen wahrnehmen. Es zeigte sich jedoch keine Spur von lebenden Wesen. Da machte Dr. Herschel den Vorschlag, einige der den Astronomen bekannten Haupttäler zu durchmustern, welches die wahrscheinlichste und sicherste Methode sei, die Beobachtungen dieser ersten Nacht durch Entdeckung lebender Wesen zu vervollkommnen. Diese Hoffnung erfüllte sich glänzend, als man ein bewaldetes Tal durchmusterte und im Schatten der Bäume zahlreiche Herden brauner Vierfüßler entdeckte, die den Bisonochsen glichen. Doch im Unterschied zu diesen waren sie mit einem großen fleischigen Wulst oberhalb der Augen ausgestattet, der die Augen dieser Tiere gegen die zu großen Extreme des Lichts und der Finsternis, welchen alle Bewohner der uns gegenüberstehenden Seite des Mondes periodisch unterworfen sind, schützten. Das nächste von den eifrigen Beobachtern entdeckte Tier war bläulich bleifarben, von der Größe einer Ziege, mit einem einzigen, ein wenig nach vorn gekrümmten Horn. Dieses Tier fand sich in ganzen Herden an den steileren Abhängen der Bergwaldungen. Im Mittelpunkt des Tales, am Ufer eines breiten, vielarmigen Flusses mit hübschen Inseln, entdeckte man mancherlei Arten von Wasservögeln, wie Pelikane und Kraniche mit ungewöhnlich langen Beinen und ebensolchem Schnabel. Augenscheinlich waren sie mit der Aufsuchung ihres Fraßes beschäftigt. Man beobachtete sie eine ganze Weile *„in der Hoffnung, einen selenitischen Fisch zu Gesicht zu bekommen“* (Herschel 1836, S. 67). Aber obgleich dies fehlschlug, konnte man doch den Zweck erraten, weshalb sie ihre langen Hälse so tief ins Wasser tauchten. Der Mond schien geradezu ein Tierparadies zu sein. Denn Dr. Herschel entdeckte insgesamt *„neun Gattungen Säugetiere und fünf eierlegende“*. Unter den Säugetieren befand sich auch ein Biber, der unserem Biber auf der Erde in jeder Hinsicht gleicht, bis auf den Mangel eines Schwanzes und seiner fortwährenden Gewohnheit, nur auf zwei Füßen zu gehen. Überhaupt hatte er etwas sehr Menschenähnliches: *„Er trägt seine Jungen im Arm, gleich dem Menschen, und bewegt sich mit leicht dahingleitendem Schritt; seine Hütten sind besser und höher gebaut als diejenigen manchen Stammes menschlicher Wilden, und aus dem fast in allen bemerklichen Rauch lässt sich schließen, dass den Bewohnern der Gebrauch des Feuers bekannt sei“* (Herschel 1836, S. 77).

Aber wie groß war das Erstaunen, als man schließlich vier aufeinander folgende Schwärme großer beflügelter Geschöpfe, welche durchaus keiner Art von Vögeln ähnelten, mit langsamer, gleichförmiger Bewegung von den Klippen auf der Westseite herunterkommen und sich auf der Ebene niederlassen sah! Nachdem sie gelandet waren, glichen sie vollkommen menschlichen Wesen. Denn ihre Flügel waren nun verschwunden und ihre Haltung im Gehen war aufrecht und würdig. *„Sie waren ungefähr 4 Fuß hoch, waren, mit Ausnahme des Gesichts, mit kurzen, glatten, kupferfarbigen Haaren bedeckt und hatten Flügel, welche aus einer dünnen, elastischen Haut ohne Haare bestanden, die hinten zusammengerollt von der Schulterspitze bis zu den Waden lag. Das Gesicht, welches von gelblicher Fleischfarbe war, zeigte eine kleine Veredlung gegen das des großen Orang-Utans, da es offener und klüger aussah und eine weit größere Ausdehnung des Vorkopfes zeigte. Indes war der Mund sehr hervorstehend, obgleich dies etwas durch einen dicken Bart auf dem unteren Kinnbacken und durch Lippen von weit menschlicherer Form als diejenigen irgendeiner Art des Affengeschlechts verdeckt wurde. In allgemeiner Symmetrie des Körpers und der Glieder waren sie dem Orang-Utan unendlich überlegen … Das Haupthaar war dunkler als das Körperhaar, dicht, gekräuselt, aber augenscheinlich nicht wollig, und lag in zwei sonderbaren Halbzirkeln über den Schläfen des Vorkopfes. Die Füße konnten wir nur sehen, wenn sie nacheinander im Gehen emporgehoben wurden; nach dem, was ein so vorübergehender Anblick zu sehen gestattete, schienen sie sehr dünn zu sein*“ (Herschel 1836, S. 90 f.). Der nächste Anblick von diesen sonderbaren Geschöpfen lieferte noch deutlichere Einzelheiten: *„Einige jener Geschöpfe waren über das Wasser geflogen und lagen, gleich ausgebreiteten Adlern, am Saume des Waldes. Wir konnten nun bemerken, dass ihre Flügel eine große Ausdehnung besaßen und in der Struktur Fledermausflügeln glichen, da sie aus einer halb durchsichtigen elastischen Haut bestanden, welche in krummlinigen Abteilungen vermittels gerader Halbmesser ausgespannt war, die durch die Rückenhaut verbunden wurden. Was uns aber am meisten in Erstaunen setzte, war der Umstand, dass die Membrane von der Schulter bis zu den Beinen hinunter zusammenhängend, obgleich in der Weite abnehmend, war. Die Flügel schienen völlig der Willenskraft unterworfen zu sein, denn diejenigen Geschöpfe, welche wir badend sahen, spreizten sie sogleich in ihrer völligen Weite aus, schwangen sie wie die Enten, um das Wasser abzuschütteln, und falteten sie sodann ebenso schnell wieder in eine kompakte Form zusammen*“ (Herschel 1836, S. 92 f.) Man benannte die Klasse dieser unschuldigen glücklichen Kreaturen mit dem wissenschaftlichen Namen „Vespertilio homo“ oder „Fledermausmensch“ (vgl. Abb. 12).

Vollendet wurde dieser sensationelle Bericht durch eine daran anschließende Beschreibung der großen wildbewegten Ozeane und einiger noch immer tätiger Vulkane auf dem Mond, in deren Nähe großartige Tempelbauten zu sehen waren, auf deren glänzenden Giebeln sich Scharen von wilden Tauben niederließen. Doch von den erfindungsreichen Erbauern war keiner zu erblicken. Ob

Abb. 12: Fledermausmenschen auf dem Mond (aus Flammarion 1884)

sie *„den Weg alles Fleisches gegangen"* und damit ein historisches Denkmal für ein früheres Missgeschick ihrer Welt errichtet haben, ist eine Frage wie tausend andere, die noch über den Mond zu beantworten sind. Der Bericht schließt mit der Versicherung, dass man jedoch viel begieriger gewesen ist, *„eine möglichst große Anzahl neuer Tatsachen zu sammeln, als in spekulative Theorien einzugehen, welche so verführerisch für die Einbildungskraft sind"* (Herschel 1836, S. 109).

Solche Aussagen und die im Vorbericht geschilderten technischen Schwierigkeiten bei der Herstellung des Teleskops und die Tatsache, dass sich John Herschel tatsächlich zu dieser Zeit in seiner neuen Sternwarte am Kap der Guten Hoffnung aufgehalten hatte, erhöhten zwar die wissenschaftliche Glaubwürdigkeit des Berichtes, doch der Umstand, dass an diesem denkwürdigen 10. Januar 1832 Neumond war und daher die Mondoberfläche gar nicht beobachtet werden konnte, musste jedoch in der Fachwelt schließlich Zweifel an der Echtheit dieses Berichtes hervorrufen, abgesehen von der technischen Unmöglichkeit eines Fernrohres mit 42 000-facher Vergrößerung. Die ganze Artikelserie über diese sensationellen Entdeckungen erwies sich schließlich nur als ein Zeitungsscherz, der jedoch, bevor er aufgedeckt wurde, die Auflagenhöhe der New Yorker Zeitung „The Sun" um das Fünffache emporschnellen ließ. Ein Sonderdruck wurde binnen Monatsfrist in 60 000 Exemplaren verkauft und es erschienen zahlreiche Übersetzungen. Als Verfasser dieses „Moon Hoax" wurde der Zeitungsherausgeber Locke angesehen, doch vermutete man wegen der dort ausgewiesenen astronomischen Fachkenntnisse, die den Schein der Wissenschaftlichkeit hervorgerufen hatten, dass es sich viel eher um den nach Amerika verschlagenen Pariser Astronomen Nicollet gehandelt habe, der seinen Widersacher Arago, den Direktor der Pariser Sternwarte, hereinzulegen versucht hatte (Henseling 1934, S. 7). Außerdem hatte ja John Herschel selbst, allerdings erst ein Jahrzehnt später, in seinen „Outlines of Astronomy" (1849) erklärt, dass schon wegen der Nicht-Existenz einer ausreichend dichten Atmosphäre des Mondes *„irgendeine Form des Lebens, ähnlich der unserer Erde, dort unmöglich vorhanden sein könnte"* (Herschel 1849, S. 261f.).

Doch damit war die Suche nach den Bewohnern des Mondes nicht beendet. Vielmehr war es gerade der große Bewunderer Aragos, Camille Flammarion, der die Meinung vertrat, dass man mit dem damaligen Stand der Optik ein Instrument herstellen könnte, *„das fähig wäre, den Mond auf wenige Kilometer nahe zu bringen und selbst den Versuch zu ermöglichen, mit unseren himmlischen Nachbarn eine Verbindung herzustellen"*. Und nicht weniger fantasiereich als Gruithuisen fügt er hinzu: *„Wer weiß! Vielleicht, während wir so uns unterhalten, sind die Bewohner des Mondes dort in der welligen Ebene des Plato in ihren freundlichen Tälern damit beschäftigt, uns von ihrem Wohnsitz aus zu beobachten, seit langem bereit, mit uns in Verkehr zu treten!"* (Flammarion o. J., S. 151).

Signalkontakte mit den Mondbewohnern: Gauß und Littrow

Die Idee eines Signalkontaktes mit den Mondbewohnern hatte bereits der berühmte Mathematiker Gauß, der ernsthaft über verschiedene Möglichkeiten nachgedacht hatte, auf welche Weise man mit den Mondbewohnern in Kontakt treten könne. Das war auch für Gruithuisen ein eindeutiger Beweis, dass dieser unter den Astronomen hoch geschätzte Gelehrte *„überhaupt an der Existenz der Mondbewohner keinen Zweifel hegte"* (zit. nach Klein 1891, S. 207). Nach den Überlegungen von Gauß sollte der pythagoreische Lehrsatz den Mondbewohnern dadurch anschaulich dargestellt werden, dass *„auf irgendeiner großen Fläche auf der Erde die vom Mond aus schwarz erscheinenden Wälder mit Streifen von hellgelben Kornfeldern umschrieben werden müssten"*. Darüber hinaus hatte sich Gauß auch noch ein weniger aufwendiges Mittel ausgedacht, um mit den Mondbewohnern in Verbindung zu kommen. Dieses Mittel besteht in einer *„etwas größeren modifizierten Ausführung des von ihm erfundenen Heliotrops, das nicht bloß zu Winkelmessungen von unglaublich großen Seiten, sondern auch zu telegrafischen Signalisierungen dienlich ist"* (zit. nach Klein 1891, S. 208). Da aber dazu ein Spiegel von der Größe des Hofes der Göttinger Sternwarte nötig wäre, könnte diese Aufgabe auch eine bestimmte Menge von *„gut exerzierten Männern"* übernehmen, die mit ganz gewöhnlichen Spiegeln taktmäßig Signale zum Mond aussenden sollten, wenn dieser am hellllichten Tag sichtbar ist. Allerdings müssten diese Signale sich nur auf die brauchbarsten mathematischen Begriffe und anschaulichen Konstruktionen beschränken, weil man nur bei ihnen voraussetzen kann, dass sie allen vernünftigen Bewohnern des Weltalls gemeinsam sind.

Diese Idee wurde auch von dem Direktor der Wiener Sternwarte Littrow aufgegriffen, dessen populäres Buch „Wunder des Himmels" durch mehrere Generationen hindurch von seinem Sohn und Enkel immer wieder neu bearbeitet worden ist. Dort wiederholt Littrow nicht nur den Vorschlag von Gauß, den pythagoreischen Lehrsatz in großem Maßstab *„auf einer weiten Ebene der Erde zu verzeichnen"*, sondern er spricht auch die Hoffnung aus, dass die Mondbewohner, wenn sie darauf aufmerksam geworden sind, *„uns vielleicht mit der Zeit durch eine ähnliche Figur, die sie auf der Mondfläche ausführen, eine Antwort und ein Zeichen geben können, dass sie uns verstanden haben"* (Littrow 1897, S. 485). Da zu dieser Zeit die Diskussion über eine wenngleich nur dünne und niedrige Mondatmosphäre noch nicht abgeschlossen war, konnte sich Littrow, ohne den Namen Keplers zu erwähnen, noch immer ähnlichen Fantasien hingeben, wie sein großer Vorgänger sie sich erträumte: *„Vielleicht leben die Geschöpfe des Mondes, wie bei uns die Fische, nur in den tiefsten Teilen der Oberfläche desselben, oder nur auf dem Boden der vielen Höhlen und Abgründe, wo sie, wie unsere Maulwürfe und Regenwürmer, wohnen oder, gleich den Austern in ganzen Bänken gelagert, ihre Tage in untätiger Trägheit verleben. Oder sollten wir umgekehrt nicht auch annehmen dürfen, dass die Leute im Mond so klein, so tätig und betriebsam wie unsere Ameisen sind, und dass ihrer daher auf dem Boden einer solchen Höhle nicht weniger in sehr bequemen und geräumigen Häusern beisammen wohnen als bei uns in Paris oder London zu finden sein mögen?"* (Littrow 1897, S. 483).

Zweifel und Hoffnungen: Ist der Mond ein toter Planet?

Die Fortschritte der optischen Beobachtungsgeräte, von denen man sich erhoffte, immer mehr Ähnlichkeiten mit der Erde zu erkennen, bewirkten jedoch eher das Gegenteil. Je mehr die Leistung der Instrumente gesteigert wurde, desto mehr verwischten sich die vorher zwischen Erde und Mond bemerkten Ähnlichkeiten. Man musste erkennen, dass die Oberfläche der sogenannten „Meere" weder flüssig noch gleichmäßig, sondern sandig und runzelig ist und von vielen Erhöhungen, Hügeln, Tälern, Kratern und Kesseln bedeckt wird. Auf diesem Himmelskörper war weder ein einziges wirkliches Meer, noch ein einziger See, noch irgendein sicherer Nachweis von Wasser, sei es in Form von Wolken, Schnee oder Eis, zu entdecken. Auch ergab die aufmerksame Beobachtung von Planeten im Augenblick, da der Mond an ihnen vorübergeht und sie bedeckt, dass diese Gestirne nicht verschleiert erscheinen, wenn sie den Rand der Mondscheibe berühren. Dadurch war klar geworden, dass der Mond von keiner merkbaren Atmosphäre umgeben sein kann und daher auch jedes organische Leben auf ihm unmöglich ist.

Doch diese Konsequenz wollte Flammarion, der seit seiner Jugend ein glühender Vertreter der Vorstellung von der Mehrheit der bewohnten Welten war, nicht akzeptieren: *„Diejenigen"*, sagt er, *„die gestützt auf den Unterschied zwischen Mond und Erde die Möglichkeit jeder Art von Leben auf dem Mond verneinen, argumentieren nicht nach Art der Philosophen, sondern nach der Art (man verzeihe mir den Ausdruck) der Fische! – Jeder Fisch ist natürlich überzeugt, dass das Wasser das ausschließliche Lebenselement sei und dass es kein Lebewesen außerhalb des Wassers gebe."* Und er fügt hinzu: *„Behaupten, der Mond sei eine leblose Welt, weil er der Erde nicht gleicht, wäre Sache eines engen Geistes, der sich einbildet, alles zu kennen und der zu behaupten wagt, die Wissenschaft habe ihr letztes Wort gesprochen. Da dieses Leben auf dem Mond nicht nach dem gleichen Plan wie das Leben auf der Erde gestaltet werden könnte, so ist alles, was wir über diese alte und viel umstrittene Frage sagen können, dass die Bewohner des Mondes – wenn es solche gibt – nach Organisation und Ursprung sicher sich weit mehr von uns unterscheiden, als die Bewohner der Venus oder des Mars"* (Flammarion o.J., S. 151). Außerdem weist Flammarion darauf hin, dass wir die uns abgekehrte Mondhälfte nicht kennen, wo es vielleicht noch Ströme und Flüssigkeiten geben könnte. Zeitweilige Bedeckungen auf der Vorderseite könnten durch die von der Sonnenhitze hervorgerufenen Luftströmungen von der Rückseite des Mondes verursacht sein. Und in einer fantasievollen Spekulation vertrat er die Vorstellung, dass sich vor 50 000 Jahren eine Veränderung der sichtbaren Oberfläche des

Mondes vollzogen hatte, die der Grund für die Abwanderung der Mondbewohner auf die andere Seite war: *„Sämtliche flüssigen Massen sowie alle zu Gasen verflüchtigten Körper zogen von der der Erde zugewandten Seite auf die andere hinüber, und gerade zu der Zeit ... fand der Auszug der Seleniten, der Mondbewohner, nach der Halbkugel ihres Gestirnes statt, die nur noch allein bewohnbar blieb. Man sah sie überall sich rüsten, und von allen Seiten liefen sie nach der Grenze des Horizontes, und alles, alt und jung, groß und klein, arm und reich, wanderte nach der neuen Welt. Die unglückselige Hälfte des Mondes blieb von der Zeit an vollkommen verödet, und wir sehen heute ihre erloschenen Krater und die ausgetrockneten Meere, die ewig in ein grausiges Schweigen gehüllt sind"* (Flammarion 1910).

Eine andere noch umstrittene Frage war, ob es auf dem Mond organische Formen ähnlich zumindest den niedrigen irdischen Pflanzen gebe. Es war der von manchen seiner Fachkollegen als „genial" bezeichnete Gruithuisen, der auf den ebenen dunklen Flächen der Mondoberfläche, die man früher für Meere hielt, eigentümliche Farb- bzw. Helligkeitsveränderungen beobachtete und daraus den Schluss zog: *„Das Phänomen der Abbleichung der Mondflächen zur Nachtzeit und das Grau- und Schwarzwerden bei Sonnenschein ist aus der unorganischen Natur schlechterdings unerklärlich"* (zit. n. Klein 1891, S. 218). Daher war es naheliegend anzunehmen, dass es sich bei diesen Veränderungen um eine Art von Pflanzenwuchs handelt, der sich unter dem Einfluss der Sonnenhitze entwickelt. Auch Flammarion weist auf die seltsame Tatsache hin, dass es auf dem Mond Täler und Ebenen gibt, die ihre Färbung mit dem Aufgang der Sonne verändern. So verdunkelt sich die Wallebene des großen Kraters Plato in dem Maße, in dem die Sonne sie mehr beleuchtet, was allen denkbaren optischen Wirkungen zu widersprechen scheint, wenn man nicht annimmt, dass es sich hier um einen durch die Sonnenwärme hervorgerufenen Pflanzenwuchs handelt. Flammarion nimmt daher an, dass die Meere des Mondes einst mit Wasser gefüllt gewesen waren, von dem vielleicht noch einzelne Überbleibsel da und dort sich zeigen; seine Atmosphäre sei vielleicht auf ihre letzten Atemzüge eingeschränkt, aber noch nicht ganz erloschen, und Leben, welches jahrhundertelang auf seiner Oberfläche sich regte, sei wahrscheinlich noch nicht völlig ausgetilgt (Flammarion o. J., S. 150).

Auch William Henry Pickering wollte nicht glauben, dass der Mond ein toter Himmelskörper ist (Pickering 1902, S. 90). Wie Flammarion ging er davon aus, dass noch nicht alle geologische Tätigkeit und nicht alles Leben auf dem Mond erloschen sei. Er konnte sich darauf berufen, dass er seine Beobachtungen des Mondes in den Anden von Peru unter den günstigsten atmosphärischen Bedingungen durchgeführt habe. Von dort aus stellte er auf der Wallebene des großen Kraters Plato vulkanische Aktivität von vielen kleinen Kratern fest, indem er auf den Wechsel ihrer stärkeren oder geringeren Beleuchtung achtete. Dann entdeckte er auf den höher liegenden Kratern und auf den Spitzen der Mondgebirge eine strahlend weiße Substanz, von der er annahm, dass sie Schnee oder Raureif sein könnte, der in der Kälte der Mondnacht entsteht, in der Hitze des langen Mondtages zu schmelzen beginnt und schließlich sich ganz auflöst (Pickering 1902, S. 92). Aber Pickering ging noch einen Schritt weiter, indem er sogar organisches Leben, wenngleich nur sehr niedriger Art, auf dem Mond für möglich hielt. Seine Aufmerksamkeit richtete sich auf *„veränderliche Flecken“* (variable spots), die sich rasch nach Sonnenaufgang verdunkelten. Diese Beobachtungen sind für Pickering Beispiele einer *„neuen Selenographie, die nicht mehr in der Aufzeichnung von kalten toten Felsen und isolierten Kratern besteht, sondern in einer Untersuchung der täglichen Veränderungen, die in einer kleinen ausgewählten Region stattfinden, wo wir reale von Lebewesen hervorgerufene Veränderungen finden, die nicht durch bloße Schattenbildung zustande kommen konnten“* (Pickering 1902, S. 99). Später entdeckte Pickering noch im Krater Eratosthenes einige Musterungen (markings), die ebenfalls unmöglich bloß Schatten sein konnten. Sie konnten nichts anderes als *„wirkliche Unterschiede in der Färbung der Oberfläche sein“* (Pickering 1921, S. 106 f.). Außerdem bemerkte er 20° westlich von diesem Krater auf einer Höhe eine dunkle Region, die tatsächlich die Lage von Gruithuisens berühmter Ruinenstadt auf dem Mond ist, und konnte selbst wie andere Beobachter auch solche Linien erkennen, wie sie Gruithuisen beschrieben hatte (Pickering 1921, S. 107). Noch viel später soll er im Krater Eratosthenes einige dunkle Flecke entdeckt haben, die sich im Laufe eines Mondtages zu bewegen schienen. Nach seiner Meinung handelte es sich dabei um irgendwelche Tiere, die in Herden auf Nahrungssuche ausgingen. Die damalige Berühmtheit Pickerings, der im Jahre 1899 den neunten Saturnmond entdeckt hatte, sorgte für eine weite Verbreitung seiner Vorstellungen über solche Lebewesen im Mond. Die *„Herden“* im Eratosthenes sind jedoch nie bestätigt worden (vgl. Herrmann 1963, S. 62). Die einzige Möglichkeit, sich wirklich über die Bewohnbarkeit des Mondes durch lebende Organismen im Klaren zu werden, bestand daher nur darin, dorthin zu reisen. Das war auch eine Vorstellung, die seit Anbeginn der Geschichte der Menschheit die Fantasie der Dichter und Schriftsteller beflügelte.

6. Reisen zum Mond: Fantasie und Wirklichkeit

Die Idee des bemannten Raumfluges ist sehr alt. Sie war zunächst reine Fantasie und diente schon in der Antike zu sozialkritischen Überlegungen, in denen die Verhältnisse der Mondbewohner im Gegensatz zu unseren auf der Erde geschildert werden. Noch in der Neuzeit kümmerten sich die Verfasser solcher literarischen Schriften nicht oder nur wenig um die Frage, wie ein solcher Flug zum Mond tatsächlich realisiert werden könnte. Auch Kepler, der schon in seinem Antwortschreiben auf Galileis „Sidereus Nuncius" beschwörend schreibt: *„Man schaffe Schiffe und Segel, die sich für die Himmelsluft eignen. Dann wird es auch Leute geben, die vor der öden Weite des Raumes nicht zurückschrecken"* (vgl. Caspar 1958, S. 225), musste noch in seinem „Traum vom Mond", der ja bereits eine wissenschaftliche Darstellung der astronomischen Verhältnisse am Mond zum Ziel hatte, Geister zu Hilfe rufen, welche die auserwählten Menschen zum Mond transportieren. Erst mit der Weiterentwicklung physikalischer Erkenntnisse wurden auch die erdachten Transportmittel immer realistischer. Schon Cyrano de Bergerac dachte an den Antrieb mit stufenweise angeordneten Raketen, die sein Vehikel zum Mond bringen sollten, während Edgar Allan Poe wie so manche Astronomen seiner Zeit an die Unbegrenztheit der Erdatmosphäre glaubte, die eine Ballonfahrt zum Mond erlaubt. Die perfekte Lösung schien jedoch Jules Verne mit einem Schuss eines bemannten Projektils zum Mond gelungen zu sein, da schon der Begründer der Gravitationstheorie Newton durch ein Gedankenexperiment eine Anleitung gab, wie man auf diese Weise der Schwerkraft der Erde entrinnen könnte (vgl. oben Kap. 2). Erst im 20. Jahrhundert tauchten dann Pläne zu einer mit flüssigem Brennstoff angetriebenen Rakete auf, die endlich den alten Menschheitstraum einer Reise zum Mond erfüllen sollten.

Die „Wahre Geschichte": Lukian von Samosate

In der Antike war es Plutarch, der mit seinen fantasiereichen Überlegungen, die auf seiner revolutionären Theorie vom Mond als einer zweiten Erde beruhen, den Weg für die Idee einer Reise zum Mond bereitet hatte. Sie fand ihren ersten literarischen Niederschlag in einer um das Jahr 160 n. Chr. erschienenen Erzählung, die den Titel „Wahre Geschichte“ trägt. Ihr Autor ist der griechische satirische Dichter Lukian von Samosate, der im nördlichen Syrien lebte. In dieser Geschichte, die ganz im Gegenteil zu ihrem Titel eine reine Erfindung ist, mit der sich der Autor über die Aufschneidereien mancher zeitgenössischer Reisebeschreibungen lustig machen wollte, beginnt der Teil über die Mondbewohner mit der Schilderung einer unbeabsichtigten Fahrt zum Mond auf einem ganz gewöhnlichen seetüchtigen Schiff, das durch einen fürchterlichen Wirbelwind in unbekannte Höhen getragen wurde. Am achten Tage erblickten die verirrten Seefahrer eine Art von Erde in der Luft, gleich einer großen glänzenden kugelförmigen Insel, die ein sehr helles Licht um sich her verbreitete. Als sie sich nach der Landung umsahen, erkannten sie, dass der Mond, wie die Erde, bewohnt war. Sie trafen dort auf die Mondbewohner, die gerade im Begriff waren, auf der Venus, öde und unbewohnt, eine Kolonie zu errichten. Um diesen Plan durchzusetzen, mussten sie jedoch Krieg mit den Bewohnern der Sonne führen. Lukians Aufzählung der Waffengattungen des Kriegsheers lässt an Absurdität nichts zu wünschen übrig: Es ist von *„Pferdegeiern“*, *„Kohlvögeln“* und *„Windläufern“* die Rede, die zwar zu Fuß fechten, aber ohne Flügel in der Luft laufen. Übertroffen werden diese Fantastereien nur noch durch die Schilderung der Eigenheiten der Mondbewohner, in der sich die Überlegungen Plutarchs in grotesker Weise mit außerordentlich seltsamen Vorstellungen vermischen. So erzählt Lukian, dass die Seleniten Augen haben, die sich herausnehmen lassen; wer also die seinigen schonen will, nimmt sie heraus und hebt sie auf; kommt ihm dann etwas vor, das er sehen will, so setzt er sein Auge wieder ein und sieht. Viele, welche die ihrigen verloren haben, sehen mit geborgten. Denn die reichen Leute haben davon immer einige vorrätig. Auch die Art zu sterben unterscheidet sich vom Tod der Erdbewohner: *„Wenn ein Selenit alt geworden ist, so stirbt er nicht wie die Menschen auf der Erde, sondern zerfließt wie Rauch in der Luft“* (Lukian 1920, S. 328). Das Ernährungsproblem löst Lukian in ähnlicher, aber satirisch verzerrter Weise, wie Plutarch: *„Die ganze Nation hat nur eine einzige Art sich zu nähren: sie braten nämlich Frösche, die bei ihnen haufenweis in der Luft herumfliegen, auf Kohlen. Dann setzen sie sich um den Herd, wo die Frösche gebraten werden, wie um einen Tisch herum, schlürfen den aufsteigenden Dampf ein, und darin besteht ihre ganze Mahlzeit. Wenn sie trinken wollen, so drücken sie Luft in einen Becher aus, der auf diese Weise mit einer dem Tau ähnlichen Feuchtigkeit angefüllt wird“* (Lukian 1920, S. 328).

Ein Spanier auf dem Mond: Francis Godwin

Einen ernsthafteren Charakter konnten solche literarischen Fantasien über eine Reise zum Mond erst dann gewinnen, als sich in der Neuzeit die kopernikanische Theorie durchsetzte und von Galilei und Kepler weiterentwickelt wurde. Nur wenige Jahre nach der Veröffentlichung von Keplers Traum vom Mond erschien in London eine Erzählung des englischen Bischofs Francis Godwin über die Reise eines Spaniers zum Mond (Godwin 1638). Sowohl die Schilderung der Antriebskraft des Mondfahrzeuges als auch der unvorhergesehene Anlass für diese Mondreise weisen diese Erzählung noch immer als eine rein unterhaltende Weltraumutopie aus. Obwohl sie gerade dazu diente, die kopernikanische Sichtweise von der Bewegung der Erde zu verbreiten, entbehrt das Mittel, mit dem der Mond erreicht werden sollte, jeder Glaubwürdigkeit. Es war nämlich eine besonders flugtüchtige Art von Gänsen, mit denen der Spanier Gonzales auf einem Gefährt so weit ins Weltall fliegen konnte, bis er der Erdanziehung entrann. In dieser Zone der Schwerelosigkeit fand Gonzales etwas heraus, wovon kein Philosoph je geträumt hat. Er sah, *„dass die Dinge, die wir schwer nennen, nicht zum Mittelpunkt der Erde als ihrem natürlichen Ziel fallen, sondern durch eine geheime Eigenschaft des Erdballs angezogen werden, gerade so wie der Magnet das Eisen anzieht, wenn es sich im Bereich der Strahlen seiner Anziehungskraft befindet“* (Godwin 1638, dt. Übers. Köhl o.J., S.85). Über einen derartigen Zustand war Gonzales so von Schrecken und Erstaunen erfüllt, dass er fast gestorben wäre, wenn er nicht mit *„wahrhaft spanischem Mut und entsprechender Entschlusskraft“* gewappnet gewesen wäre. So aber gelingt ihm nicht nur eine Beschreibung des Ortes, an dem er sich befand, sondern er, der als junger Mann in Salamanca Astronomie studierte, kann sogar auch daran eine Beweisführung für das kopernikanische Weltbild knüpfen: *„Ob ich nun ruhig lag oder durch die Luft getragen wurde, immer sah ich mich unmittelbar zwischen Mond und Erde ... ich hatte den Eindruck, dass wir uns rund um den Erdball bewegten oder auch, dass die Erde sich – gemäß der neuesten Erkenntnis des Kopernikus – ständig von Westen nach Osten drehe“* (Godwin 1638, dt. Übers. Köhl o.J., S.87).

Nach einer weichen Landung auf dem Mond, die Gonzales mit seinen tüchtigen Gänsen problemlos schaffte, traf er auch gleich auf die ersten Mondbewohner, die sich von den Menschen der Erde nur durch ihre außerordentliche Größe unterschieden und in riesengroßen Häusern wohnten. Später stellte er auch fest, dass es unter den Mondbewohnern die verschiedensten Größenmaße gibt: *„Diejenigen, die nur wenig größer als wir sind, werden als niedrige Geschöpfe angesehen und werden deshalb zu den niedrigsten und* *gewöhnlichsten Arbeiten gebraucht. Sie werden mit einem Wort bezeichnet, das Bastard, Schwindler, Wechselbalg bedeutet. Diejenigen, die als echte, natürliche, wahre Mondmenschen eingeschätzt werden, sind 30-mal so groß wie wir und leben 30-mal so lange"* (Godwin 1638, dt. Übers. Köhl o. J., S. 95). Das Problem, wie menschliche Lebewesen den 14 Tage langen Mondtag mit seiner unbarmherzig brennenden Sonne überstehen können, wird von Godwin durch das Versenken in einen tiefen Schlaf gelöst, aus dem sie erst bei Sonnenuntergang wieder erwachen: *„Es geht ihnen gerade so wie bei uns den Eulen und Fledermäusen, die kein Licht ertragen, demnach beim Herannahen des Tages geblendet werden und sofort in Schlaf versinken."* Beim Erwachen fand sich dann der kühne Mondfahrer *„unglaublich frisch, stark, unternehmungsfreudig, an Geist und Körper wie erneuert"* (Godwin 1638, dt. Übers. Köhl o. J., S. 98 f.). In dieser günstigen Zeit lebte Gonzales wie in einem zweiten Paradies: *„Es fehlt nichts, was der Mensch nötig hat. Die Nahrung gedeiht überall und in allen nur erdenklichen Arten und dazu noch ohne Arbeit. Licht, Wohnung und alles, was man sich als wünschenswert ersinnen kann, wird auf Befehl der Oberen bereitgestellt, zwar nicht gänzlich ohne Arbeit, aber doch mit einer so geringen, dass die Mondmenschen diese wie im Spiel und mit Vergnügen ausführen. Die Frauen sind dort alle von vollkommener Schönheit. … Niemals habe ich etwas von Mord gehört; eigentlich kann bei ihnen gar keiner begangen werden, denn es gibt keine Wunde, die man nicht heilen kann … Auch wenn der Kopf eines Mondmenschen abgetrennt, aber im Zeitraum von drei Monden wieder aufgesetzt und mit dem Rumpf verbunden würde, könnte er mit Hilfe des Saftes einer bestimmten Pflanze wieder anwachsen, sodass der verwundete Körper in wenigen Stunden wieder heil wäre. Der Hauptgrund ist jedoch, dass dank einer vorzüglichen natürlichen Veranlagung die Menschen dort, Junge wie Alte, jegliche Art des Lasters verabscheuen. Sie leben in Liebe, Frieden und Freundschaft"* (Godwin 1638, dt. Übers. Köhl o. J., S. 102 f.). Dann aber erfährt Gonzales von den Mondbewohnern ein düsteres Geheimnis, das erklärt, warum auf Erden Mord und Totschlag herrscht und Kriege und Verbrechen vorkommen, die unter den Mondbewohnern gänzlich fehlen: *„Es besteht bei ihnen ein unverbrüchliches Gesetz, niemals zu töten. Wenn sie deshalb an der Statur oder an anderen Zeichen, die sie zu deuten verstehen, erkennen, dass jemand bösartig und unvollkommen veranlagt ist, schicken sie ihn auf die Erde hinunter – wie, das weiß ich nicht. Sie tauschen böse gegen andere Kinder aus, ehe sich jenen die Gelegenheit bietet, Übles anzustiften. Allerdings halten sie diese zuerst eine Zeitlang abseits, bis die Luft der Erde ihre Farbe so geändert hat, dass sie uns ähnlich sehen"* (Godwin 1638, dt. Übers. Köhl o. J., S. 103). Wenn die lange Lebenszeit der Mondbewohner abgelaufen ist, sterben sie ohne Schmerzen. Sie hören auf zu leben, wie eine Kerze zu brennen aufhört, wenn das Wachs verzehrt ist. Ihre toten Leiber verwesen nicht und werden deshalb auch nicht begraben; man bewahrt sie in eigens dafür bestimmten Räumen auf, sodass die meisten die Körper ihrer Vorfahren vorzeigen können, die seit vielen Generationen gut erhalten sind.

Zwei Jahre nach dem Erscheinen des Buches von Godwin ließ ein Amtskollege von Francis Godwin, der Bischof von Chester John Wilkins, eine umfangreiche Abhandlung erscheinen, mit der er beweisen wollte, dass der Mond wahrscheinlich eine bewohnte Welt ist und dass es einmal möglich sein wird, ein reales Mittel zu erfinden, mit dem man dorthin reisen könnte. So sagt er bereits in einer visionären Weise den bemannten Raumflug zum Mond voraus: *„So nehme ich ernstlich und aus guten Gründen an, dass es möglich ist, einen fliegenden Wagen herzustellen, in dem ein Mensch sitzen kann, und ihm eine solche Bewegung zu geben, dass er ihn durch die Luft tragen kann. Vielleicht kann er auch groß genug gemacht werden, um mehrere Menschen gleichzeitig samt ihrem Lebensbedarf zu tragen... Trotz aller scheinbar unüberwindlichen Schwierigkeiten ist es gleichwohl wahrscheinlich, dass Mittel gefunden werden, die eine Reise zum Mond ermöglichen; und wie glücklich werden sich diejenigen schätzen, denen dieser Versuch zum ersten Mal gelingt“* (Wilkins 1640, zit. nach Lundmark 1930, S. 80).

Die Reisen eines Raufboldes zu den Mondstaaten: Cyrano de Bergerac

Eine solche Reise zum Mond wird von dem gefürchtetsten Schläger im Paris des 17. Jahrhunderts geschildert, der von seinen Zeitgenossen und Kumpanen in der gascognischen Gardekompanie als *„ein Dämon der Tapferkeit“* bezeichnet worden ist. Es war der berüchtigte wegen seiner langen Nase äußerst empfindliche Raufbold Cyrano de Bergerac, der sich mit seinem zweiteiligen utopischen Roman „Die Reise zu den Mondstaaten und Sonnenreichen“ dauernden Ruhm erwarb. Dabei konnte er sich schon auf die Vorstellungen des bekannten zeitgenössischen Philosophen, Physikers und Astronom Pierre Gassendi (1592–1655) stützen, der sowohl den Mond als auch die Sonne als bewohnt ansah. Als Gassendi im Jahre 1641 nach Paris kam, verschaffte sich Cyrano de Bergerac, der zu dieser Zeit wegen schwerer Verwundungen durch einen Musketenschuss und einem Säbelhieb in die Kehle den Dienst in seiner Kompanie quittieren musste, Zutritt zu den Vorlesungen des damals bereits berühmten Philosophen. Von ihm hat Cyrano de Bergerac auch das damals noch umstrittene kopernikanische Weltbild übernommen und begründet diese Entscheidung auf seine eigene humorvolle Weise, indem er meint, die Vorstellung, dass sich die Sonne um die Erde bewegt, sei genauso lächerlich wie zu glauben, *„wenn wir eine gebratene Wachtel sehen, man hätte, um sie gar zu machen, den Herd um sie kreisen lassen"* (Cyrano de Bergerac o. J., S. 18). Auch nimmt er wie Gassendi an, dass die *„Fixsterne auch Sonnen sind, die Planeten um sich haben; Welten also, die wir ihrer Kleinheit wegen und weil ihr geborgtes Licht nicht bis zu uns zu gelangen vermag, von hier aus nicht sehen. Denn wie sollte man sich vernünftigerweise einbilden, dass diese riesigen Weltkugeln nur wüstes Land seien und dass nur, weil wir, ein Dutzend hochmütige Narren, da herumkriechen, unsere gebaut worden sei, allen zu befehlen?"* (Cyrano de Bergerac o. J., S. 18).

Den Plan, zum Mond aufzusteigen, hatte Cyrano gefasst, als er in einem Werk des italienischen Mathematikers, Philosophen und Naturforschers Hieronymus Cardanus (1501 – 1576) von einem Besuch zweier Mondbewohner gelesen hatte. Seinen, wie er selbst sagt, *„Fieberideen"* folgend, unternahm er mehrere Startversuche. So schnallte er sich eine Menge Fläschchen voll Tau um den Leib und ließ sich von der Sonnenhitze, die sie anzog, über die höchsten Wolken emportragen. Als er aber bemerkte, dass er auf diese Weise den Mond verfehlen musste, zerbrach er einige seiner Fläschchen und landete unverrichteter Dinge wieder auf der Erde. Erfolgreich war jedoch sein zweiter Start, nachdem an einem eigens dazu konstruierten Apparat, in dem er sitzen konnte, viele Signalraketen befestigt worden waren. Kaum stand er mit beiden Füßen drinnen, so wurde er auch schon von der Macht der sich entzündenden Raketen in die Wolken hinaufgetragen. Seine Schilderung dieses Aufstieges hört sich wie eine prophetische Vision einer modernen Stufenrakete an. Denn die Raketen waren an seinem Gefährt zu je sechs in mehreren Etagen angeordnet. War eine Reihe der Raketen ausgebrannt, so entzündete sich die nächste, die mit einer Zündschnur mit der vorigen verbunden war. Als die letzte Reihe der Raketen ausgebrannt war und Cyrano mehr als drei Viertel des Weges von der Erde zum Mond zurückgelegt hatte, sah er plötzlich seine Beine nach oben fallen und schloss daraus ganz richtig, dass er keineswegs gegen die Erde zurückfiel, sondern sich vielmehr gegen den Mond zu senkte.

Den darauf folgenden Aufenthalt auf dem Mond schildert Cyrano als ein Leben im Paradies, in dem er biblische Gestalten wie Enoch und Elias antrifft, die bereits vor ihm zum Mond geflogen sind, bis er schließlich wegen seines frechen und ungehörigen Benehmens von einem großen schwarzen ganz behaarten Dämon auf die Erde zurückbefördert wird, wo er tagelang wegen seines Mondgeruches von den Hunden angebellt wurde.

Die Ballonfahrt eines Selbstmörders: Edgar Allan Poe

Mit einem Ballon zum Mond zu fliegen, scheint nach dem Entwicklungsstand der Astronomie in der ersten Hälfte des 19. Jahrhunderts bereits eine völlig absurde Idee zu sein. Zwar war man sich noch im Zweifel, ob der Mond nicht doch noch eine sehr dünne und niedrige Atmosphäre besitzen könnte, dass aber der ungeheuer weite luftleere Raum zwischen der Erde und dem Mond für eine Ballonfahrt völlig ungeeignet ist, war zumindest seit der Durchsetzung der newtonschen Gravitationstheorie eine kaum mehr zu bestreitende Tatsache. Mit der Annahme eines völlig leeren Raumes wurde jedoch die Anziehungskraft zwischen den Himmelskörpern eine rätselhafte Fernwirkung. Daher gab es immer wieder unter den damaligen Astronomen Hypothesen über eine den Weltraum erfüllende feine Materie, die den klassischen Vorstellungen der Antike über den sogenannten „Äther" wieder sehr nahe kamen. Es gab sogar die Vorstellung von der Unbegrenztheit der Atmosphäre im Sonnensystem. Zur Zeit als Edgar Allan Poe, der Meister grauenvoller Horrorgeschichten, seine Erzählung über das „Unvergleichliche Abenteuer eines gewissen Hans Pfaall" schrieb, war es vor allem der durch seine Suche nach Spuren der Mondbewohner bekannte Astronom Gruithuisen (vgl. oben Kap. 5), der nicht nur die Ansicht vertrat, dass *„jeder Weltkörper, er mag klein oder groß sein, als er will, eine der Masse seines begrenzten Kerns angemessene Atmosphäre besitzt, deren Dichtigkeit an seiner Oberfläche der Schwere genau proportional ist"*, sondern auch davon überzeugt war, *„dass keine Atmosphäre in keiner Entfernung von der Oberfläche eines Weltkörpers = 0 werden kann, wenn ihr keine Beschränkung entgegensteht"* (Gruithuisen 1846, S. 56 f.). Eine Beschränkung kann aber nur durch die Atmosphäre eines anderen Weltkörpers zustande kommen. Das bedeutet aber in diesem Fall, dass die Atmosphäre der Erde direkt an die Atmosphäre des Mondes anschließt, eine Ballonfahrt zum Mond daher zwar höchst abenteuerlich und gefährlich, aber durchaus möglich sein kann.

Obwohl es dem kühnen Ballonfahrer Hans Pfaall in Poes Erzählung bewusst war, dass es an Beweisen für das Vorhandensein einer wirklichen und endgültigen Grenze der Atmosphäre, hinter der es überhaupt keine Luft mehr gab, keineswegs fehlte, argumentiert er im gleichen Sinn, wie es Gruithuisen gegenüber Laplace getan hat, *„dass wir, so hoch wir auch steigen mögen, zu keiner Grenzlinie kommen können, hinter der es keine Atmosphäre mehr gäbe. Sie muss vorhanden sein, wenn auch schließlich nur in unendlicher Verdünnung"* (Poe 1947, S. 195). Diese verdünnte Atmosphäre breitet sich rings um die Sonne mindestens bis über die Bahn der Venus hinaus und noch unendlich viel weiter (vgl. Poe 1947, S. 196 f.). Unter diesem Gesichtspunkt gab es für Hans Pfaall kaum mehr ein Zögern. Überzeugt, dass er auf seiner Fahrt in eine zwar sehr verdünnte, aber der unsern wesentlich gleichende Atmosphäre kommen würde, hoffte er, dass er mit der Hilfe eines geeigneten Apparates in der Lage sein würde, diese verdünnte Atmosphäre zu Atmungszwecken genügend zu verdichten. Was nun die Geschwindigkeit betrifft, so würde die Gravitationskraft der Erde sich mit zunehmender Höhe beständig verringern und so könnte er schließlich mit einer gewaltig zunehmenden Geschwindigkeit in jene fernen Regionen gelangen, wo die Anziehungskraft der Erde von der des Mondes übertroffen werden musste (vgl. Poe 1947, S. 198). Dann aber kommt Poe mit seinem wissenschaftlich geschulten Geist auf eine andere Schwierigkeit zu sprechen, die dem kühnen Ballonfahrer in seiner Erzählung einige Unruhe verursacht: *„Man hat beobachtet, dass bei Ballonaufstiegen in beträchtliche Höhe sich – abgesehen von Atemnot – Schmerzen im Kopf und im ganzen Leibe einstellen, oft von Nasenbluten und sonstigen beängstigenden Symptomen begleitet, die immer heftiger werden, je höher man steigt. Diese Gedanken waren geeignet, mir Angst zu machen. War nicht anzunehmen, dass jene Erscheinungen sich steigern mussten, bis der Tod selber ihnen ein Ende machte?“* (Poe 1947, S. 199). Die Ursache dieser Übel ist die fortschreitende Abnahme des gewohnten atmosphärischen Drucks auf die Körperoberfläche, die zu einer Ausdehnung der äußeren Blutgefäße führt. Doch glaubt der kühne Ballonfahrer im Hinblick auf seine eiserne Konstitution, dass jene Schmerzen nachlassen würden, da sein Körper sich wohl an den Mangel des atmosphärischen Drucks gewöhnen müsste. Durch solche Vorstellungen bestärkt ging nun Hans Pfaall daran, seinen Plan zu einer Ballonfahrt zum Mond zu realisieren, die als ein wissenschaftliches Experiment gedacht war, das die Möglichkeit einer Fahrt zum Mond beweisen und die Rätsel um seine Bewohnbarkeit lösen sollte. Aus diesem Grund hatte Hans Pfaall nicht nur den nötigen Proviant, sondern neben astronomischen Geräten auch Versuchstiere in seine Gondel verfrachtet, an denen er die Wirkung der sich immer mehr verdünnenden Atmosphäre beobachten wollte. Bei der noch geringen Aufstiegshöhe empfand er selbst zunächst nicht das geringste körperliche Unbehagen. Auch den Versuchstieren ging es gut: Doch mit zunehmender Höhe stellten sich immer größer werdende körperliche Probleme ein. Das Atemholen begann ihm schwer zu werden. Blut sickerte aus seinen Ohren und die Augen traten ihm aus den Höhlen. Die Tauben gebärdeten sich geradezu verzweifelt und bemühten sich, zu entkommen; die Katze miaute kläglich und schritt mit hängender Zunge in der Gondel hin und her, als habe sie Gift im Leibe. Der Ballonfahrer erwartete nichts anderes als den Tod, der nach seinen Empfinden in wenigen Minuten eintreten müsste. Erst nach einem Aderlass fühlte er sich im Stande, die nötigen Vorkehrungen zu treffen, um in der sich immer mehr verdünnenden Atmosphäre überleben zu können. Ein großer luftdichter Kautschuksack, welcher der Gondel vollkommen angepasst war, wurde über den Tragring des Ballons so ausgebreitet und festgemacht, dass er das Innere der Gondel luftdicht verschloss. Nach den Seiten und nach unten zu besaß die Gummihülle dicke Glasfenster, die eine Beobachtung des Himmelsraumes gestatteten. Durch eine Öffnung wurde das Einsaugrohr des Kondensators geführt und die verbrauchte Luft wurde durch ein Ventil nach außen befördert. Auf diese Weise von allen Beschwerden befreit konnte sich nun Hans Pfaall wieder seinen Versuchstieren widmen. Als er zur Katze hinsah, entdeckte er zu seiner Überraschung, dass sie in dieser Zeit drei kleinen Kätzchen das Leben geschenkt hatte. Dieses Ereignis gab ihm nun die Gelegenheit, die Stichhaltigkeit seiner Vermutung zu prüfen, dass nur die Gewöhnung an den atmosphärischen Druck auf der Erdoberfläche die Ursache der Schmerzen war, die von den Lebewesen in einiger Entfernung über der Erdoberfläche auszuhalten waren. Sollten nun die Kätzchen in ähnlichem Grade wie ihre Mutter Unbehagen empfinden, so musste er seine Theorie als falsch ansehen, war es aber nicht so, so war seine Mutmaßung, dass die in der verdünnten Atmosphäre neugeborenen Lebewesen sich sofort den neuen Umweltbedingungen anpassen, bestätigt. Auch diese Annahme hatte in der astronomischen Fachliteratur zu Poes Zeiten eine Parallele. So behauptete Gruithuisen, wie bereits erwähnt (vgl. Kap. 5), dass ein Neugeborenes in der dünnen Atmosphäre des Mondes überleben könne, ein erwachsener Erdbewohner jedoch nicht. Genau das war auch das Ergebnis des Experimentes, das Poe seinen Ballonfahrer ausführen ließ. Zu diesem Zweck musste Hans Pfaall die ganze Katzenfamilie der verdünnten Atmosphäre des Weltraumes in einem Korb außerhalb der Kautschukumkleidung der Gondel aussetzen. Durch die Ventilöffnung konnte er dann tatsächlich beobachten, dass die Katzenmutter wieder sehr leiden musste, während die neugeborenen Kätzchen bei bestem Wohlbefinden waren, mit aller Leichtigkeit und völlig regelmäßig atmend, ohne das geringste Zeichen von Unbehagen. Ein ungünstiger Zufall machte jedoch diesem Experiment ein jähes Ende. Als der unvorsichtige Experimentator der alten Katze einen Wassertopf durch das Ventil reichen wollte, löste sich der Korb aus seiner Befestigung und die ganze Katzenfamilie verschwand im Bruchteil einer Sekunde seinen Blicken.

Abgesehen davon, dass Hans Pfaall den damals in der ersten Hälfte des 19. Jahrhunderts noch nicht entdeckten Nordpol vom Weltraum sehen und das damals vermutete kreisrunde Loch (vgl. Oeser 2008) feststellen konnte, ereignete sich nichts Bemerkenswertestes mehr. Das Ende seiner Reise war jedoch mit Angst und Schrecken erfüllt. Denn für eine weiche Landung auf der Mondoberfläche benötigte der Ballon eine einigermaßen dichte Atmosphäre, die aber am Mond nicht vorhanden ist. Als nun der Ballon mit unverminderter Geschwindigkeit auf den sich immer mehr vergrößernden Mond zustürzte, warf der verschreckte Ballonfahrer nicht nur allen Ballast, sondern alle Instrumente und sonstigen Gegenstände über Bord. Und als auch das nichts nützte, trennte er schließlich auch die Gondel vom Ballon los und hielt sich nur mehr mit beiden Händen am Netzwerk fest. So konnte er mit beträchtlich verminderter Geschwindigkeit kopfüber mitten in eine fantastische Stadt und mitten in einen riesigen Haufen hässlicher kleiner Leute hinabstürzen, von denen keiner eine Silbe äußerte oder sich im Geringsten um ihn bemühte: *„Wie ein Pack Idioten standen sie grinsend um mich herum und blickten mit eingestemmten Armen gleichgültig auf mich und den Ballon. Verächtlich wandte ich mich von ihnen ab, und als ich zu der unlängst und vielleicht für immer verlassenen Erde aufblickte, sah ich sie wie einen riesigen, matten kupfernen Schild von etwa zwei Grad Durchmesser unbeweglich oben am Himmel stehen und an einer Seite von einem mondsichelförmigen, strahlend goldenen Rand eingefasst“* (Poe 1947, S. 229 f.).

Die Reise um den Mond: Jules Verne

Die zweite Hälfte des 19. Jahrhunderts war die Zeit der großen technischen Neuerungen. Man war fasziniert von den neu gewonnenen wissenschaftlichen Erkenntnissen und einer viel versprechenden technischen Entwicklung, die durch die Weltausstellungen in Paris, London und Brüssel einem breiten Publikum nähergebracht wurde. Zu dieser Zeit fasste der Pariser Verleger Pierre-Jules Hetzel den Plan, der Naturwissenschaft und Technik in der Dichtung einen Platz zu geben. Dieser Plan entsprach genau der Intention, die der junge Jules Verne selbst schon mit seinen ersten bereits erschienenen wissenschaftlichen Romanen verfolgt hatte: *„Mein Ziel ist es, die Erde darzustellen, und nicht nur die Erde, sondern auch das Universum, denn ich habe meine Leser im Roman manchmal weit von der Erde fortgeführt. Und zugleich habe ich versucht, einen sehr hohen Anspruch an die Schönheit des Stils zu verwirklichen“* (Interview mit dem englischen Reporter Robert Harborough Sherard in: McClure's Magazine, New York 1894). Und sein Verleger Hetzel war der Meinung, dass *„diese Romane uns so unterhalten werden wie die besten von Alexandre Dumas und uns so belehren wie die Werke von François Arago“* (Verne 1866, Avertissement de l'Éditeur). Camille Flammarion hat dieses Urteil von wissenschaftlicher Seite aus dadurch bestätigt, dass er in einer umfangreichen Auflistung aller Werke über die Bewohner fremder Welten neben den berühmten Namen großer Naturforscher wie Kepler und Herschel nicht nur Poes abenteuerliche Geschichte von Hans Pfaalls Ballonfahrt, sondern Jules Vernes Roman „Von der Erde zum Mond" (1865) erwähnt (Flammarion 1880, S. 549 u. 575). Hier gelang es Jules Verne, künftige technische Entwicklungen so glaubwürdig vorauszusagen, dass seine fast 150 Jahre alte Erzählung mit ihren zeitgenössischen Illustrationen zum Teil wie wirklichkeitsgetreue Berichte aus der Gegenwart anmutet.

Auch die Zielsetzung dieser Reise zum Mond entsprach dem damaligen Stand der Wissenschaft. Denn sie sollte die Frage ins Reine bringen, ob es sich bei den sonderbaren Rillen oder Furchen, die sich am Mond über viele Meilen erstrecken und meist in die Ringwälle der Krater auslaufen, um die ausgetrockneten Bette ehemaliger Flüsse handelt. Verbunden damit war der Plan, *„jene Reihe von parallelen Wällen zu durchforschen, welche der gelehrte Professor Gruithuisen zu München entdeckte"* (Verne 1877, S. 37). Ein weiterer nicht unmaßgeblicher Grund für die Erforschung des Mondes war, den Schandfleck auszuwetzen, den sich der amerikanische Zeitungsherausgeber Locke mit der Mystifikation der angeblichen Herschel'schen Entdeckung der Seleniten geleistet hatte (vgl. oben Kap. 5).

Von der Bewohnbarkeit nicht nur des Mondes, sondern auch der anderen Planeten des Sonnensystems war man jedoch überzeugt. Und die Erde hielt man keineswegs für die bestmögliche der Welten. Abgesehen von der Tatsache, dass sie nur einen Trabanten hat, ist es die Neigung ihrer Achse, die das Wohnen auf ihr so unbehaglich macht: „Daher rührt die Ungleichheit der Tage und Nächte, die leidige Verschiedenheit der Jahreszeiten. Auf unserem unglückseligen Planeten ist es stets zu warm oder zu kalt; im Winter leidet man Frost, im Sommer Hitze; es ist eine Wohnstätte des Schnupfens, Katarrhs und Rheumatismus, während auf dem Jupiter z. B., dessen Achse sehr wenig geneigt ist, die Bewohner einer stets gleichen Temperatur sich erfreuen können" (Verne 1877, S. 131).

In dem Verein aus Jules Vernes Erzählung, der sich aus den Veteranen und Artillerie-Experten der Sezessionskriege zusammensetzte, war natürlich der naheliegendste Plan zur Eroberung des Mondes, nach dem Vorbild des newtonschen Gedankenexperimentes mit einer mächtigen Kanone dorthin ein Projektil zu schießen. Denn die Artilleristen des Gun-Clubs behaupteten in dieser Hinsicht den ersten Rang. *„Die Achtung, die sie genießen"*, sagte einmal einer ihrer gescheitesten Redner in den Versammlungen, *„steht im Verhältnis zur Masse ihrer Kanonen, und zwar nach direktem Maßstab des Quadrats der Distanzen, welche ihre Geschosse erreichen!"* (Verne 1877, S. 37). Mit der Übertragung des

Newton'schen Gravitationsgesetzes in die Welt der Produktion von Kriegsmaschinen nahm auch die Kanone, mit welcher der Schuss zum Mond geplant war, derartig kolossale Maßstäbe an, dass niemand in ganz Amerika Zweifel an der Durchführbarkeit dieses Projektes hegte. Nur einer, ein langjähriger Rivale des Präsidenten des Gun-Clubs Barbicane war dagegen. War Barbicane berühmt im Gießen von Geschossen, so war es der Kapitän Nicholl nicht minder im Schmieden von Eisenplatten. Der eine war sein Leben lang darauf bedacht Löcher zu bohren, der andere, ihn daran zu hindern. Als schließlich ein mutiger Franzose namens Michel Ardan auftauchte (Jules Verne verwendete dabei den Namen des damals berühmten Ballonfahrers Nadar) und sich erbot, als Passagier zum Mond zu reisen, wenn man statt der Kugel ein Zylinder-Kegel-förmiges Projektil verwenden würde, erreicht der Streit seinen Höhepunkt. Denn weder war die Frage der Dämpfung des fürchterlichen Rückstoßes beim Abschuss des auf diese Weise bemannten Projektils, noch das Problem der Rückkehr gelöst. Ein Duell zwischen Barbicane und Nicholl schien unvermeidlich. Da machte der tollkühne Franzose den Vorschlag, dass beide Gegner, statt im Duell ihr Leben wegzuwerfen, die Fahrt zum Mond mitmachen sollten. Der Vorschlag wurde angenommen und nachdem das Problem des Rückstoßes durch einen doppelten mit Wasser gefüllten Boden des Projektils gelöst worden war, erfolgte der Start in den Weltraum. Doch dieser Flug zum Mond schien in einer Katastrophe zu enden. Denn das Projektil erreichte nicht sein Ziel, sondern wurde gleich zu Beginn seines Fluges durch einen Asteroiden von seiner vorausberechneten Flugbahn abgelenkt und dadurch am Mond vorbeigerissen, um dort bis ans Ende der Jahrhunderte in einer elliptischen Bahn um ihn herumzukreisen. Die Schilderung dieser Mondumkreisung, die Jules Verne in einem zweiten Band liefert, zeichnet sich ebenso wie die Vorbereitungen zum Start durch eine für den damaligen Stand der wissenschaftlichen Erkenntnisse größtmögliche Realitätsnähe aus. So ließ Jules Verne den Präsidenten des Gun-Clubs Barbicane an den Direktor des Observatoriums zu Cambridge genau jene Fragen richten, die für eine derartige Mondfahrt notwendigerweise zu beantworten waren: Wie groß ist die Entfernung des Mondes von der Erde? Binnen welcher Zeit hätte das Geschoss bei einer hinreichenden Anfangsgeschwindigkeit diese Distanz zu durchfliegen? In welchem Zeitpunkt wird man es abschleudern müssen, damit es in einem bestimmten Moment auf dem Mond eintrifft? In welchem Zeitpunkt wird der Mond genau in der Stellung sich befinden, die am günstigsten ist, dass er von diesem Geschoss getroffen wird? Nach welchem Punkt am Himmel muss das Geschütz gerichtet sein, womit das Projektil abgeschossen werden soll? Und an welcher Stelle wird sich der Mond am Himmel befinden, wenn das Geschoss abfliegen wird? (vgl. Verne 1877, S. 27). Bei der Lösung dieser Fragen

Abb. 13: Die Umgebung des Mondprojektils (aus Verne 1875)

versicherte sich Verne der Unterstützung eines Mathematikers, seines Cousins Henri Garcet, von dem sämtliche mathematischen Berechnungen stammen, die im Roman als Antwort des Observatoriums zu Cambridge an Barbicane eintrafen. An dem Erfolg dieser Mission war daher nicht zu zweifeln.

Die drei Insassen des Projektils hatten auch dank der hydraulischen Dämpfung den fürchterlichen Stoß beim Start überstanden. Sie waren zwar dabei ohnmächtig geworden, erholten sich jedoch schnell. Das einzige Opfer war einer der beiden mitgenommenen Hunde, der den fürchterlichen Druck des gewaltsamen Abfluges nicht überlebte. Sein Leichnam wurde später in den Weltraum hinausgeworfen und schwebte dann als unheimlicher Begleiter neben dem Projektil.

Während ihres Fluges hatten die Insassen des Projektils Gelegenheit genug, über die Frage der Bewohnbarkeit des Mondes zu diskutieren. Der Präsident des Gun-Clubs war wie so mancher seiner Zeitgenossen unter den Astronomen von der Existenz der Seleniten und ihrem hohen Entwicklungsstand überzeugt. Auf die Frage Ardans, warum sie dann nicht schon ihrerseits ein Projektil zur Erde gesandt hatten, antwortete er ernst: *„Wer sagt dir denn, dass sie's*

Abb. 14: Sonnenbewohner und Mensch (aus Verne 1875)

nicht getan haben?" (Verne 1875, S. 53). Denn ein Projektil könnte schon vor Tausenden Jahren vom Mond abgeschleudert worden sein, als es den Menschen noch nicht gab, und im Meer versunken oder in eine Spalte der Erdrinde gedrungen sein. Doch so klug und fortgeschritten die Seleniten auch sein mögen, sie könnten jedoch, wenn ihre Körpergröße im Verhältnis zur Masse ihres Planeten steht, kaum einen Fuß hoch sein. Andererseits müssten die Bewohner der großen Planeten Jupiter, Saturn, Uranus und Neptun wahre Riesen sein. Gegenüber den Bewohnern der Sonne, die im Durchschnitt 200 Fuß hoch sein müssten, würden wir uns nur wie Zwerge ausnehmen (Verne 1875, S. 87).

Während die Reisenden sich unter diesem Geplauder dem Mond näherten, wurden auch bereits Vorkehrungen getroffen, um den fürchterlichen Aufprall des Projektils auf den Mond zu lindern. An die Stelle der nicht mehr verfügbaren Wasserdämpfung traten Bremsraketen, die in die vorbereiteten Löcher am Boden des Projektils eingeschraubt worden waren und jederzeit abgebrannt werden konnten. Doch dazu kam es nicht. Je näher man dem Mond kam, umso deutlicher wurde erkennbar, dass man ihn nicht erreichen würde. Die geringe durch den Asteroiden verursachte Bahnabweichung genügte, um das Projektil zu einem Trabanten des Mondes zu machen. Statt in den Tälern und Schluchten des Mondes noch genügend Luft zum Atmen zu bekommen, waren sie nun dazu verdammt, in wenigen Tagen nach dem Aufbrauchen ihrer Sauerstoffvorräte langsam zu ersticken. Doch keiner von den unerschrockenen Männern dachte an den unvermeidlichen Tod. Die wenigen Tage hatten für sie den Wert von Jahrhunderten, und sie widmeten jeden Augenblick der Beobachtung des Mondes, den sie zu erreichen nicht mehr hoffen konnten. Sie erkannten, dass die von vielen Selenografen festgestellte grüne und braune Färbung von weiten Teilen der Mondoberfläche keine optische Täuschung ist, und bildeten sich zunächst ein, dass es sich dabei um eine tropische Vegetation handeln könnte, die von einer niedrigen Atmosphäre unterhalten wird. Auch sahen sie „*parallel laufende Wälle, und mit einiger Fantasie konnte man annehmen, es seien lange, von Seleniten-Ingenieuren errichtete Fortifikationslinien*" (Verne 1875, S. 119). Obwohl sich die Beobachter im Projektil in der günstigsten Lage befanden, die man mit keiner der Möglichkeiten vergleichen kann, welche die größten Teleskope auf der Erde bieten konnten, waren sie schließlich doch nicht fähig, die alte Frage nach der Bewohnbarkeit des Mondes endgültig zu beantworten: „*Nirgends eine Spur eines Werkes von Menschenhand. Nicht eine Ruine zum Zeugnis, dass solche dagewesen. Nicht eine Versammlung tierischer Geschöpfe, welche eine Entwicklung des Lebens auf niederer Stufe kundgab. Nirgends*

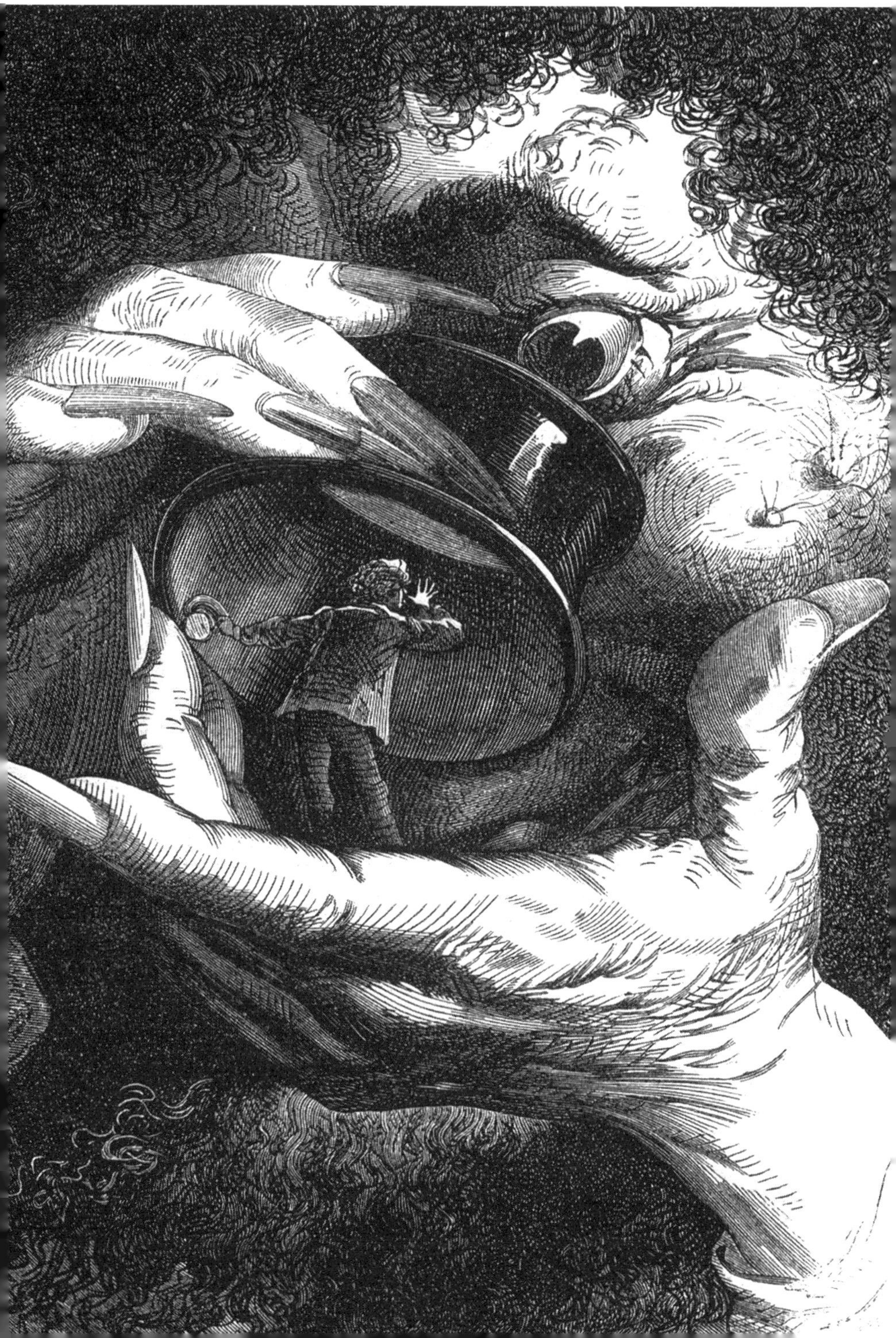

Bewegung, nirgends nur ein Anschein von Vegetation" (Verne 1875, S. 122). In keinem Fall war es möglich, in der Entfernung von mehr als sieben Kilometern, in der sich das Projektil vom Mond befand, Gegenstände von der Größe eines Menschen zu erkennen. Alle Hoffnungen, neue Entdeckungen zu machen, richteten sich daher auf jene Zeit, da das Projektil die Rückseite des Mondes erreichen musste. Doch die enttäuschten Passagiere des Projektils hatten die Rückseite des Mondes gerade zur Nachtzeit erreicht. Die Mondscheibe blieb stumm und düster, mit Ausnahme eines leuchtenden Punktes, den man als noch tätigen Vulkan ansehen konnte. Die Reise durch die Finsternis und Kälte der Mondnacht war für die halb erfrorenen Passagiere des Projektils fast unerträglich. Doch sie wurden durch den Anblick blendender Streifen in der Nähe des Südpols entschädigt, als das Projektil wieder die beleuchtete Vorderseite des Mondes erreichte. Denn unbestreitbar war es Schnee oder Eis, das die Lichtstrahlen der Sonne reflektierte. Es war jedoch eine erstorbene Welt, wo nur die Lawinen vom Gipfel der Berge rollten und geräuschlos in den Abgrund versanken. Nur Michel Ardan, der fantasievolle Franzose, glaubte plötzlich die Ruinen einer ungeheuren Befestigungsanlage zu sehen: *„Die niedergeworfenen Wälle einer Stadt, hier die noch unverletzte Wölbung eines Porticus, dort zwei bis drei Säulen unter ihrem Säulenstuhl; weiter hinaus eine Reihe von Bogengewölben, welche zur Stütze einer Wasserleitung bestimmt waren; anderswo die Pfeiler einer Riesenbrücke"* (Verne 1875, S. 156). Doch auch diese eingebildete oder wirkliche Selenitenstadt wurde immer undeutlicher und verschwand aus ihren Blicken. Als Ergebnis aller dieser Beobachtungen stellten die Reisenden einmütig fest, dass der Mond jedenfalls derzeit unbewohnt war. Aber ebenso einmütig waren sie der Meinung, dass er früher bewohnt war, aber dann seine Atmosphäre verloren hatte, erkaltet ist und jedes Leben zugrunde ging – ein Schicksal, das auch der Erde bevorstand. Mit solchen Spekulationen beschäftigt kamen sie schließlich zu jenem Punkt ihrer Umlaufbahn um den Mond, der von ihm am weitesten entfernt und der Erde am nächsten war, so dass sich der Boden des Projektils der Erde zukehrte. Da fassten die tollkühnen Reisenden den Plan, durch Abbrennen der Raketen einen letzten verzweifelten Versuch zu wagen, den Mond doch noch zu erreichen, auch auf die Gefahr hin auf ihm zu zerschellen. Doch alles war vergebens. Das Projektil war wieder in die Anziehungskraft der Erde geraten und der tödliche Absturz hatte bereits begonnen. Er endete jedoch nicht auf dem Festland, sondern im Meer. Mit dieser glücklichen Lösung des Problems der Rückkehr der kühnen Mondfahrer bewies Jules Verne wiederum seine auf Sachkenntnis beruhende prophetische Gabe. Denn ein Vergleich seiner Darstellung der Landung des Mondprojektils mit der tatsächlichen Landung der ersten bemannten Mondrakete im Meer weist eine geradezu gespenstische Ähnlichkeit auf.

Abb. 15: Landung des Mondprojektils auf der Erde (aus J. Verne 1875)

Jules Verne hat mit diesem Roman über eine Mondumkreisung genau das erfüllt, was er seinen wissenschaftlich interessierten Lesern selbst im Vorwort versprochen hatte: *„Diese Erzählung wird manche Täuschungen und Vermutungen zunichte machen; dagegen wird sie von der möglichen Lösung einer solchen Aufgabe einen richtigen Begriff geben"* (Verne 1875, S. 9).

Die ersten Menschen im Mond: H. G. Wells

Als einige Jahrzehnte später Herbert George Wells (1866–1946) mit seinen fantastischen Romanen „Die ersten Menschen im Mond" und „Der Krieg der Welten" auftrat, war es naheliegend, Vergleiche mit Jules Vernes Werken zu ziehen. Doch sowohl Jules Verne als auch Wells haben jeden derartigen Vergleich abgelehnt. So sagt Jules Verne über Wells, von dessen erfinderischem Genie er höchste Achtung hat: *„Aber ich sehe keine Vergleichsmöglichkeit zwischen seinem Werk und meinem eigenen. Es will mir scheinen, dass seine Erzählungen keine sehr wissenschaftliche Grundlage haben. Ich stütze mich auf Physik, er erfindet"* (Interview mit Robert Sherard 1903; vgl. Costello 1979, S. 180). Und Herbert George Wells äußert sich ähnlich ablehnend und stellt aber damit auch Jules Verne ein Zeugnis aus, wie es besser von keinem Literaturwissenschaftler getroffen werden kann: *„Eine Zeitlang neigte man in der Presse dazu, mich den englischen Jules Verne zu nennen. In Wirklichkeit gibt es keine literarische Verwandtschaft zwischen den seiner Zeit vorauseilenden Erfindungen des großen Franzosen und diesen Fantasien. Sein Werk befasst sich fast immer mit tatsächlich möglichen Erfindungen oder Entdeckungen, und er hat einige bemerkenswerte Vorhersagen getroffen… Viele seiner Erfindungen sind wahr geworden. Doch die hier gesammelten Erzählungen von mir erheben nicht den Anspruch, sich mit möglichen Dingen zu befassen; sie sind Exerzitien der Einbildungskraft auf einem ganz anderen Gebiet"* (zit. nach Costello 1979, S. 179).

So beginnt auch Wells seinen Roman über eine Reise zum Mond mit der im Grunde unmöglichen Erfindung eines Stoffes, der die Schwerkraft aufheben soll. Der Aufbruch zum Mond wurde dann perfekt, als der Bau einer Kugel beendet war, die mit Rollläden aus dem nach seinem Erfinder so benannten Cavorit ausgestattet waren. Man brauchte sie nur zu schließen und schon setzte sich das kugelförmige schwerelose Mondfahrzeug in Bewegung – dem Abgrund des Weltraums entgegen. Gesteuert konnte dieses Fahrzeug nur dadurch werden, dass man diejenigen Rollläden der Fenster öffnete, die dem Mond gegenüberstanden, worauf dann seine Anziehungskraft ihre Wirkung ausüben konnte. Die einigermaßen weiche Landung auf dem Mond wurde dann durch schnelles Öffnen und Schließen der Rollläden zustande gebracht. Der erste Sonnenaufgang brachte den beiden Reisenden, dem gelehrten Erfinder Cavor und seinem wissenschaftlich ungebildeten, aber in Geldsachen praktischen Begleiter, der nur an eine Vermarktung des Cavorits dachte, große Überraschungen: riesige Massen gefrorener Luft, die sich zu einer dünnen Atmosphäre auflösten, in der man jedoch atmen konnte, Samen, die aufplatzten, um gierig das Licht zu trinken, das von der eben aufgegangenen Sonne auf sie herabströmte, und ungeheure Pilze und Kakteen, denen man beim Wachsen zuschauen konnte und die sehr bald den öden Mondboden bedeckten. Der erste Ausflug auf dem Mond endete aber mit einer Katastrophe. Begeistert von ihrem geringen Körpergewicht, das nur ein Sechstel dessen betrug, was sie auf der Erde wogen, eilten die beiden Mondfahrer in wilden Sprüngen über die immer mehr durch die rasend schnell wachsenden Pflanzen unübersichtlich gewordenen Gegenden, bis sie ihre Kugel völlig aus den Augen verloren. Im weiteren Verlauf ihres Irrweges trafen sie auf Mondkühe von 70 Meter Länge und einem Leibesumfang von 30 Metern, die einen fast hirnlosen Kopf hatten und mit ihrem triefenden gierigen Maul die mit einer grünen, gefleckten Pflanze bedeckten Ebenen abweideten. Bewacht wurden sie von einem Seleniten, der verglichen mit den Mondkühen geradezu harmlos wirkte: *„Eine Art Ameise, kaum ein Meter fünfzig groß, mit peitschenähnlichen Fühlern und einem klirrenden Arm, der aus einem zylinderförmigen, schimmernden Körper herausragte“* (Wells 1968, S. 69). Die Abenteuer der beiden verirrten Mondfahrer wurden immer beklemmender, als sie in die Gefangenschaft der Seleniten gerieten und in die tiefen Höhlen und unterirdischen Gänge des Mondes verschleppt wurden. Bei einem gewaltsamen Ausbruch richtete der wutentbrannte Begleiter des gelehrten Cavor ein schreckliches Gemetzel unter den Mondbewohnern an. Das war für Wells dann auch der Anlass, über den Sinn einer solchen Invasion der Erdbewohner auf den Mond nachzudenken: *„Die Regierungen, die Staaten werden alles daransetzen, um hierherzugelangen. Sie werden miteinander und mit diesen Mondbewohnern kämpfen. Der Krieg wird dadurch nur noch in andere Räume getragen … Nach kurzer Zeit wird dieser Planet bis in seine tiefsten Höhlungen hinein von toten Menschen erfüllt sein“* (Wells 1968, S. 118). Doch so weit sollte es nicht kommen. Auf der Suche nach ihrem Mondgefährt schaffte es zumindest der Begleiter Cavors noch vor Einbruch der schrecklichen Mondnacht es zu erreichen und mit ihm wieder zur Erde zu fliegen. Was dem zurückgekehrten Mondfahrer nur noch verblieb, war die düstere Vision, wie sein unglücklicher auf dem Mond verbliebener Begleiter sich gegen eine Unzahl von Seleniteninsekten wehrt, immer verzweifelter und hoffnungsloser um sich schlägt und Schritt um Schritt immer tiefer in eine bodenlose Finsternis gedrängt wird.

Raketenfahrt zu den Staubfressern am Mond: K.E. Ciolkovskij

Während H.G. Wells schon von seinen eigenen sozialkritischen Zielsetzungen her gesehen keinen Einfluss auf die Entwicklung der Raumfahrt hatte, ist Jules Verne das erklärte Vorbild und der große Anreger technischer Entwicklungen auf diesem Gebiet geblieben. So bekennt auch der Begründer der russischen Weltraumforschung Konstantin E. Ciolkovskij (1857–1935), *„dass die ersten Samen der Idee, Berechnungen über die Bewegungen von Raketen anzustellen, wahrscheinlich durch den großen und phantasievollen Autor Jules Verne gesät wurden, der meine Gedanken in bestimmte Richtungen lenkte"*. Den Spuren Jules Vernes ist Ciolkovskij auch dadurch gefolgt, dass er nach Fertigstellung seiner klassischen Arbeit, „Die Erforschung der Welträume durch Rückstoßapparate" (1903–1914), eine Erzählung mit dem Titel „Außerhalb der Erde" (1920) veröffentlichte, um seine technischen Erfindungen einem breiten Leserkreis zugänglich zu machen. Am Beginn der deutschen Übersetzung stehen seine bekannten Worte: *„Die Menschheit wird nicht ewig auf der Erde bleiben, sondern, im Jagen nach Licht und Raum, zunächst zaghaft über die Grenzen der Atmosphäre vordringen und sich danach den ganzen Raum rings um die Sonne zu eigen machen"* (Ciolkovskij 1977, S. 10). Genau das gelang mit der Erfindung eines völlig neuen Rückstoßapparates in Form einer Rakete, die mit flüssigem Treibstoff ausgestattet sein sollte, der in einer Gaskammer zur Explosion gebracht werden kann. Zwar hatte ja schon Jules Verne an Bremsraketen gedacht und ein wenig bekannter russischer Vorläufer Ciolkovskijs, A.P. Fjodorov, ein „neues Verfahren der Luftfahrt, das die Luft als stützendes Medium ausschließt", vorgeschlagen, aber nur Ciolkovskij ist es gelungen, die mathematisch exakte Beziehung der Raketengeschwindigkeit zur Geschwindigkeit der explodierenden Auspuffgase und dem Verhältnis von momentaner Masse zur Startmasse der Rakete anzugeben. Darüber hinaus liefert Ciolkovskij in seiner Erzählung die Vision einer mehrstufigen Weltraumrakete, die in manchen Details die Konstruktion der späteren sowjetischen Großraketen vorwegnimmt: *„Insgesamt war das ein langer Körper von der Form geringsten Luftwiderstandes, hundert Meter lang und vier Meter dick, so etwas wie eine riesige Spindel. Durch Zwischenwände war er in zwanzig Abschnitte geteilt, von denen jeder ein Rückstoßapparat war ... Nur ein Abschnitt in der Mitte hatte kein Rückstoßgerät und diente als Besatzungsraum. Er war 20 Meter lang und hatte vier Meter Durchmesser"* (Ciolkovskij 1977, S. 37). Die einzelnen Abschnitte konnten zwar nicht, wie es bei den modernen Stufenraketen der Fall ist, abgeworfen werden, aber durch das Baukastenprinzip des Rückstoßfahrzeugs gelang es, sein Gewicht bei mächtiger Auftriebswirkung verhältnismäßig klein zu halten. Ciolkovskij war sich auch im Klaren, dass sich die Rakete während ihrer rasenden Bewegung in der Atmosphäre der Erde bis zur Weißglut erhitzen muss. Dementsprechend dachte er auch an eine Außenhülle der Rakete, die aus drei Schichten bestand. Die innerste war aus einfachem Metall mit Quarzfenstern, die noch durch eine Schicht gewöhnlichen Glases abgedeckt waren, und mit hermetisch schließenden Türen. Die zweite Schicht war schwer schmelzend und sehr Wärme dämmend. Die dritte, äußerste, bildete eine sehr hitzebeständige, aber recht dünne Metallhülle. Im Innern der Rakete gab es Vorratskammern mit Nahrung und Wasser und aus besonderen Vorratsbehältern wurde der für die Atmung notwendige Sauerstoff entnommen. Außerdem konnte man eine spezielle Bekleidung anlegen, um sich in den leeren Raum hinaus oder in die schädliche Atmosphäre eines fremden Planeten zu begeben. Die Beschreibung dieser den damals bereits vorhandenen Tauchanzügen (Skaphander) nachempfundenen Weltraumbekleidung lässt auch nach heutigen Vorstellungen kaum noch etwas zu wünschen übrig: *„Sie umschließt den ganzen Körper einschließlich des Kopfes, ist für Gase und Dämpfe undurchlässig, biegsam, nicht schwer und nicht hinderlich für die Körperbewegungen; sie ist fest genug, um dem Innendruck der Gase zu widerstehen, die den Körper umgeben; und außerdem ist sie im Kopfteil mit besonderen flachen und zum Teil lichtdurchlässigen Platten versehen, um hinausschauen zu können.“* Auch für die Aufrechterhaltung aller Lebensfunktionen in der tödlichen Kälte des Weltraums ist gesorgt: *„Sie hat ein für Gase und Dämpfe durchlässiges, dickes warmes Futter und enthält Behälter für Harn usw. Ein besonderer Kasten, der ständig ausreichend Sauerstoff in die Kleidung strömen lässt, ist daran angeschlossen. In anderen Behältern werden Kohlensäuregas, Wasserdämpfe und andere Körperausscheidungen absorbiert. Mittels besonderer Pumpen zirkulieren unter der Kleidung in dem durchlässigen Futter ständig Gase und Dämpfe. Alle Vorräte reichen für acht Stunden und haben zusammen mit der Kleidung nur eine Masse, die nicht über zehn Kilogramm beträgt“* (Ciolkovskij 1977, S. 72). Doch der Weltraumspaziergang hat seine eigenen Gefahren. Stößt man sich von der Rakete ab, so ist man nicht mehr in der Lage, von selbst anzuhalten. Man könnte endlos dahintreiben, bis man verhungert oder noch viel eher aus Mangel an Sauerstoff erstickt. Deshalb muss jeder, der die Rakete verlässt, wie ein Kettenhund an einer langen Leine befestigt sein. Zusätzlich gibt es noch ein kleines Schießgerät, womit nach Wunsch Explosionen hervorgerufen werden. Mit seiner Hilfe könnte man in jede Richtung fliegen und zur Rakete zurückkehren, sollte die Befestigungsleine einmal reißen (vgl. Ciolkovskij 1977, S. 74).

Durch solche Weltraumspaziergänge war man bereits gut für eine Mondlandung vorbereitet. Um Treibstoff zu sparen, entschied man sich dafür, den Mond nur von zwei Personen in einer besonders dafür eingerichteten kleinen Rakete aufsuchen zu lassen. Diese musste als Mondfahrzeug auch darauf eingerichtet sein, sich auf dem Mondboden zu bewegen und Schluchten, Berge, Ringwälle und Vulkane im Flug zu überqueren. Die erste Forderung wurde dadurch erfüllt, dass die Rakete Räder bekam; und die zweite durch eine besondere Anordnung zusätzlicher Explosionsrohre, die das auf dem Mond geringe Gewicht der Rakete aufhoben. So ausgerüstet näherte man sich dem Mond. Bei einer Distanz von 500 Metern wurden die Gegenexplosionen in Gang gesetzt und die Rakete setzte mit einem kaum spürbaren Stoß auf den Mondboden nieder. Nach dieser weichen Landung beschloss man, sich aus der Rakete hinauszubegeben. Dies geschah wie auch bei einem Weltraumspaziergang durch eine Schleuse, bei der man hinter sich zuerst die innere Tür verschloss, dann durch die äußere ging und auch diese hermetisch abriegelte. Nun befanden sich beide Kosmonauten auf dem Boden des Mondes. Wie in dem Roman von Wells verliehen sie ihrer Freude über ihre geglückte Ankunft mit ungeheuren Sprüngen Ausdruck, bei denen sie wegen der geringen Anziehungskraft des Mondes auf eine Höhe von vier Metern kamen und dabei im Ganzen drei Sekunden lang über dem Boden waren. Mit Anlauf wurde die Weite noch gesteigert; man sprang schon über Spalten und Schluchten von 24 Meter Breite und mehr. Erst nachdem man sich auf diese Weise ausgetobt hatte, wandte man sich den wissenschaftlichen Aufgaben zu. Es wurden Bodenproben und Mondgestein gesammelt und mit einem Spezialthermometer die Temperaturen gemessen, die zwischen 250 °C Kälte und 150 °C Wärme schwankten. Es war einleuchtend, dass unter solch grauenhaften Bedingungen keine Pflanzen auf dem Boden des Mondes existieren können, abgesehen vom Fehlen ausreichender Feuchtigkeit und einer genügend dichten Atmosphäre. Doch Ciolkovskij kann sich nicht entschließen, den Mond, auf dem es kein Wasser gibt, als toten Himmelskörper zu betrachten: *„Aber es gibt Staub, der Sauerstoff, Kohlenstoff, Wasserstoff und viele andere Elemente enthält, die für die Lebewesen unerlässlich sind und von ihnen verzehrt werden können“* (Ciolkovskij 1977, S. 140). Daher nimmt er kleine grüne Tierpflanzen an, die diesen Staub fressen und von anderen größeren Tieren gejagt werden. Diese größeren an Kängurus erinnernden Mondwesen verkriechen sich nicht wie die anderen vor der Kälte in Spalten und Schluchten, sondern sie genießen vielmehr einen ewigen Tag und die Wärme der Sonne und des Bodens, indem sie hinter dem Tagesgestirn herjagen und das ganze Leben in Bewegung verbringen. Unterwegs fressen sie die schwächeren Tiere, die ihnen begegnen. Der Aufenthalt auf dem Mond war jedoch für die Raumfahrer aus Ciolkovskijs Erzählung nur sehr kurz. Als von den Nahrungsvorräten nicht mehr viel übrig war, musste man wieder vom Mond wegfliegen, ohne ihn so erforscht zu haben, wie man es sich gewünscht hatte.

Die wirkliche Mondlandung: Das Ende der Mondbewohner

Gilt Ciolkovskij mit seinen theoretischen Entwürfen zu einem durch flüssigen Wasserstoff und flüssigen Sauerstoff angetriebenen Raumschiff zu Recht als der *„geistige Vater der modernen Weltraumrakete“* (Büdeler 1969, S. 15), so waren es der amerikanische Professor für Mathematik und Physik Robert Goddard und der in Siebenbürgen (Rumänien) ebenfalls Physik und Mathematik lehrende Hermann Oberth, die unabhängig voneinander nach eigenen Entwürfen diese im literarischen Bereich entstandene Idee des Raumfluges in die Realität umsetzten. Während es Goddard zunächst hauptsächlich darum ging, ein mit Raketen angetriebenes Vehikel für Höhen- und Fernflüge zu entwickeln, träumte Oberth, der in seiner Jugend Jules Vernes Bücher gelesen hatte, bereits von der Raumschifffahrt. Doch er war es auch, der Jules Verne *„ein paar arge Sünden gegen die Andrucksrechnung“* nachwies. Um beim Abfeuern des Projektils den fürchterlichen Stoß überleben zu können, müssten die Insassen nicht nur auf einem Wasserpolster von zweieinhalb Metern liegen, wie Jules Verne angibt, sondern ein solches Wasserpolster müsste 1000 km hoch sein (vgl. Oberth 1974, S. 96). Ein weiterer Fehler besteht darin, dass Jules Verne seine Mondfahrer nur so lange im Innern des Projektils schweben lässt, als dieses die schwerefreie Zone zwischen Erde und Mond passiert. Dagegen ist bei freier Fahrt, wenn der Antriebsstoß beendet ist, die Geschwindigkeit eines Gegenstandes im Raumfahrzeug die gleiche wie die des Raumfahrzeugs und auch das stärkste Schwerefeld kann den Insassen nicht mehr zu Boden ziehen. Ebenso falsch ist es, wenn Jules Verne schreibt, das Projektil kehre stets seine schwere Bodenfläche dem anziehenden Weltkörper zu. Vielmehr ist die Schwerebeschleunigung der Spitze im Weltraum genauso groß wie jene des Bodens und die Stellung des Projektils ist daher ganz willkürlich. Sie kann aber durch den Raketenantrieb jederzeit geändert werden – ein Verfahren, das tatsächlich heutzutage für nötige Kurskorrekturen bei Weltraumflügen angewandt wird.

Als Oberth im Jahre 1923 sein Standardwerk der Raketentechnik und Weltraumfahrt zunächst auf eigene Kosten unter dem Titel: „Die Rakete zu den Planetenräumen“ veröffentlichte, klangen die vier Sätze, die er in diesem Buch mit einem großen Aufwand an mathematischen Formeln beweisen wollte, wie der Beginn eines utopischen Romans: *„1. Beim heutigen Stande der Wissenschaft und der Technik ist der Bau von Maschinen möglich, die höher steigen können,* *als die Atmosphäre reicht. 2. Bei weiterer Vervollkommnung vermögen diese Maschinen derartige Geschwindigkeiten zu erreichen, dass sie – im Ätherraum sich selbst überlassen – nicht auf die Erdoberfläche zurückfallen müssen und sogar imstande sind, den Anziehungsbereich der Erde zu verlassen. 3. Derartige Maschinen können so gebaut werden, dass Menschen (wahrscheinlich ohne gesundheitlichen Nachteil) mit emporfahren können. 4. Unter den heutigen wirtschaftlichen Bedingungen wird sich der Bau solcher Maschinen lohnen"* (Oberth 1974, S. 19).

Diese abenteuerlich anmutenden Behauptungen stießen unter den Fachgelehrten auf Kritik und Ablehnung. Die Einwände bezogen sich einerseits auf den zu hohen Druck in den Verbrennungskammern großer Raketen, andererseits darauf, dass eine solche Rakete, die ihren Brennstoff selbst mitführen muss, unmöglich imstande sei, den Anziehungsbereich der Erde zu verlassen. Wenn aber das gelänge, wurde Oberth vorgehalten, dass die Rakete beim *„Durchschneiden der höheren Luftschichten wie ein Meteorstein verbrennen müsse"* (Oberth 1974, S. 33). Alle diese Einwände, die sich in ihren Berechnungen auf falsche Voraussetzungen stützten, wurden von Oberth in einer wahren *„Schlacht der vielen Formeln"* (Oberth 1974, S. 406) widerlegt. Weder lassen sich die Druckverhältnisse in den Verbrennungskammern einer Rakete mit den Dampfkesseln einer Schiffsmaschine vergleichen, noch werden in Wirklichkeit die Brennstoffe von der Rakete beim Aufstieg mitgenommen. Sie stößt sie vielmehr bereits in der Nähe der Erde aus: *„Spätestens von der achten Minute an fliegt die Rakete wie ein abgeschossenes Projektil in die Planetenräume"* (Oberth 1974, S. 183). In einem Rückblick auf diese Debatten mit seinen Gegnern zog Oberth daraus die Lehre, dass der Durchschnittsgelehrte immer gegen neue Ideen ist. Denn er *„befindet sich seiner Wissenschaft gegenüber in der Lage einer gestopften Gans gegenüber dem Futter: Nur um Gottes willen nicht noch mehr! Er ist daher froh, wenn er sich mit etwas Neuem nicht beschäftigen muss"* (Oberth 1974, S. 10). Oberth hatte zwar die Leistungen seiner Vorläufer und Mitstreiter durchaus anerkannt, musste aber auch an ihnen, sobald sie ihm bekannt wurden, kritische Anmerkungen machen. So lehnt er Ciolkovskijs Vorschlag ab, die Insassen des Raketenraumschiffes in eine Flüssigkeit zu legen, die ungefähr das spezifische Gewicht des menschlichen Körpers hat, um sie so gegen die Wirkung des Andrucks zu schützen. Denn gerade dem andruckempfindlichsten Teil des menschlichen Körpers, dem Gehirn, ist auf diese Weise nicht zu helfen. Es würde durch die Pressung gegen die Schädelwand irreparable Schädigungen erleiden (Oberth 1974, S. 114). Auch bei der Landung des Raumschiffes denkt er nicht an einen Gleitflug wie Ciolkovskij, sondern an eine Fallschirmlandung, wie sie tatsächlich auch heutzutage gewöhnlich stattfindet. Auch alle anderen konkreten Vorschläge zur bemannten Raumfahrt haben geradezu prophetischen Charakter und sind schon längst realisiert. Das gilt sowohl für die „Andruckzentrifuge" zur Gewöhnung der Raumfahrer an die Schwerebelastung beim Start der Rakete als auch für den Konstruktionsplan einer Schleuse vom Raumschiff in den Weltraum und für das Modell eines Raumtaucheranzugs (vgl. Abb. 16), der mit einem Seil, in das ein Telefondraht eingeflochten ist, an der Beobachtungskammer befestigt wird.

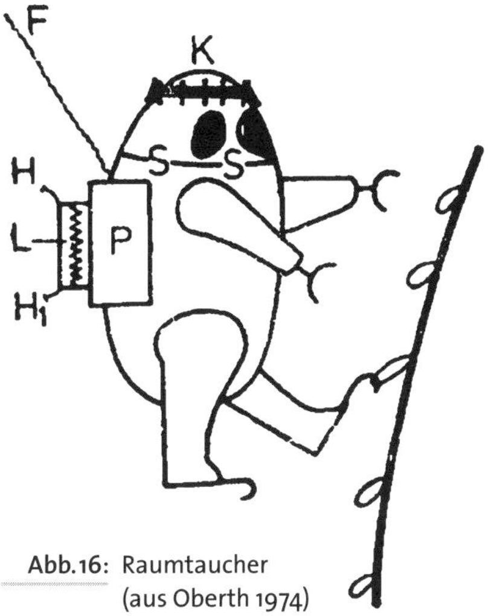

Abb. 16: Raumtaucher (aus Oberth 1974)

Eine weitere Voraussage, die sich gegen den Einwand damaliger Astronomen (z. B. Plaßmann) tatsächlich heutzutage verwirklicht hat, ist die Konstruktion eines Weltraumteleskops (Oberth 1974, S. 318) und die Errichtung einer Station im Weltraum (Oberth 1974, S. 333 ff.). Oberth war es auch, der genaue Berechnungen über eine Fahrt zum Mond anstellte und dabei zu erstaunlich genauen Übereinstimmungen mit den Angaben Jules Vernes kam. So veranschlagte er die Fahrtzeit seiner Rakete zum Mond mit 97 Stunden 30 Minuten (Oberth 1974, S. 326), während Jules Verne die direkte Fahrt seines Projektils von der Erde zum Mond mit 97 Stunden 13 Minuten und 20 Sekunden angab (Verne 1877, S. 29).

Nach Versuchen zum Bau einer Rakete, die Oberth zusammen mit dem Flugzeugingenieur Nebel und dem damals 18-jährigen Studenten Wernher von Braun in Berlin unternahm, und nach Forschungsaufenthalten in Rumänien in den Werkstätten der Fliegerschule in Mediasch (1935) und an der Technischen Hochschule in Wien (1938) siedelte er nach Dresden über und arbeitete an der Konstruktion einer leistungsstarken Treibstoffpumpe. Doch dann fiel ein düsterer Schatten auf die Entwicklung der Raketentechnik. Oberth wurde 1941 an die Heeresversuchsanstalt Peenemünde als wissenschaftlicher Berater hinzugezogen, wo bereits Wernher von Braun in leitender Funktion tätig war. Dort war mitten im Krieg nicht mehr der Schuss ins Weltall das Ziel der Bemühungen, sondern der Schuss auf London. Unter der technischen Bezeichnung A4 wurde eine ganze Reihe einer später unter der Propagandabezeichnung V2 bekannten „Vergeltungswaffe" hergestellt, die noch vor Ende des Krieges London verwüstete. Während Oberth dabei nur eine kurze Nebenrolle spielte und bereits 1943 auf eigenen Wunsch aus Peenemünde wegversetzt wurde, arbeiteten dort Wernher von Braun und andere deutsche Raketenkonstrukteure bis zum Ende des Krieges weiter und wurden dann von den Amerikanern als willkommene Kriegsbeute übernommen. Auf Cap Canaveral konnte dann Wernher von Braun seine Worte: *„Wir haben Raketen nicht erdacht und gebaut, um unseren Planeten zu zerstören, sondern um andere Planeten mit ihnen zu erreichen“*, in die Tat umsetzen. Die Folge davon aber war, dass der alte Traum von der Bewohnbarkeit des Mondes für immer zu Ende ging.

Als am 21. Juli 1969 um 3 Uhr und 56 Minuten mitteleuropäischer Zeit ein 39-jähriger Amerikaner namens Neil Armstrong als erster Mensch die Oberfläche des Mondes betrat, traf er weder die zarten Seleniten Plutarchs und Lukians an, noch die Vielzahl fantastischer Mondgeschöpfe, wie sie noch Kepler vermutete. Auch erblickte er nicht die riesenhaften Mondbewohner des Bischofs Godwin, ebenso wenig die biblischen Gestalten, wie sie Cyrano de Bergerac am Mond begegneten. Weder die Mondkühe von H. G. Wells noch ihre insektenhaften Hirten waren zu sehen. Selbst die Mondstaub fressenden Tierpflanzen Ciolkovskijs waren nicht vorhanden. Öde und leblos dehnte sich eine staubbedeckte Fläche vor den Augen des Astronauten aus, der mit der Mondfähre „Adler“ im Mare Tranquilitatis, dem „Meer der Ruhe“, gelandet war. Der Mond erwies sich als das, was man schon seit einiger Zeit befürchtet hatte: ein toter Planet, ohne flüssiges Wasser, ohne generelle Atmosphäre und ohne eine Spur von Lebwesen. Keine Ruinen künstlicher Bauwerke wiesen darauf hin, dass jemals verständige Wesen auf dem Mond tätig gewesen waren. Auch spätere Erkundungsausflüge mit einem Mondauto brachten nichts Neues. Das Ende eines jahrhundertealten Traums, welcher die Entwicklung der Astronomie und vor allem die Fernrohrtechnik vorangetrieben hatte, war gekommen.

7. Die Höllenplaneten des Sonnensystems:

Merkur und Venus

Mit den fiktiven Reisen zum Mond war jedoch die Suche nach einer zweiten Erde im Weltall noch nicht beendet. Man wusste ja schon lange durch Fernrohrbeobachtung und Spektralanalyse, dass es in unserem Sonnensystem Planeten mit einer Atmosphäre gibt und dass es auf ihnen vielleicht auch flüssiges Wasser geben könnte. Daher waren auch nie die alten Wunschvorstellungen Fontenelles und Huygens vom bewohnten Sonnensystem völlig verschwunden. Nicht nur auf den beiden sonnennächsten Planeten Merkur und Venus wurde Leben für möglich gehalten, sondern auch die Sonne wurde zeitweise nicht als Wohnsitz von Lebewesen ausgeschlossen.

Die Idee eines wahnsinnigen Gefängnisinsassen: Bewohner der Sonne

Im Jahre 1787 schickte ein gewisser Dr. Elliot an die Royal Society eine Abhandlung, in der er behauptete, dass das Licht der Sonne von einer *„dichten und allgemeinen Aurora"* ausgehe und den Bewohnern auf der Oberfläche darunter reichlich Licht gewähre, und dass dort eine Vegetation wie bei uns vorhanden sei, ebenso Wasser und trockenes Land, Berge und Täler, Regen und eine erträgliche Witterung (Gentleman's Magazine for 1787, S. 636; vgl. Brewster 1862, S. 92). Als jedoch dieser wissenschaftlich gebildete Gentleman wegen der Tötung einer Miss Boydell im Gefängnis von Old Bailey landete, sah sein Arzt Dr. Simmons in dieser Ansicht von der Bewohnbarkeit der Sonne einen Hinweis auf die Verrücktheit ihres Urhebers. Dieser wurde daraufhin vom Gerichtshof freigesprochen. Doch wie der große französische Astronom Arago mehr als ein halbes Jahrhundert später feststellte, sind diese *„Ideen eines Wahnsinnigen"* zu seiner Zeit *„fast allgemein angenommen"* worden (Arago 1856, S. 161).

Was war geschehen, dass diese scheinbar völlig absurde Vorstellung einer bewohnten glühenden Sonne von der Mehrzahl der Astronomen übernommen wurde? Der Grund dafür war die Suche nach einer Erklärung der Sonnenflecken, die bereits ihren Entdeckern, Johann Fabricius (1611), Scheiner (1612) und Galilei (1612), Rätsel aufgegeben hatten. Während Galilei annahm, dass die Sonnenflecken dunkle Wolken sind, die in einem die Sonne umgebenden elastischen Fluidum schwimmen, nahm Scheiner an, dass die Sonne mit einem Feuerozean umgeben sei, der seine ungestümen Bewegungen, seine Abgründe, Klippen und Brandungen besitzen sollte. Ähnliche Vorstellungen entwickelte Fontenelle, der an einen festen dunklen Kern in der Sonnenmasse glaubte, welcher von einer flüssigen Masse umgeben sein soll, die *„den großen festen Körper bald ganz bedeckt, bald mehr oder weniger freilässt“* (Arago 1856, S. 125). Weiterentwickelt wurde diese Theorie Fontenelles von Lalande, der annahm, dass die leuchtende Materie, welche die Sonne umkleidet, einer Ebbe und Flut unterworfen sei. Infolge dieser alternierenden Bewegung könnten ungeheure Felsen von Zeit zu Zeit über die Oberfläche emporragen: *„Daraus lässt sich erklären, woher es kommt, dass man diese Flecken, während ihrer Sichtbarkeit, unter so manchen Gestalten erscheinen sieht, und warum einige, nachdem sie während verschiedener Umdrehungen unsichtbar gewesen, an eben der Stelle aufs Neue erscheinen, die sie hätten behalten müssen, wenn sie hätten sichtbar bleiben können“* (Lalande 1775, S. 642). Andere Astronomen wie Derham und Wollaston dagegen sahen in den Sonnenflecken Krater von Vulkanen, aus denen schwarzer Rauch und Schlacken ausgeworfen würden. Das darauffolgende Hervorbrechen von Flammen und glühenden Lavaströmen würde dann die Sonnenfackeln erzeugen. Doch alle diese Vorstellungen erklärten nicht den Halbschatten (Penumbra), der den dunklen Kern (Umbra) eines Sonnenfleckens umgibt. Nur der schottische Astronom Alexander Wilson hatte dafür eine so überzeugende Erklärung, dass sie fast ein ganzes Jahrhundert lang allgemein akzeptiert wurde. Dieser scharfsinnige Beobachter aus Glasgow hatte nämlich festgestellt, dass bei Annäherung eines Fleckens an den Sonnenrand der Halbschatten, der den dunklen Kern umgibt, an der dem Mittelpunkt der Sonnenscheibe zugekehrten Seite immer schmäler wird und schließlich ganz verschwindet. Auf derselben Seite erfährt auch der Kern eine Verkleinerung (Phil. Trans., 64. Band, S. 7). In übertriebenem Maßstab hat Newcomb dieses Phänomen beim Passieren eines großen regelmäßig gestalteten Fleckens durch die Sonnenscheibe dargestellt (vgl. Abb. 17).

Daraus würde hervorgehen, dass ein Sonnenfleck im Wesentlichen eine trichterförmige Gestalt hat. Der dunkle Kern bildet den Boden des Trichters, die Penumbra oder der Halbschatten seine Wände. Die Tiefe dieses Trichters lässt sich aus der Beobachtung der Stelle, wo der Halbschatten verschwindet, leicht mathematisch berechnen. So hatte Wilson bereits im Dezember 1769 den Betrag dieser Vertiefung für einen schönen regelmäßigen, zu jener Zeit sicht-

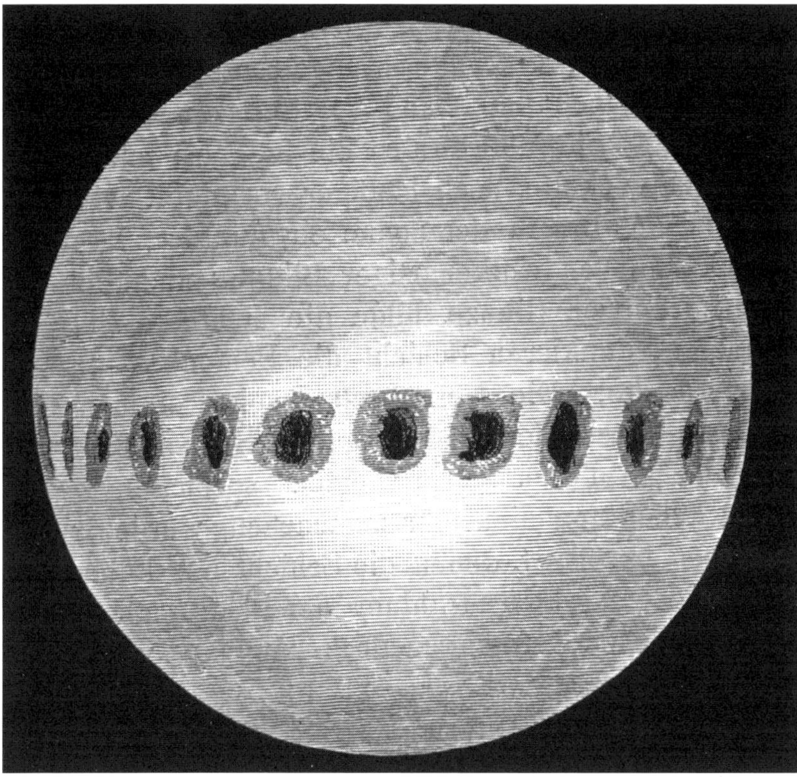

Abb. 17: Veränderungen eines Sonnenfleckens beim Passieren der Sonnenscheibe (aus Newcomb 1892)

baren Sonnenflecken so groß wie der Halbmesser unserer Erde berechnet. Dieses trichterförmige Aussehen eines Sonnenflecks bildete dann auch das Fundament einer Theorie, die auch mit dem berühmten Namen William Herschels verbunden ist, der diese Vorstellung weiterentwickelt hat. Der große Astronom war überzeugt, dass die Substanz, durch welche die Sonne leuchte, weder fest noch flüssig, noch aus einem elastischen Fluidum bestehen könne. Wäre sie fest, so könnten die Flecken sich nicht ständig verändern; wäre sie flüssig oder gasförmig, so könnten diese Vertiefungen, aus denen die Sonnenflecken ja bestehen, nicht wochen- oder gar monatelang andauern, weil die flüssige oder gasförmige Materie von allen Seiten einbrechen und sie ausfüllen würde. Die einzige Hypothese, die für Herschel übrig blieb, war daher, dass diese Substanz eine dünne Schicht leuchtender Materie ist, die den dunklen kühlen Körper der Sonne umgibt. Das Erscheinen von Sonnenflecken lässt sich dann dadurch erklären, dass ein elastisches, in dem dunklen Kern der Sonne erzeugtes Fluidum durch diese Schicht leuchtender Materie emporsteigt und diese nach allen Seiten auseinanderstößt, sodass ein Teil der dunklen Masse des Sonneninneren sichtbar wird. Die Ränder oder Abhänge der Vertiefung bilden dann den Halbschatten: *„In diesem Lichte betrachtet wäre also die Sonne nichts anderes als ein sehr großer glänzender Planet. Die Ähnlichkeit, die sie in Hinsicht ihrer Dichtigkeit, ihrer Atmosphäre, ihrer unebenen Oberfläche, ihrer Achsendrehung und des Falls der schweren Körper mit den übrigen zu unserm System gehörigen Körpern hat, lässt uns vermuten, dass sie ebenso wie die Planeten von Wesen bewohnt ist, deren Organ ihrer besonderen Beschaffenheit angemessen ist"* (Herschel 1795, S. 177).

Diese Theorie wurde von dem deutschen Astronomen Bode begeistert aufgegriffen (1776). Auch nach seiner Auffassung ist die Sonne ein dunkler Körper wie unsere Erde, zum Teil fest, zum Teil mit Flüssigkeit bedeckt, abwechseln mit Berg und Tal besetzt und von einer Dunstatmosphäre umgeben. Diese kühle Dunstatmosphäre verhindert, dass die zweite darüberliegende *„Lichtatmosphäre"* den festen Körper der Sonne berührt. Wenn infolge irgendeiner Bewegung ein Zerreißen dieser Lichtatmosphäre eintritt, wird der feste Kern der Sonne sichtbar, der im Vergleich zu dem intensiven Glanz, der ihn umgibt, zwar stets dunkel ist, aber doch in größerem oder geringeren Maß, je nachdem ob der auf diese Weise entblößte Teil aus einem weiten Meer, einem engen Tal oder einer einförmigen und mit Sand bedeckten Ebene besteht. Da die innere Dunstatmosphäre mit ihren kühlen Wolken ausreichend Schutz vor der feurigen Strahlung der Lichtatmosphäre gewährt, glaubt Bode, dass der dunkle Sonnenkern von intelligenten Lebewesen bewohnt sein kann. Ja, er preist sogar die Glückseligkeit dieser Sonnenbewohner, die *„von unaufhörlichem Licht umleuchtet und mild erwärmt, die Größe des Universums durch jene Öffnungen bewundern, die wir von der Erde aus bisher nur für eine Anhäufung schwarzer Schlacken gehalten haben"* (vgl. Arago 1856, S. 131).

Bei genauerer Betrachtung erwies sich jedoch die Wilson-Herschel'sche Theorie als nicht haltbar. Denn die Gluthitze der Photosphäre würde beständig in das Innere übertragen werden und seit Langem schon übertragen worden sein. Die ganze Sonne würde also so heiß wie die Photosphäre werden. Einen dunklen, kühlen Kern könnte es daher gar nicht geben (vgl. Newcomb 1892, S. 287 ff.). Vor allem nach den Ergebnissen spektrografischer Untersuchungen setzte sich dann endgültig die Meinung durch, dass die Sonne in Wahrheit ein brennender Riesenball ist, ein unermessliches Meer von Feuer, ein glühender, zischender rasender See voller Metalldämpfe und siedendem Wasserstoffgas, dessen feuerrote Wellen zu Höhen hinaufgepeitscht werden, die den Durchmesser unserer Erde um das 20-Fache überschreiten (vgl. Pohle 1922, S. 146). Die Frage, wodurch diese ungeheure Sonnenwärme entsteht, die so lange unvermindert fortdauert, blieb lange Zeit ungelöst. Dass es ein einfacher Verbrennungsprozess nicht sein konnte, war schon damals klar. Nach Proctor müssten jede Sekunde 11 600 Billionen Tonnen Steinkohle verbrannt werden, um diejenige Hitze zu erzeugen, die von der Sonne ausgestrahlt wird (Proctor 1897, S. 43). Und W. Thomson (Lord Kelvin) hatte bereits gezeigt, dass die konstante Sonnenwärme höchstens 8000 Jahre dauern könnte, wenn sie von einem gewöhnlichen Verbrennungsprozess der Sonnenmaterie herrührte. Als Ersatz für einen solchen Verlust hat man seit Newton immer wieder Kometen und Meteoriten angenommen, die ständig in die Sonne stürzen und durch den Zusammenprall Hitze erzeugen. Doch auch damit wäre nur für kurze Zeit die Sonnenglut in gleicher Intensität aufrechterhalten geblieben. Denn sogar der Sturz unserer Erde in die Sonne würde nur für 69 Jahre die Verluste decken, welche die Sonne durch Ausstrahlung erleidet. Also musste die Hauptquelle der Konstanz der Wärme anderswo als in Kometen- oder Meteorstürzen gesucht werden. Helmholtz nahm daher an, dass in der bloßen Zusammenziehung des Sonnenballs infolge seiner eigenen Gravitation eine zwar nicht unerschöpfliche, aber äußerst ergiebige Quelle stetig sich erneuernder Wärme vorhanden sei. Dadurch sollte die Sonnenwärme auf etwa 17 Millionen Jahre gewährleistet sein (vgl. Helmholtz, Vorträge und Reden, Bd. II, Braunschweig 1903, S. 85). Doch geologische Forschungen lassen vermuten, dass die Strahlung unserer Sonne in den letzten ein bis zwei Milliarden Jahren genauso stark gewesen sein muss wie in der Gegenwart. Das Rätsel der Energieerzeugung unserer Sonne wurde erst in der ersten Hälfte des vorigen Jahrhunderts gelöst. Nach heutiger Erkenntnis besteht die Sonne aus Plasma, einer gasförmigen Materie, in deren innerstem Kern eine Hitze von 15 Millionen Grad Celsius herrscht.

Nicht nur nach heutigen Erkenntnissen, sondern auch schon mit dem Untergang der Wilson-Herschel'schen Theorie konnte daher die absurde Frage nach der Bewohnbarkeit der Sonne keinen Platz mehr in einer seriösen wissenschaftlichen Betrachtung finden (Proctor 1882, S. 17). Trotzdem wurde sie von manchen Astronomen immer noch weiter verfolgt. So auch von Flammarion, dem man nicht zu Unrecht vorwarf, an einem *„Bevölkerungsfieber"* (Pohle 1922) zu leiden. Flammarion war sich zwar bereits darüber im Klaren, dass die Ergebnisse der astronomischen Forschungen seit Herschel die Annahme nicht mehr gestatten, dass die Bewohner der Sonne den Bewohnern der Planeten ähnlich seien; doch ist das für ihn nur ein Grund, zu glauben, *„dass die Sonne nur von Wesen bewohnt sein könne, welche in ihrer Beschaffenheit in jeder Beziehung gänzlich verschieden sind von den Bewohnern der Planeten"* (Flammarion 1884,

S. 80). So träumte auch der Physiologe Wilhelm Thierry Preyer (1841 – 1897) von *„glühenden Organismen, deren Atem vielleicht leuchtender Eisendampf, deren Blut flüssiges Metall und deren Nahrung vielleicht Meteoriten waren“* (Preyer 1880, S. 59). Andere Astronomen des ausgehenden 19. Jahrhunderts spielten mit dem Gedanken, dass die Sonne vielleicht später nach ihrer Erkaltung einmal bewohnbar sein könnte. Es würde zwar das Leben auf den Planeten aussterben müssen. Aber in demselben Maße, wie die Planeten, als kalte wüste Kugeln durch die Finsternis rollend, entvölkert werden, könnte auf dem inzwischen bewohnbar gewordenen dunklen Sonnenkörper, der von seiner eigenen inneren Hitze wieder Millionen von Jahren zu zehren vermag, vielleicht ein *„urkräftiges neues Geschlecht“* entstehen, das den abgerissenen Lebensfaden im Planetensystem wieder aufnimmt und so lange weiterspinnt, bis auch ihm der unausbleibliche Erstarrungstod das gleiche Los bereitet wie uns: *„Es wird auch dort (auf der Sonne) eine Temperatur eintreten, welche für das Gedeihen eines organischen Lebens geeignet ist. Vielleicht wird dann eine Vegetation entstehen, später auch Tiere und vernünftige Geschöpfe, aber diese müssten mit ganz besonders empfindlichen Augen ausgerüstet sein, ähnlich unseren Nachttieren“* (Braun 1905, S. 355). Aber das Resultat aller dieser Überlegungen war schließlich, dass auch dieses Leben, sollte es auch Hunderte von Jahrmillionen dauern, schließlich infolge der unausbleiblichen Abkühlung aufhören muss: *„So grinst am Anfange wie am Ende der Entwicklungsgeschichte unseres Sonnensystems der unheimliche Tod uns an“* (Pohle 1922, S. 150).

Der Höllenplanet Merkur

Der sonnennächste Planet Merkur ist zugleich derjenige, der sich am schwersten beobachten lässt. Denn er steht der Sonne so nahe, dass ihn ihre Strahlen ständig verbergen. Nur wenn er in seinem weitesten Abstand östlich von der Sonne steht, ist er nach Sonnenuntergang eine halbe Stunde lang sichtbar. Ebenso kurzfristig ist er mit freiem Auge am Morgen zu sehen, wenn er westlich von der Sonne steht. Dann geht er früher als die Sonne auf, wird aber dann sehr rasch in ihren Strahlen unsichtbar. Kopernikus soll sich auf seinem Totenbett beklagt haben, dass er Merkur niemals selbst gesehen habe (Meyer 1898, S. 120), und Mästlin, der Lehrer Keplers, pflegte zu sagen: *„Wüsste ich jemand, der sich mit Merkur beschäftigte, so würde ich ihm mitleidsvoll raten, seine Zeit nützlicher zu verwenden“* (Pohle 1922, S. 310). Diese unbefriedigende Beobachtungssituation sollte sich erst mit der Entwicklung lichtstarker Fernrohre ändern. Denn dadurch wurde es möglich, den Merkur auch am hellen Tag zu beobachten. Schröter war der Erste, der auf diesem Planeten Flecke und Streifen sah, die ihre Lage nicht zu verändern schienen und daher seiner Oberfläche angehören mussten. Davon ausgehend ermittelte er in den Jahren 1800–1816 die Rotationsdauer des Planeten, die er mit rund 24 Stunden angab. Flammarion, der noch an Schröters Angaben über die Rotationsdauer des Merkur festhielt, vermutete eine dichte wolkenreiche Atmosphäre (vgl. Abb. 17), die diesen Planeten nach seiner Meinung so temperiert, dass auf ihm nicht nur Leben möglich sein kann, sondern dass die mächtige Sonnenenergie *„zweifelsohne auf dieser Tropeninsel ein unvergleichlich reicheres Leben geschaffen und entwickelt hat, als dasjenige der Erde ist"*. Und er liefert eine Beschreibung der Merkurbewohner, die der von Fontanelle gleicht. Während jedoch Fontanelle den Merkur wegen der übergroßen Lebhaftigkeit seiner Bewohner mit einem Irrenhaus vergleicht, entwirft Flammarion von ihnen ein viel positiveres Bild: *„Da sind die Augen so beschaffen, dass sie ein intensives Licht, von dem wir geblendet würden, ertragen, das Blut kreist selbst in brennender Hitze ohne Beschwerde, die Muskeln bewegen eiserne Körper mit ungemeiner Leichtigkeit"* (Flammarion o. J., S. 344).

Die Angaben Schröters über die Rotationsdauer des Merkur blieben 80 Jahre lang unangetastet, bis der durch seine Beobachtungen der Marskanäle berühmt gewordene Mailänder Astronom Giovanni Virginio Schiaparelli mit der Meldung vor die Fachwelt der Astronomen trat, dass der Planet während seines 88-tägigen Sonnenumlaufs nur einmal um seine Achse rotiere, dass also der Merkurtag mit dem Merkurjahr zusammenfällt. Das aber würde bedeuten, dass die eine Hemisphäre ständig von den brennenden Strahlen der Sonne getroffen wird, während die andere in ewige eisige Nacht gehüllt bleibt. Allein das genügt schon, um an der Bewohnbarkeit des Merkur zu zweifeln. Hinzu kommt noch der Umstand, dass die Bahngestalt des Merkur von der Kreisform bedeutend abweicht und dadurch eine weit ausschweifende flache Ellipse darstellt, in deren einem Brennpunkt die Sonne steht. Zur Zeit der größten Sonnennähe (Perihel) würden die Merkurbewohner eine mehr als zehnmal größere Sonnenscheibe über ihren Häuptern brennen sehen als wir Menschen auf der Erde. Zwar schrumpfen die Sonnenscheibe und damit die entsprechende Menge von Licht und Wärme in dem Maße, in dem der Merkur sein Perihel verlässt und sich dem Punkt der größten Sonnenferne (Aphel) nähert, zusammen. Aber auch dann ist die Sonnenscheibe auf dem Merkur noch fast fünfmal größer, als wir sie auf der Erde sehen. Eine so riesige Sonnenscheibe muss auf dem Merkur eine Temperatur erzeugen, die jede Annahme von irgendeiner Art von Leben völlig ausschließt. Nur bei einer vier- bis fünfmal größeren Dichte und Höhe unserer Erdatmosphäre würde das Sonnenlicht an der Oberfläche des Merkur die gleiche Intensität besitzen wie auf der Erde und damit bewohnbar sein.

BLANADET

Abb. 18: Merkurlandschaft (aus Flammarion 1884)

Eine solche Atmosphäre wollte der englische Astronom Huggins beim Merkurdurchgang durch die Sonne im Jahre 1868 festgestellt haben. Der Planet, der als kleine schwarze Scheibe über die Sonne wanderte, war von einer Aureole gleich dem Drittel seines Durchmessers umgeben. Diesen „Heiligenschein", der den schwarzen Planeten umstrahlte, konnte man nur als eine ungeheure atmosphärische Umhüllung von mehr als 4000 Kilometer Höhe ansehen. Einen weiteren Hinweis für das Vorhandensein einer Lufthülle sah man in der wiederholt beobachteten Tatsache, dass der innere Rand der Merkursichel nicht, wie beim Mond, scharf begrenzt und unvermittelt abbricht, sondern etwas verwaschen und weniger hell aussieht als die übrigen Teile der Scheibe. Außerdem schienen gewisse veränderliche Flecken auf das Vorhandensein von Wolken hinzuweisen. Auch die Beobachtungen Schiaparellis schienen zumindest auf das Vorhandensein einer dünnen Merkuratmosphäre hinzudeuten. Und der französische Astronom Antoniadi, der einer der eifrigsten Verfechter einer Merkuratmosphäre war, glaubte sogar an einen riesigen Kreislauf in dieser Lufthülle. Auf der Tagseite sollten die von der Sonne erwärmten Gase in die Höhe steigen und von dort auf die Nachtseite strömen, wo sie sich abkühlen, zu Boden sinken und wieder zur sonnenbeschienenen Tagseite hinüberströmen.

Doch alle diese Überlegungen über eine einigermaßen dichte Merkuratmosphäre erwiesen sich als nicht zutreffend. Heute weiß man, dass Merkur tatsächlich eine sehr dünne Atmosphäre besitzt. Sie ist dünner als ein labortechnisch erreichbares Vakuum und besteht aus Atomen, die vom Sonnenwind aus der Oberfläche herausgeschlagen wurden, die aber wieder in den Weltraum entweichen. Jedenfalls gibt es keine Atmosphäre auf dem Merkur, die nur im Geringsten die krassen Temperaturunterschiede mildern könnte. Sie sind die extremsten im ganzen Sonnensystem. Denn sie reichen von −180 °C bis +430 °C. Trotzdem vermutet man auf Grund von Radaruntersuchungen, dass in den Polregionen, wo wegen der beinahe senkrecht stehenden Rotationsachse ewige Nacht herrscht, Wassereis in sehr tiefen Kratern vorhanden sein könnte. Die hohen Radar-Reflexionen, die eine derartige Vermutung nahelegen, könnten jedoch auch von anderen Materialien hervorgerufen worden sein. Radarbeobachtungen waren es auch, die bereits 1965 zeigten, dass Merkur nicht, wie ursprünglich von Schiaparelli angenommen, eine einfache gebundene Rotation besitzt, sondern sich dreimal in zwei Jahren um seine Achse dreht. Diese Erkenntnis wurde auch durch die Raumsonde Mariner 10 bestätigt, die in den Jahren 1974 und 1975 den Merkur passierte und mehr als 2000

Aufnahmen von seiner Oberfläche zur Erde sendete. Diese Aufnahmen zeigen eine große Ähnlichkeit zwischen Merkur und unserem Erdmond, die in jüngster Gegenwart von einer zweiten Sonde, namens Messenger, ebenfalls festgestellt worden ist. Der erste Vorbeiflug dieser Sonde an Merkur fand im Januar 2008 statt und lieferte neue qualitativ hochwertige Bilder von Gegenden, die für Mariner 10 nicht zu sehen waren. Die Oberfläche von Merkur zeigt Krater und ein großes Becken, das den „Meeren" auf dem Mond entspricht. Außerdem sind gewaltige Steilhänge erkennbar, von denen manche hunderte von Kilometern lang und fast drei Kilometer hoch sind. Alle diese Beobachtungen und Messungen weisen darauf hin, dass Merkur keineswegs eine Art von Tropeninsel mit üppiger Vegetation und lebhaften glücklichen Bewohnern ist, sondern eine öde Kraterlandschaft mit noch viel extremeren Temperaturunterschieden, als sie auf dem Mond anzutreffen sind; eine wahre Hölle, die als Lebensträger nicht in Betracht kommen kann.

Die große Enttäuschung: Treibhaus Venus

Während Merkur als ein wahrer Höllenplanet sehr bald aus der Reihe der bewohnbaren Himmelskörper ausgeschieden wurde, blieb für den der Erde am nächsten stehenden Planeten Venus die Hoffnung noch lange Zeit bestehen, ein Träger nicht nur einer üppigen tropischen Vegetation, sondern auch die Wohnstätte eines *„von der Sonne verbrannten schwarzen Völkchens"* (Fontenelle 1780, S. 189) zu sein. So war auch ein merkwürdiges Leuchten auf der Nachtseite der Venus der Anlass für Gruithuisen, der nicht leicht um eine Erklärung verlegen war, anzunehmen, dass es sich dabei um allgemeine Feuerfeste der Venusbewohner handeln könne. Er hielt solche Feste für umso leichter möglich, als seiner Meinung nach auf der Venus *„der Baumwuchs sich ungleich luxuriöser zeigen müsse als in den Urwäldern Brasiliens. Solche Feuerfeste möchten dort drüben wohl bei Regierungsveränderungen oder religiösen Perioden gefeiert werden. Wenn es Venusbewohner gibt und ungeheure Wälder auf jenem Planeten, und wenn die Bewohner der Venus diese Wälder gleichzeitig an allen Ecken und Enden in Brand setzen, so könnte wohl von der Erde aus dieser allgemeine Brand sich an der Nachtseite der Venus als phosphorisches Leuchten zeigen"* (zit. nach Klein 1884, S. 240 f.). Diese grotesken Fantasien wurden jedoch von den zeitgenössischen Astronomen nie ernst genommen. Sie waren reine Spekulationen, die nicht wirklich auf Beobachtungen beruhten. Denn die Venus bot für die Beobachtung der Einzelheiten ihrer Oberfläche wegen ihrer Nähe zur Sonne und ihres strahlenden Lichts nicht weniger Schwierigkeiten als der Merkur. Außerdem weist sie von der Erde aus ge-

Abb. 19: Relative Größe der vier Hauptphasen der Venus von der Erde aus betrachtet (aus Flammarion o. J.)

sehen Phasen wie der Mond auf, die ihrer Stellung, welche sie in ihrem Umlauf um die Sonne einnimmt, entsprechen. Wenn sie der Erde am nächsten kommt, ist Venus zwar am größten, zeigt aber nur ihre Nachtseite und ist daher nur als äußerst dünne Sichel sichtbar. Nur in ihrer weitesten Entfernung von der Erde erscheint sie im vollen Glanz (vgl. Abb. 19).

Sie lässt aber gerade wegen dieser undurchdringlichen Helligkeit kaum irgendwelche Einzelheiten ihrer Oberfläche erkennen. Man hat daher schon sehr früh den Schluss gezogen, dass sie beständig von einer dichten Wolkenschicht bedeckt sei. Erstmals hat diese Vermutung der schon erwähnte Lilienthaler Bürgermeister Schröter geäußert. Dass die Venus tatsächlich eine beträchtliche Atmosphäre haben muss, konnte auch aus anderen älteren Beobachtungen des russischen Naturforschers M. W. Lomonossow (1761) mit größter Wahrscheinlichkeit gefolgert werden. Schröter war es auch, der schon 1796 aus den Gestaltsveränderungen der Sichelspitzen die Umdrehungsdauer der Venus auf 23 Stunden 21 Minuten berechnet hatte (vgl. Schröter 1796). Und seitdem der Jesuit P. De Vico in Rom aus zahlreichen Fleckenbeobachtungen der Jahre 1839 bis 1841 dieselbe Dauer auf 23 Stunden 21 Minuten 22 Sekunden festgesetzt hatte (De Vico 1841, S. 48), schien diese für die Bewohnbarkeit der Venus so wichtige Frage für immer im Sinne einer kurzen und raschen erdähnlichen Rotation gelöst. So konnte daher auch Flammarion sagen: *„Den einzigen wissenschaftlichen Schluss, den wir aus der astronomischen Beobachtung ziehen können, ist, dass jene Welt durch ihr Volumen, ihr Gewicht, ihre Dichtigkeit, die Dauer ihrer Tage und Nächte von der unsrigen sich wenig unterscheidet; dass sie sich ein wenig mehr unterscheidet durch die kürzeren Jahre, die Intensität ihrer Jahreszeiten und Klimate, die Ausdehnung ihrer Atmosphäre und durch ihre größere Sonnennähe. Sie muss also von Pflanzen, Tier- und Menschenrassen bewohnt sein, die wenig von denjenigen unseres Planeten sich unterscheiden. Sie sich wüst und unfruchtbar einzubilden, wäre eine Vorstellung, die in keines Astronomen Hirn Platz finden könnte“* (Flammarion 1905, S. 469; dt. o. J., S. 356).

Mitten in dieser hochgespannten Hoffnung, in der Venus einen von menschenähnlichen Lebewesen bewohnten *„Schwesterplaneten“* vorzufinden, überraschte wieder Schiaparelli in Mailand die astronomische Fachwelt mit der Aufsehen erregenden Behauptung, die Venus rotiere einmal um ihre Achse in der gleichen Zeit, die sie für einen ganzen Umlauf um die Sonne braucht, so dass Venusjahr und Venustag zeitlich zusammenfallen. Diese Behauptung Schiaparellis war nach damaliger Kenntnis über die Zusammensetzung und Dichte der Atmosphäre gleichbedeutend mit der Erklärung, dass die eine Hemisphäre der Venus ewigen Tag, die andere ewige Nacht haben muss. Dann freilich würde die der Sonne zugewandte Seite ebenso wenig bewohnbar sein wie die Nachtseite. Höchstens könnte ein schmaler Streifen um den Terminator als Stätte organischer Lebenstätigkeit möglich sein (vgl. Plaßmann 1898, S. 354). Hinzu kam noch die Behauptung Schiaparellis, dass die Rotationsachse der Venus nahezu senkrecht auf der Bahn steht, was zusätzlich bedeutet, dass Venus keine Jahreszeiten hat. Damit wäre eigentlich schon der alte Traum von der Venus als Schwesterplanet der Erde verflogen. Doch im Unterschied zu der von Schiaparelli schon früher festgestellten Gleichheit von Rotation und Revolution des Merkurs, die von allen Astronomen ohne Widerspruch angenommen wurde, war dies jedoch bei der Venus nicht der Fall. Die meisten zeitgenössischen Astronomen hielten eine derartig langsame Rotationsdauer für unvereinbar mit ihren Beobachtungen, die sich alle auf die schnelle Bewegung von Flecken bezogen, die man als reale Oberflächendetails des Planeten ansah. Ähnliche Widersprüche beherrschten die Diskussion um die Neigung der Rotationsachse.

Die Vorstellungen von der Oberflächenbeschaffenheit der Venus blieben daher auch extrem widersprüchlich. Zwischen einer trostlosen, glutheißen Sand- und Staubwüste, die von gewaltigen Stürmen heimgesucht wird, über die Annahme von riesigen sumpfigen Kontinenten bis zu einer vollkommen mit Wasser bedeckten Oberfläche wurden fast alle Möglichkeiten in Erwägung gezogen. Auch die Vorstellung von der Venus als einem tropischen Dschungelplaneten blieb weiterhin aufrecht. Noch in der ersten Hälfte des 20. Jahrhunderts vergleicht der schwedische Chemiker Svante Arrhenius (1859 – 1927) die auf der Venus vorhandene Temperatur und Luftfeuchtigkeit mit den irdischen Verhältnissen am Kongo oder Amazonas und nimmt an, dass *„ein sehr großer Teil der Venusoberfläche von Sümpfen eingenommen ist, und die Zustände dort so sein mögen, wie zur Steinkohlenzeit auf der Erde"* (Arrhenius 1921, S. 163 f.). Nach seiner Meinung entspricht *„Venus der Vergangenheit der Erde, Mars der Zukunft"* (Arrhenius 1913, S. 57).

Jedoch auf Grund der sehr vagen Beobachtungsresultate war keine definitive Entscheidung über das wahre Aussehen der Oberfläche der Venus möglich. Denn mit den Fernrohren lassen sich auf der Scheibe der Venus kaum irgendwelche Einzelheiten erkennen. Sie ist fast rein weiß, und die verschwommenen Gebilde, die von manchen Astronomen gesichtet wurden, gehören zum größten Teil ins Reich der optischen Täuschungen. Die Ansicht vom Wüstencharakter der Venusoberfläche fußte vor allem darauf, dass man durch Spektralanalyse keinen Wasserdampf in der Venusatmosphäre feststellen konnte. Zuvor hatte man lange Zeit geglaubt, in der Venusatmosphäre Sauerstoff und Wasserdampf nachgewiesen zu haben. Doch die Ernüchterung und Enttäuschung erfolgte dann, als man mit verbesserten Methoden der Spektralanalyse keine Spur von Sauerstoff im Venusspektrum entdecken konnte, vielmehr wurde in der Venusatmosphäre vor allem Kohlensäure festgestellt. Demnach musste es zum sogenannten „Treibhauseffekt" kommen, der dadurch entsteht, dass die von der Venus aufgenommene Sonnenstrahlung zur Erwärmung des Planeten führt und diese Wärme von der kohlendioxidhaltigen Atmosphäre zurückgehalten wird und deshalb nicht wieder in den Weltraum entweichen kann. Wie stark diese Aufheizung der Venusoberfläche ist, sollte sich erst im Laufe weiterer Untersuchungen schrittweise herausstellen. Heute weiß man, dass der Kohlendioxidgehalt der Venusatmosphäre 95 % beträgt und der dementsprechende Treibhauseffekt Temperaturen von rund 500 °C auf der Oberfläche der Venus erzeugt, die kaum irgendwelchen Schwankungen unterliegen. Da 98 % des Sonnenlichts von der dichten wolkenverhangenen Atmosphäre absorbiert werden, herrscht auf der Oberfläche ein ständiger Dämmerzustand. Eine ähnliche schrittweise Steigerung wie die Ansichten über die Temperaturverhältnisse auf der Venus ergab sich bei der Feststellung des atmosphärischen Drucks auf der Venusoberfläche. Aus Beobachtungen der Kohlendioxidbanden im Spektrum, die bei steigendem Druck mehr und mehr verwaschen erscheinen, konnte man im Jahre 1951 den doppelten irdischen Luftdruck ermitteln.

Später nahm man bereits das Fünffache an, und schließlich wies der amerikanische Astronom und Wegbereiter der Exobiologie Carl Sagan (1934–1996) darauf hin, dass theoretische Überlegungen sogar den 50-fachen irdischen Druck ergäben. Heute aber weiß man, dass der atmosphärische Druck auf der Venusoberfläche dem 90-Fachen des irdischen Luftdrucks entspricht (D. Herrmann 2006, S. 16).

Solche Werte mussten sich natürlich verheerend auf die Vorstellung über mögliches Leben auf der Venus auswirken. Während Arrhenius, der an eine Wasserdampfatmosphäre der Venus glaubte, noch sagen konnte, *„dass dort alles von Nässe trieft“* (Arrhenius 1921, S. 163), musste der durch seine Science-Fiction-Geschichten bekannte Biochemiker Isaac Asimov (1920–1992) bereits bekennen, dass seine 1954 geschriebene Geschichte über einen planetenweiten Ozean auf der Venus schon zwei Jahre später *„reif für den Papierkorb“* (Asimov 1981, S. 68) war. Aber nur langsam gaben die Astronomen die Vorstellung von möglichem Leben auf unserem Nachbarplaneten Venus auf. So musste zwar auch Carl Sagan, dem, wie er selbst sagte, wegen seines Interesses an der Exobiologie *„eine bewohnbare Venus natürlich lieber gewesen wäre“* (Sagan 1975, S. 76), feststellen, dass sie viel mehr noch als Merkur einer Hölle gleicht: *„Mit glühend heißen Temperaturen, zermalmenden Druckverhältnissen, giftigen und korrosiven Gasen, Schwefelgerüchen und mit einer Landschaft, die in rötliche Düsternis getaucht ist“* (Sagan 1975, S. 81). Doch nach seiner Meinung kann man trotzdem nicht ohne weiteres ausschließen, dass auch dort noch Leben existiert. Aber mit ziemlicher Sicherheit würde es sich von dem auf der Erde ganz erheblich unterscheiden. Und er entwirft ein kaum ernst zu nehmendes Bild von den Venusbewohnern, das den Teufeln der Hölle gleicht, die nach seiner Ansicht ausgesprochen gut zur Venus passen würden: *„Jeder Organismus, der dort leben wollte, täte gut daran, sich eine dicke Haut zuzulegen. Wegen des hohen atmosphärischen Drucks wäre es sogar vorteilhaft, kleine kurze Flügel zu besitzen, mit denen ihre Besitzer, ohne sich allzu sehr anzustrengen, herumflattern könnten“* (Sagan 1975, S. 82).

Während schon die Entwicklung der erdgebundenen Beobachtungstechnik mit Hilfe von Fernrohren, Spektralanalyse und Thermoelementen die Hoffnung, auf dem inneren Nachbarplaneten der Erde intelligente menschenähnliche Lebewesen anzutreffen, schrittweise zerstört hat, sind durch die Erkundung der Venus mit Raumsonden die früheren Vorstellungen von der Oberfläche dieses Planeten zu einem völlig neuen Bild der Venus modifiziert worden, das in keiner Weise mehr der Vorstellung einer zweiten Erde oder eines Schwesterplaneten der Erde entspricht. Die Venusoberfläche ist weder eine Sumpflandschaft noch in Meere und Kontinente gegliedert, sie besteht vielmehr aus einer geschlossenen dicken Kruste, auf der sich zwei gewaltige Hochländer befinden. Die umfangreichere von beiden, Aphrodite Terra, ist ungefähr so groß wie Südamerika und erstreckt sich über ein Drittel des Äquators und ist in der östlichen Hälfte von großen Gräben untergliedert und mit großen Vulkanen besetzt. Nordwestlich von diesem Hochland liegt Ishtar Terra, das nur ungefähr so groß wie Australien ist, aber von den höchsten Kettengebirgen des Planeten mit einer Gipfelhöhe von über 10 000 Metern begrenzt wird. Sonst sind vulkanische Ebenen mit großen Lavaüberflutungen auf der Venus der häufigste Geländetyp.

Doch den Treibhauseffekt, der diese für jede Art des Lebens unerträglichen Verhältnisse auf der Venus geschaffen hat, muss es nicht immer gegeben haben. Neuere Berechnungen ergaben, dass die Venus in den ersten 600 Millionen Jahren ihrer Existenz Ozeane besessen haben muss. Die Temperaturen dürften damals dem heutigen Klima auf der Erde weitgehend entsprochen haben. Das aber bedeutet, dass die Venus zumindest in früheren Zeiten ein bewohnbarer Planet mit idealen Umweltbedingungen für Leben gewesen sein könnte. Erst in späteren Zeiten setzte der Treibhauseffekt ein, ließ die Ozeane verdampfen und führte schließlich zu den heute beobachtbaren Verhältnissen auf der Venusoberfläche, die jedes Leben ausschließen. Doch ein amerikanischer Forscher äußerte im Wissenschaftsmagazin New Scientist (28. September 2002, S. 16) die Vermutung, dass es zumindest in den sauren Wolken der Venusatmosphäre Leben geben könnte. Denn in etwa 50 Kilometer Höhe könnten die Bedingungen für Leben noch vorhanden sein: Bei einem Druck von einer Erdatmosphäre herrschen dort Temperaturen von rund 70 °Celsius und auch die Konzentration von Wasser ist dort am höchsten. Die Hoffnung, auf diesem Höllenplaneten Leben anzutreffen, scheint daher noch nicht gänzlich aufgegeben worden zu sein.

8. Jenseits der Ökosphäre: Die Riesenplaneten

Unter dem Begriff „Ökosphäre“ versteht man allgemein jenen begrenzten Bereich im Weltraum, der noch für Lebewesen annehmbare Bedingungen schafft. Zu diesen Bedingungen gehört, wie man zumindest seit Huygens weiß, vor allem flüssiges Wasser, das nur bei bestimmten Temperaturen und unter bestimmten Voraussetzungen vorhanden sein kann. Die wichtigste Voraussetzung aber ist die richtige Masse eines Planeten, deren Anziehungskraft es ermöglicht, die schweren Gase zu halten. Der sonnennächste Planet Merkur ist zu klein, um eine genügend dichte Atmosphäre zu behalten, die ausreichenden Schutz vor der mörderischen Hitze geboten hätte. Venus dagegen hat zwar wegen ihrer der Erde fast gleichen Masse und Anziehungskraft eine dichte Atmosphäre mit schweren Gasen behalten, deren starker Treibhauseffekt jedoch auf ihrer Oberfläche zur höchsten Temperatur von allen Planeten des Sonnensystems geführt hat. Auf diese Weise wurde die „dauernd bewohnbare Zone“ (continuously habitable zone), wie die „Ökosphäre“ auch heutzutage genannt wird (von Hoerner 2003, S. 62 f.), so eingeschränkt, dass schließlich nur die Erde und vielleicht noch der Mars übrig blieben. Denn jenseits des Planeten Mars sind die Temperaturen zu niedrig, als dass es auf der Oberfläche der Planeten, die in so weiter Entfernung um die Sonne kreisen, noch flüssiges Wasser geben könnte. Trotzdem konnte man sich lange Zeit nicht entschließen, die alte Vorstellung von der Bewohnbarkeit dieser eiskalten Gasriesen gänzlich aufzugeben. Und noch heutzutage sieht man in manchen Monden von Jupiter und Saturn das letzte Aufgebot des Lebens an den Grenzen unseres Sonnensystems.

Der König des Sonnensystems: Jupiter

Obwohl Jupiter, der größte Planet des Sonnensystems, schon weit außerhalb der Ökosphäre liegt und dementsprechend auch weit von der Erde entfernt ist, erwies er sich doch seit den Tagen Galileis wegen seiner ungewöhnlichen Größe als ein dankbares Objekt für die mit Fernrohren bewaffneten Augen der Astronomen. Galilei hatte mit seinem relativ kleinen Fernrohr im Jahre

1610 nicht nur die wahre Oberflächenstruktur des Erdmondes erkannt, sondern auch die vier großen Monde des Jupiter entdeckt. Jupiter zeigte bereits den nachfolgenden Beobachtern mit ihren verbesserten Fernrohren eine detailreiche Oberfläche und ließ eine merkliche Abplattung erkennen. Auch gelang es noch im 17. Jahrhundert G. D. Cassini von der Pariser Sternwarte die Rotationszeit des Planeten aus dem periodischen Verschwinden und Wiederkehren deutlich sichtbarer Flecken und Streifen auf der Scheibe des Jupiter zu bestimmen. Der von ihm angegebene Wert von 9 Stunden 56 Minuten wurde auch später von anderen Beobachtern bestätigt. Doch seit W. Herschels Untersuchungen herrschte allgemein die Ansicht, dass die parallel zum Äquator verlaufenden streifenartigen Gebilde wie auch einige Flecken nicht als Oberflächenerscheinungen des Planeten betrachtet werden können, sondern wie unsere Wolken auf der Erde atmosphärische Erscheinungen darstellen. Deshalb zweifelte Schroeter daran, dass diese Gebilde geeignet seien, die Rotationsdauer des Planeten hinreichend genau zu bestimmen. Doch als der deutsche Astronom Bessel eine bemerkenswert geringe mittlere Dichte des Planeten ermittelte, die nur wenig über der Dichte des Wassers lag, war klar geworden, dass Jupiter keine feste Oberfläche besitzen kann, an der die eigentliche Rotationszeit gemessen werden könnte. Man musste sich daher an ortsfeste Flecken der Gashülle halten, die mit nur geringen Abweichungen die alten Messungen von Cassini bestätigten

Diese rasche weniger als fünfstündige Aufeinanderfolge von Licht und Finsternis machte seitdem all denjenigen Kopfzerbrechen, die noch an die Bewohnbarkeit der Jupiterwelt glauben wollten. Ähnlich wie Kant fragte sich der Astronom Littrow, ob die Bewohner des Jupiter, so wie wir, ihre Tage der Arbeit und den Vergnügungen und ihre Nächte der Ruhe und dem Schlaf widmen. Flammarion, der immer bereit war, alle Planeten des Sonnensystems für bewohnbar zu halten, ohne sie jedoch mit menschenähnlichen Wesen zu bevölkern, zitiert in diesem Zusammenhang mit einer gewissen Ironie die entsprechenden Aussagen des geistreichen Direktors der Wiener Sternwarte: *„Sie müssen eine merkwürdige Elastizität des Geistes und des Körpers besitzen. Wie wenige von uns, in der Tat, wären zufrieden, wenn die Nächte nur fünf Stunden dauerten und wenn wir so bald wieder aufwachen sollten! Die Feinschmecker besonders müssen sehr verlegen sein, wenn sie genötigt sind, im Zeitraum von fünf Stunden drei oder vier Mahlzeiten einzunehmen. Und wie sehr hätten unsere Damen (der Verfasser ist ein Wiener) sich zu beklagen über diese kurzen Nächte und die noch kürzeren Bälle! Sie, die zu den Vorbereitungen ihrer Toilette beinahe die doppelte Zeit einer Jupiternacht verlangen. Dagegen werden die Astronomen der Sternwarten jener Welt entzückt sein – vorausgesetzt, die*

Abb. 20: Jupiterlandschaft (aus Flammarion 1884)

Atmosphäre Jupiters gestatte ihnen zu arbeiten" (Flammarion o. J., S. 403). Doch in den späteren Auflagen von Littrows „Wunder des Himmels", in welchen die bereits fortgeschrittene Erforschung der Struktur und Atmosphäre des Gasriesen Jupiter eingearbeitet worden ist, verschwindet dieser Vergleich der Jupiterbewohner mit den Wiener Feinschmeckern und ihren putzsüchtigen und tanzfreudigen Damen. Nur die schon von Kant bewunderte Hurtigkeit oder Elastizität des Geistes der Jupiterbewohner blieb noch bestehen (vgl. Littrow, Wunder des Himmels. 8. Aufl. 1897, S. 418). Flammarion selbst, der überzeugt war, dass *„die Natur alle Welten zu bevölkern weiß"*, wollte aber weder dem Beispiel Whewells folgen, der wegen der geringen Dichte des Planeten in den Jupiterbewohnern nur *„gallertartige Geschöpfe wie Medusen, die am Ufer des Meeres schwimmen, zu erblicken vermochte"*, noch wollte er die Vermutungen des Deutschen Wolff über die Jupiterbewohner teilen, *„welcher wegen der Schwäche des Lichtes ihnen dreimal größere Augen als die unsrigen und eine Figur in gleichem Verhältnis zudachte"*, sondern er lehnt es überhaupt ab, *„die Bewohner anderer Welten mit dem mehr oder weniger unvollkommenen Maßstab zu messen, welchen die Formen des Erdendaseins uns nahelegen"*. Er, der nach eigenen Angaben auf seiner Sternwarte seit dem Jahre 1868 *„mit großem Fleiß"* die ungeheuren Veränderungen im Aussehen dieses Riesenplaneten verfolgt hat, entwirft von ihm das Bild einer *„werdenden Welt"*, ähnlich dem Zustand, in dem sich unsere Erde in der Primärperiode der geologischen Zeiten befand, da Leben sich in seltsamen Formen pflanzlicher und tierischer Wesen zu zeigen begann. Diese Vorstellung von einer werdenden Welt, deren noch nicht feste Oberfläche einem einzigen, unermesslichen, von den fürchterlichsten Stürmen gepeitschten Meer gleicht, durchbrochen von Feuerausbrüchen aus dem noch heißen inneren Kern des Planeten, umhüllt von einer dichten mit Wasserdampf erfüllten Atmosphäre, in der ungeheure Wolkenmassen sich mit rasender Schnelligkeit bewegen, wurde von fast allen, voneinander unabhängigen Beobachtungen aus dieser Zeit unterstützt (vgl. Abb. 20).

Diese Annahme, dass Jupiter einer frühen geologischen Periode der Erde gleicht, wurde sogar noch bis in die erste Hälfte des 20. Jahrhunderts aufrechterhalten. Denn man konnte sich nicht vorstellen, dass die stürmische Heftigkeit, die in der Jupiteratmosphäre herrscht, von der äußeren Sonnenstrahlung bewirkt sein sollte, da Jupiter bei seiner großen Entfernung von der Sonne nur ein Bruchteil der Sonnenwärme empfängt, die auf unsere Erde trifft. Nur innere Ursachen, *„eigene Wärmemengen"*, so vermutete man, können die Ursache solch rapider Veränderungen sein. Diese gewaltsamen Veränderungen der

Atmosphäre sowie das Auftreten außergewöhnlicher, teils weißer, teils roter Flecken, besonders aber das Erscheinen eines 30 000 – 40 000 km langen und 10 000 – 14 000 km breiten ovalen Flecken von tiefroter Färbung im Jahre 1878 legte die Vermutung nahe, dass der kolossale Planet noch nicht gänzlich erkaltet, sondern der Sitz gewaltiger geologischer Revolutionen ist: *„Somit befände sich Jupiter noch im planetarischen Jugendalter, vielleicht eben im Begriff, die ersten Seeungetüme und Fische aus seinen warmen Meeren auftauchen zu sehen und für eine höhere Organisation in der Zukunft sich vorzubereiten“* (Pohle 1922, S. 313). Obwohl man auch heute weiß, dass Jupiter insgesamt etwas mehr Energie abstrahlt, als er von der Sonne empfängt, lässt sich die Schlussfolgerung, dass er am Beginn seiner Entwicklung ein sonnenähnliches Glühstadium durchlaufen hätte, nicht mehr aufrechterhalten. Vielmehr nimmt man an, dass sich dieser Planet wie alle anderen Planeten aus wesentlich kühlerem Material gebildet habe und die vorhandene Eigenwärme sei vermutlich eine Folge langsamer Kontraktion (vgl. J. Herrmann 1963, S. 125).

Bereits in den 30er Jahren des 20. Jahrhunderts führte die Analyse der Spektrallinien der Jupiteratmosphäre zu der Erkenntnis, dass dort die giftigen Gase Methan und Ammoniak vorkommen, während die Hauptbestandteile Wasserstoff und Helium sind. Daran schlossen sich Überlegungen über den inneren Aufbau des gigantischen Planeten, die im Wesentlichen heute noch gültig sind. Wegen der geringen Dichte konnte man sich nur einen verhältnismäßig kleinen festen Kern aus Gesteinen und Metallen vorstellen. Darüber liegt eine innere Schicht aus Wasserstoff und Helium, die infolge des hohen Drucks verfestigt sein muss und metallische Leitfähigkeit besitzt. In der Übergangszone von der festen zur gasförmigen Zone vermutete man *„Wasserstoffozeane“*, in der sich der *„große rote Fleck“* als *„Insel“* oder als eine darüberliegende Wolke befinden könnte. Heute nimmt man dagegen an, dass es sich bei diesem rätselhaften Fleck um eine ortsfeste Turbulenz handelt. Erst daran schließt sich die eigentliche Atmosphäre des Jupiter an, die überwiegend aus Wasserstoff besteht, aber durch Ammoniak und Phosphor „verschmutzt“ ist. Wegen der niedrigen Temperatur, die an der Obergrenze der Wolkenschichten nur −143 °C beträgt, und des Vorkommens von Giftgasen in der Atmosphäre stellt zwar der Planet Jupiter für die meisten heutigen Astronomen ein für organisches Leben äußerst wenig einladender Himmelskörper dar und wird daher auch als Lebensträger vollkommen ausgeschieden. Doch zumindest einer von ihnen, Carl Sagan, eine mit Flammarion verwandte Seele, wollte diese Idee von der Bewohnbarkeit anderer Welten auch für die äußeren Planeten des Sonnensystems nicht aufgeben. Als Argument führt er an, dass es sich bei den Messergebnissen für diese niedrigen Temperaturen nur um Werte der oberen Wolkenschichten handelt: *„Tiefer im Innern der Atmosphäre von solchen Planeten trifft man vermutlich wie auf der Erde sehr viel mildere Bedingungen an“* (Sagan 1982, S. 220). Und er nimmt dort, genauso wie in der dichten Atmosphäre der Venus, Organismen an, die ähnlich wie die Fische mit einer Schwimmblase einen Auftrieb besitzen und *„im Wesentlichen wasserstoffgefüllte Ballons sind“*. Damit sie bei mittleren Temperaturen schweben könnten, würden sie nach seiner Meinung *„auf der Venus einen Durchmesser von mindestens einigen Zentimetern benötigen, auf dem Jupiter dagegen einen Durchmesser von mehreren Metern – also einmal die Größe von Tischtennisbällen, das andere Mal die von Wetterballons“*. Aber er fügt zu diesen fantastischen Vorstellungen vorsichtshalber hinzu: *„Wir wissen nicht, ob solche Geschöpfe existieren, aber ich finde es schon einen Fortschritt, wenn man sich etwas Derartiges vorstellen kann, ohne der bekannten Physik, Chemie oder Biologie Gewalt anzutun“* (Sagan 1982, S. 223).

Der Ringplanet Saturn

Wie Jupiter war auch der Ringplanet Saturn seit der Erfindung des Fernrohres ein Gegenstand von Spekulationen über seine Bewohnbarkeit. Sogar sein Ring wurde, nach seiner Entdeckung durch Galilei und Huygens, von solchen Spekulationen nicht ausgeschlossen. Weder seine große Entfernung von der Sonne, die doppelt so groß ist wie die von Jupiter zur Sonne, noch die daraus resultierende Kälte seiner Oberfläche waren dafür ein Hinderungsgrund. Es war vor allem der Anblick des gewaltigen Ringes für die hypothetisch angenommenen Bewohner des Saturn, die noch die Astronomen des 19. und beginnenden 20. Jahrhunderts zu solchen Spekulationen anregten (vgl. Abb. 20). Allen voran war es wieder Flammarion, der nicht nur für Jupiter, sondern auch für Saturn die Vorstellung, dass seine Oberfläche flüssig und seine Lebewesen gallertartig seien, als unwissenschaftlich ablehnt und ihn vielmehr für einen *„wunderbaren Aufenthaltsort“* hält: *„Wie groß wäre unsere Bewunderung, unser Erstaunen, unsere Überraschung vielleicht, wenn es uns möglich wäre, lebend dorthin zu gelangen und unter all jenen außerirdischen Schauspielen den seltsamen Anblick der wie eine Brücke sich in den Himmel verlängernden Ringe zu genießen!“*

Doch er weiß auch, dass der volle Anblick eines riesigen Lichtbogens nur den Bewohnern einer schmalen Zone zwischen dem Äquator und den Polen gegönnt ist und auch das nur das halbe Jahr lang, denn die Sonne beleuchtet auf einmal nur eine Seite des Ringes. Am Äquator sieht man überhaupt nur die Kante des Ringes und an den Polen verschwindet er ganz hinter

Abb. 21: Saturnlandschaft (aus Flammarion 1884)

dem Horizont, abgesehen davon, dass während der Nacht der Saturn seinen eigenen Schatten auf den Ring wirft und diesen in der Art einer Mondfinsternis unsichtbar macht. Aus all diesen Erscheinungen schließt daher Littrow, dass sich ein Großteil der Bewohner kaum in einer beneidenswerten Lage befinden kann. Nimmt man hinzu, dass *„die viel kleinere Sonne, wie sie dort erscheint, und die matte Beleuchtung, die den hellsten Mittag Saturns nur unserer tiefsten Dämmerung gleich macht"* (Littrow 1897, S. 431), dann würde uns der Aufenthalt dort nur sehr wenig behagen. Auch die Bewohner des Ringes könnten mit der ungeheuren Kugel über ihren Köpfen und den zahllosen Sonnenfinsternissen nach Littrows Meinung keinen angenehmeren Aufenthalt haben. Doch so unwirtlich dieser Planet und sein Ring für Geschöpfe unserer Art auch erscheinen, für die Saturnbewohner, deren *„Einrichtung und Organisation durchaus von der unseren verschieden sein kann"*, mag das, was *„uns nur Abscheu und Entsetzen"* verursachen würde, *„ein erhabenes, ja wohltätiges Schauspiel"* (Littrow 1897, S. 433) sein. Der gleichen Ansicht ist auch Flammarion, der für die *„luftartigen Wesen, die zweifellos in den Tiefen der Atmosphäre umherschwirren"*, ein außergewöhnliches Sehvermögen und einen optischen Nerv annimmt, der 90-mal empfindlicher als der unsrige ist. Für ihn sind wir genauso wenig berechtigt, die Bewohnbarkeit des Saturn abzustreiten, wie es dessen Bewohner sind, die unsere Erde, die für sie nur ein *„winziges Weltchen"* ist, als *„größtenteils verbrannt, wüst und unbewohnbar"* (Flammarion o. J., S. 435) ansehen könnten.

Heute weiß man, dass die Atmosphäre und der innere Aufbau des Saturn in vieler Hinsicht dem Jupiter sehr ähnlich sind, dass er eine ähnlich kurze Rotation um seine Achse von etwas mehr als zehn Stunden und eine noch stärkere Abplattung besitzt. Weder er selbst noch sein Ring, der nach den Ergebnissen der Erforschung durch Raumsonden nur aus Partikeln unterschiedlicher Größe, von Staubpartikeln bis zu metergroßen Brocken, besteht, können selbst mit größter Fantasie von Lebewesen irgendeiner Art für bewohnbar gehalten werden.

Die arktischen Welten Uranus und Neptun

Bei den mit bloßem Auge nicht mehr sichtbaren Welten des Uranus und Neptun, die in der schweigsamen Nacht und undurchdringlichen Finsternis eines arktischen Himmels in weiter Entfernung von der Sonne auf ihrer Bahn dahinziehen, war lange Zeit fast noch alles rätselhaft geblieben. Man war noch in der ersten Hälfte des 20. Jahrhunderts bei ihnen *„bezüglich der Rotation, Achsenlage und Abplattung noch immer auf bloße Vermutungen angewiesen“* (Plaßmann 1913, S. 387). Und was die Möglichkeit von Leben auf diesen Planeten betrifft, war die grundsätzliche Frage: Kann man bei so weiter Entfernung von der Sonne an ihre Bewohnbarkeit glauben? Die Antwort, die der Physiker Tyndall zu dieser Zeit gab, weist bereits auf den Treibhauseffekt hin, der auf diesen sonnenfernen Planeten zu einem für Lebewesen erträglichen Klima führen könnte: *„Man hat merkwürdige Bücher geschrieben, um zu beweisen, dass die entferntesten Planeten unbewohnbar sein müssten. Unter Anwendung des Gesetzes vom umgekehrten quadratischen Verhältnis ihrer Entfernung von der Sonne findet man, dass die Temperaturerniedrigung auf ihnen so groß sein müsste, dass menschliches Leben daselbst unmöglich würde. Aber bei dieser Rechnung hat man den Einfluss der atmosphärischen Hülle außer Acht gelassen, und diese Unterlassung verpfuscht die ganze Rechnung. Eine zwei Zoll dicke Luftschicht, mit Dämpfen von Schwefeläther gesättigt, würde dem Eindringen der Sonnenstrahlen nur einen schwachen Widerstand entgegensetzen; doch habe ich gefunden, dass dieselbe anderseits 35 % der planetarischen Ausstrahlung in den Weltenraum verhindern würde. Es bedürfte sicherlich keiner Umhüllung von unermesslicher Dichtigkeit, um diese (Wärme-)Einschluckung zu verdoppeln, und es ist ganz evident, dass man mit einer derartigen Schutzhülle, welche zwar der Wärme den Durchgang gestattete, aber ihre Zurückstrahlung verhinderte, gemäßigte Klimas auf der Oberfläche der entferntesten Planeten erhalten könnte“* (Tyndall 1879, zit. nach Pohle 1922, S. 321).

Auch bei Neptun war man zunächst der Meinung, dass er sich noch in einem sonnenähnlichen Zustand eines erst werdenden Planeten befindet. So glaubte man, dass seine meergrüne Farbe und sein Glanz nicht von der Sonnenbeleuchtung allein herkommen kann, sondern *„darauf hindeutet, dass er gegenwärtig noch heißflüssig und von einer wolkenbedeckten Atmosphäre umhüllt ist“* (Klein, Kosmologische Briefe, 3. Aufl., S. 301). Der deutsche Astronom J. Plaßmann, der zwischen dem *„Wärmebedürfnis“* und dem *„Lichtbedürfnis“* eines Planeten unterscheidet, hielt es für *„möglich, dass wenigstens auf dem einen oder anderen von den großen Planeten die Sonne für die Vegetation nur das Licht zu spenden braucht, während die nötige Wärme aus eigenem Vorrat bestritten wird. Da jedoch der Tag auf dem Neptun immerhin über 300-mal heller ist als unsere Vollmondnächte, so mag, auch wenn das Licht eine sehr dichte Wolkenhülle durchsetzen muss, doch noch ein guter Teil übrig bleiben, der vielleicht genügend ist, um in einer schwülen und feuchten Treibhausluft, wie sie auf einem eigenwarmen Planeten herrschen mag, organische Vorgänge* *einzuleiten*" (Plaßmann 1898, S. 449). Doch die Erkenntnis von der geringen Dichte der Planeten Uranus und Neptun und der Zusammensetzung ihrer Atmosphäre aus den leichten Gasen Wasserstoff und Helium ließ schließlich die Vorstellung, dass dort organisches Leben möglich sei, nicht zu. Ebenso wenig kann man auf dem kleinen, massearmen Pluto irgendeine Art von Leben annehmen. Von seiner Beschaffenheit weiß man nur wenig. Man vermutet jedoch, dass er von einer Eisschicht aus Methan und Ammoniak bedeckt ist (D. Herrmann 2006, S. 25).

Das letzte Aufgebot: Die Monde der Gasriesen

Sowohl ältere Erkenntnisse als auch die neuen Entdeckungen der Raumsonden haben die seit Galilei bekannte These nahegelegt, dass das System Jupiters mit seinen großen Monden ein verkleinertes Abbild des inneren Sonnensystems darstellt. Und die Spekulationen darüber, dass auf den Monden des Jupiter irgendeine Art von Leben möglich sein könnte, halten noch immer an. Solche Überlegungen beziehen sich vor allem auf den Jupiter-Satelliten Europa, der als Oberfläche einen rund 100 km dicken Eispanzer besitzt. Dieser Eispanzer ist auf Grund tektonischer Prozesse im Innern des Mondes von einem ausgedehnten linear verlaufenden Netzwerk überzogen, das diesem Himmelskörper das Aussehen einer zerbrochenen Eierschale verleiht. Auch die Erkundung der klassischen Saturn-Monde durch die Voyager-Sonden brachte bemerkenswerte Resultate. Mit besonderer Aufmerksamkeit wurde der zweitgrößte Mond des Sonnensystems Titan untersucht. Er verfügt über eine eigene Atmosphäre und Wolkendecke. Die Titanatmosphäre ist viel ausgedehnter als die der Erde und besteht hauptsächlich aus Stickstoff. Auch Methan und andere Gase kommen vor. Wahrscheinlich existieren am Boden der 300 km hohen Atmosphäre ausgedehnte Seen flüssigen Stickstoffs. Ebenso wie Titan bestehen auch die fünf inneren klassischen Saturn-Monde Mimas, Enceladus, Thetys, Dione und Rhea zum großen Teil aus Wassereis. Demnach ist auch hier für Spekulationen über das Vorhandensein von irgendwelchen Lebensformen noch ein weites Feld vorhanden. Vor allem die Landung von Huygens auf Titan am 15. Januar 2005 lieferte Aufnahmen von seiner Oberfläche, die eine erstaunliche Ähnlichkeit mit der Erde aufweisen. Die Bilder zeigen stark verzweigte Fließkanäle, die eine weite Landschaft durchziehen. Es sind Hügel zu sehen und eine große dunkle Fläche, die ein See oder eine morastige Ebene sein könnte. Doch dieser von der Sonne weit entfernte Himmelskörper, dessen Oberflächentemperatur mit −179,3 °Celsius gemessen wurde, ist von seinem chemischen Aufbau her ganz anders als die Erde. Die Hügel bestehen nicht aus

Felsen, sondern aus Wassereis. Auf der Oberfläche fließt Methan und kohlenstoffhaltige Staubpartikel verdunkeln die dichte Atmosphäre des Titan, der nur wenig Licht von der weit entfernten Sonne bekommt. Aber auch hier gilt die Vorstellung, dass sich in vier Milliarden Jahren die Sonne zum roten Riesen aufblähen wird: *„Dann steigen die Temperaturen im äußeren Sonnensystem. Das Wassereis schmilzt, Sauerstoff wird freigesetzt und für kurze Zeit ist Titan ein guter Platz für Leben"* (John Zarnecki zit. nach Lorenzen 2005, S. 70).

9. Mars:

Die zweite Erde

Kein Planet des Sonnensystems hat wegen seiner Ähnlichkeit mit irdischen Verhältnissen bei den Astronomen so große Hoffnungen auf seine Bewohnbarkeit erregt wie der Mars. Bereits im 19. Jahrhundert glaubte man in ihm eine „zweite Erde" entdeckt zu haben (vgl. Pohle 1922, S. 267). Galilei, der mit seinen Fernrohren nicht über die 30-fache Vergrößerung hinausgekommen war, konnte auf der winzigen Marsscheibe noch keine Einzelheiten unterscheiden. Erst Fontana in Neapel gelang es 1638 mit einem etwas verbesserten Fernrohr, unvollkommene Zeichnungen der Marsoberfläche herzustellen. Ähnlich unvollkommen waren auch die 1645 hergestellten Zeichnungen von Hevelius. Die ersten wissenschaftlich brauchbaren Zeichnungen lieferte Christian Huygens, der zu verschiedenen Zeiten Bilder der Marsoberfläche entworfen hatte. Auf einer von diesen Zeichnungen ist eine große dunkle Fläche zu sehen, die er selbst das „Sanduhrmeer" nannte und das später von dem berühmten Marsbeobachter Schiaparelli den Namen „Syrtis Major" erhielt (vgl. Abb. 22).

Aus dem Verschwinden dieses Gebildes am linken und sein erneutes Sichtbarwerden am rechten Rande der Scheibe hat Huygens bereits auf die Achsendrehung des Mars geschlossen. Denn er notierte am 1. Dezember 1659 in seinem Tagebuch die Bemerkung: *„Die Rotation des Mars scheint sich wie die der Erde binnen 24 irdischen Stunden zu vollziehen"* (zit. nach Henseling 1925, S. 40). Verbessert wurde diese annähernd richtige Umlaufzeit durch die Marsbeobachtungen von William Herschel in den Jahren 1777–1783, der sie mit größter Präzision auf 24 Stunden, 39 Minuten und 21,67 Sekunden festlegte. Auch für die der Erde sehr ähnliche Achsenneigung des Planeten, die für das Auftreten der Jahreszeiten verant-

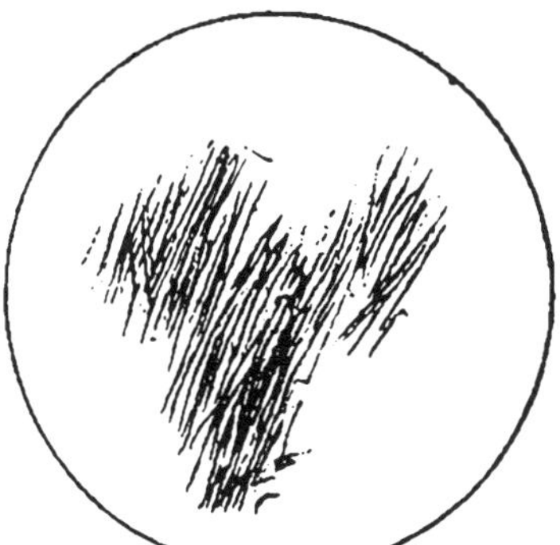

Abb. 22: Syrtis Major nach der Zeichnung von Huygens am 28. Nov. 1659 (aus Flammarion 1892)

wortlich ist, gewann er einen verbesserten Wert. Hinzu kam noch die Entdeckung zweier glänzender weißer Flecken in der Nähe der Pole des Mars, die eine auffällige Ab- und Zunahme entsprechend der Jahreszeiten aufwiesen. Da sie regelmäßig während des Polsommers kleiner wurden, deutete man sie sofort als Schnee- oder Eisflächen, die nur in einer wasserdampfartigen Atmosphäre entstehen können.

Für weitere Fortschritte in der Erforschung des Mars war jedoch eine Verbesserung der Beobachtungsapparate nötig. Im Unterschied zur Venus, die jeden Blick auf ihre Oberfläche durch eine dicke Wolkendecke verhindert, ist zwar die Oberfläche des Mars wegen der äußerst dünnen Atmosphäre leicht einzusehen, doch gibt es wegen der großen Exzentrizität seiner Umlaufbahn um die Sonne und der gegenüber der Erde unterschiedlichen Umlaufgeschwindigkeit nur wenige günstige Beobachtungsmöglichkeiten. Sie treten dann ein, wenn in Abständen von durchschnittlich zwei Jahren und 50 Tagen die auf ihrem kürzeren Weg schneller laufende Erde den langsameren Mars überholt und es zu einer Annäherung zwischen den beiden Planeten kommt. Bei den größten Annäherungen steht der Mars der Sonne gerade gegenüber und ist in voller Beleuchtung seiner ganzen Scheibe von der Erde aus zur Mitternachtszeit zu sehen, wenn die Sonne auf der gegenüberliegenden Seite unter dem Horizont steht. Diese Stellung wird als Opposition des Mars bezeichnet. Der geringste mögliche Abstand beträgt dabei 56 Millionen Kilometer, der allerdings jeweils nur nach ungefähr 15 Jahren eintritt. Bei anderen solchen Oppositionsstellungen des Mars kann der Abstand zur Erde bei diesen Überholmanövern wegen der elliptischen Form der Planetenbahnen bis zu 100 Millionen Kilometer betragen. Zu anderen Zeiten, wenn keine Opposition eintritt, ist die Entfernung des Mars von der Erde noch wesentlich größer. Die größte Entfernung kann manchmal fast 400 Millionen Kilometer erreichen. Die Folge davon ist, dass der Beobachter auf der Erde die Scheibe des Mars in ganz unterschiedlicher Größe sieht (vgl. Abb. 23). Daher war es nur bei den Oppositionsstellungen des Mars überhaupt möglich, genauere Einzelheiten seiner Oberfläche zu erkennen.

Im 19. Jahrhunderts war die Fernrohrtechnik immerhin so weit entwickelt, dass bereits eine 1000-fache Vergrößerung möglich war. Dadurch glaubte man mit großer Sicherheit sehr viele Einzelheiten der Marsoberfläche, wie „Meere", „Festländer", „Meerbusen", „Landzungen" und „Inseln" entdecken zu können, die dann auch auf Marskarten festgehalten wurden. Zur Herstellung einer genauen Marskarte gehörte damals außer einer unausgesetzten direkten Beobachtung des Planeten eine ebenso peinlich genaue wie mühevolle Vergleichung einer möglichst großen Anzahl von Aufnahmen und Zeichnungen, um aus den vorübergehenden Erscheinungen das Bleibende und aus dem Unsicheren das

Abb. 23: Dimensionen der Erscheinungen des Planeten Mars bei seinen extremen und mittleren Entfernungen von der Erde (aus Flammarion 1884)

Sichere herauszuheben. Es war vor allem Camille Flammarion, der durch Vergleichung von 2600 Marszeichnungen von Beginn des 17. Jahrhunderts an auf diese Weise eine besonders detaillierte Marskarte (1876) hergestellt hat, nachdem ihm Mädler und Beer (1836), der Leydener Astronom Kaiser (1864) und Proctor (1869) mit ähnlichen Entwürfen vorausgegangen waren. Proctor war es auch, der Namen von bekannten Astronomen und Mathematikern für die einzelnen Oberflächengebilde auf dem Mars einführen wollte, ähnlich wie es bereits früher Riccioli für den Mond getan hatte. So benannte er einen Dawes-Ozean, einen Delambre-See, einen Herschel-Kontinent oder ein Kepler-Land. Flammarion, der diese Benennungen übernahm (vgl. Abb. 24) und wesentlich erweiterte, zählte bereits zwei große Ozeane, 22 Meere, vier große Kanäle und vier Meeresbaien namentlich auf, dazu fünf Kontinente, 15 Länder, eine Halbinsel, eine Landenge, ein Kap und die sog. *„Schnee-Insel"* (Ile Neigeuse). Dass es sich bei den dunklen Flecken auf dem Mars im Unterschied zum Mond wirklich um Meere handelt, glaubte Flammarion durch die unterschiedliche Tonabstufung in ihrer Färbung, die den Unterschieden der Wassertiefen entsprechen sollte, nachweisen zu können. Nach seiner Meinung ist die Ähnlichkeit der geographischen Gestaltung der Marsoberfläche mit der Erdoberfläche so

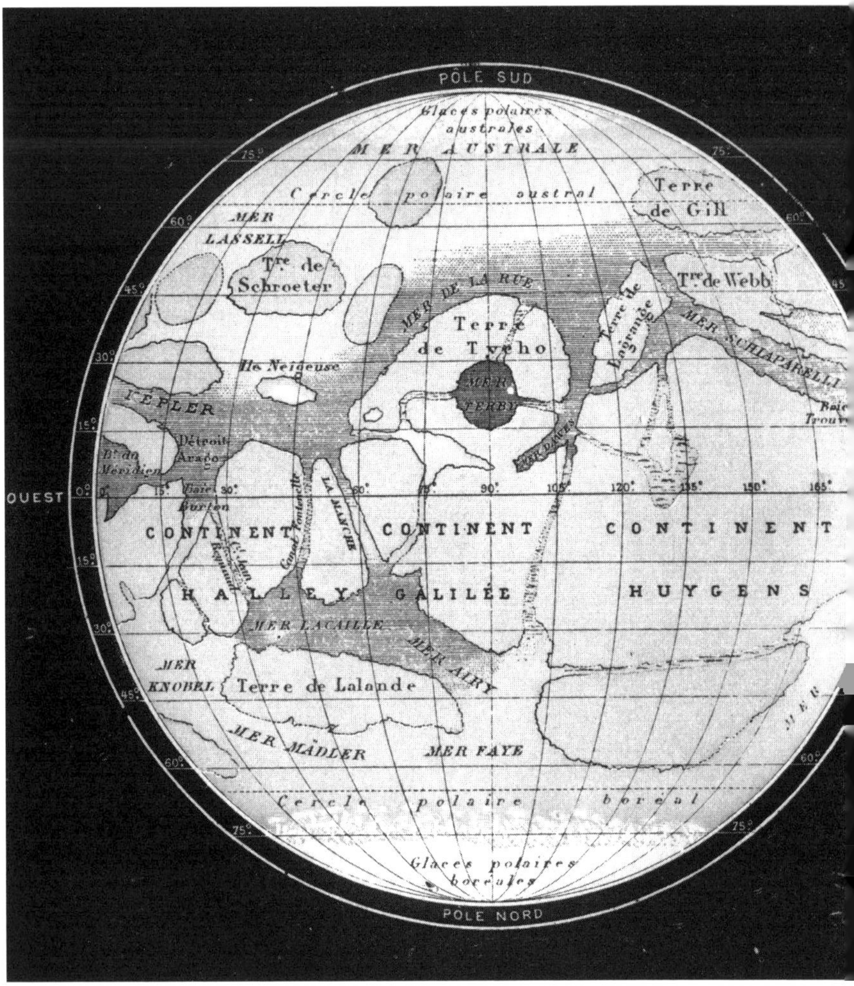

Abb. 24: Karte des Planeten Mars (aus Flammarion 1884)

groß, dass die Versetzung eines Menschen von der Erde auf den Mars nichts weiter bedeutet als *„die geographische Breite wechseln"* (Flammarion 1892).

Vor allem gab es auch eine Reihe von Argumenten für die Existenz einer einigermaßen dichten Marsatmosphäre: Denn die Marsscheibe ist immer von einem Lichtring umgeben, der bewirkt, dass am Rande die Kontinente und Meere etwas verwaschen aussehen, während sie sich mitten auf der Marsscheibe klar und deutlich abheben. Dazu kommt, dass je nach Umständen mitten auf der Marsscheibe zeitweise Trübungen eintreten, die den Wolken

auf der Erde ähnlich sind. Da Flammarion nach den damaligen Erkenntnissen davon überzeugt war, dass sich die offensichtlich wasserdampfhaltige Atmosphäre des Mars nur wenig von der irdischen unterscheidet, entwarf er ein romantisches Bild von einer der Erde völlig analogen Marslandschaft: *„Bäche, die in ihrem von der Sonne vergoldeten Kieselbett davoneilen; Flüsse, welche die Ebenen durchziehen oder im Grunde der Täler als Wasserfälle rauschen; Ströme, die langsam durch weite Landschaften dem Meere zueilen“* (Flammarion o.J., S. 373 f.). Eine allgemein anerkannte Nomenklatur der einzelnen

Länder und Meere gab es jedoch damals noch nicht, sondern nur unterschiedliche Bezeichnungsweisen. Dann aber hat sich die Terminologie Schiaparellis, der griechisch-römische Bezeichnungen verwendete, durchgesetzt.

Die Marskanäle und ihre Erbauer: Schiaparelli

Der Mailänder Astronom Giovanni Virginio Schiaparelli (1835–1910) war nicht der Erste, der die „Marskanäle" entdeckt hat. Bereits 1859 hatte Angelo Secchi solche reguläre Strukturen auf der Oberfläche des Mars wahrgenommen und ihnen die Bezeichnung „canali" gegeben. Schiaparelli hatte diese Ausdrucksweise übernommen, da sie im Unterschied zu den englischen „canals" oder den deutschen „Kanälen" noch keinen direkten Hinweis auf ihren künstlich geschaffenen Ursprung enthalten und auch einfach „Rillen" bedeuten können. Er selbst hatte auch nie den Anspruch erhoben, der erste Entdecker dieser rätselhaften Erscheinungen zu sein. So stellt er nur fest: *„Während der drei letzten Oppositionen habe ich über die schwarzen Linien, denen man den Namen ‚Kanäle' (canali) geben kann, eigene Studien gemacht, und ich habe von ihnen eine beträchtliche Anzahl, die man nicht unter 60 schätzen kann, wiedererkannt. Diese dunklen Linien münden in den einen oder den anderen von den dunkeln Flecken ein, die wir als Meere ansehen, und bilden auf den hellen oder kontinentalen Flächen ein wohl ausgebildetes Netz … Ihre Breite beträgt 2 Grad oder 120 Kilometer, und manche erstrecken sich über eine Länge von 80 Grad oder 4800 Kilometer. Ihr Farbton gleicht beinahe demjenigen der Meere, nur dass sie gewöhnlich ein klein wenig heller sind. Jeder Kanal endigt mit seinen beiden äußersten Enden entweder in einem Meer oder einem anderen Kanal; auch nicht ein Beispiel ist bekannt, wo eines der Enden mitten auf dem festen Land abbräche"* (Schiaparelli, Revue mensuelle d'Astronomie populaire 1882, S. 217, dt. Übers. vgl. Pohle 1922, S. 279 f.). Schiaparelli lieferte später auf Grund weiterer Beobachtungen eine zusammenfassende Darstellung dieses weitverzweigten Kanalsystems. Diese allgemeine Karte des Planeten Mars zeigt alle Kanäle, die er in einer langen Serie von Beobachtungen gesehen hatte. Nach eigenen Angaben entspricht sie aber nicht der Erscheinung der Marsoberfläche zu einer bestimmten Periode, weil *„nur wenige Kanäle auf einmal sichtbar sind (soltano poche sono visibili di un tratto)"* (Schiaparelli 1893, S. 20). Zusätzlich zu dieser Karte gibt Schiaparelli auch eine Erklärung der Funktion der Kanäle, die für eine lang andauernde Diskussion sorgte: *„Die Linien, die Kanäle (canali) genannt werden, sind in Wahrheit große Furchen (grandi solchi) oder Niederungen (depressioni) auf der Oberfläche des Planeten, bestimmt für den Durchzug einer flüssigen Masse. Dass sie*

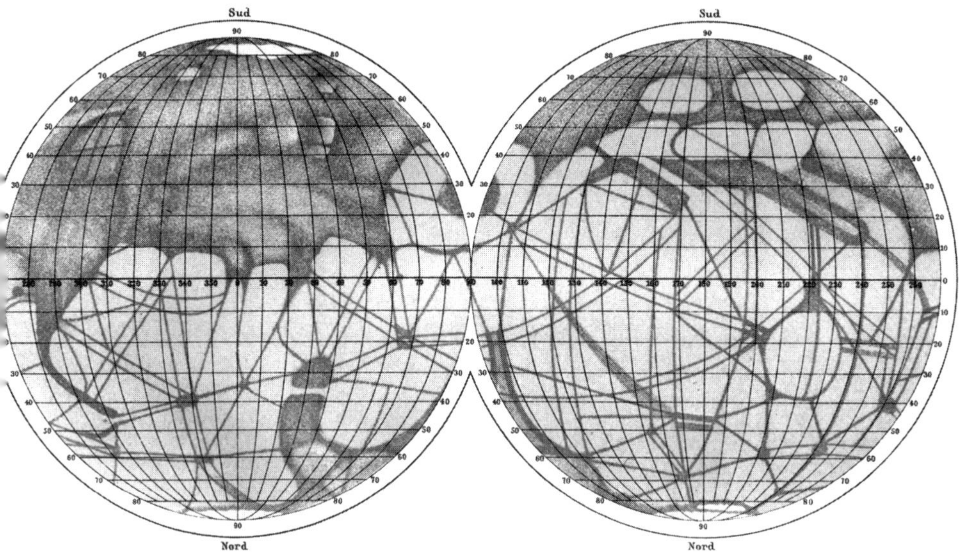

Abb. 25: Schiaparellis Karte des Planeten Mars nach den Beobachtungen des Jahres 1882 und 1888 (aus Schiaparelli 1893)

ein wahres hydrographisches System darstellen, wird durch ein Phänomen demonstriert, das während der Schmelze der nördlichen Schneefelder beobachtet worden ist. Wir haben festgestellt, dass diese Schneefelder zur Zeit der Schneeschmelze von einer dunklen Zone umrundet werden, die eine Art von zeitlich begrenztem Meer bildet … Dann verringert sich die Breite der Kanäle, das zeitlich begrenzte Meer verschwindet und die gelbe Region kehrt wieder in ihr früheres Gebiet zurück" (Schiaparelli 1893, S. 21). Von der einfachsten Vorstellung einer periodischen jahreszeitlich bedingten Überschwemmung ausgehend, schließt er dann *„vollständig logisch und durch Analogie zu irdischen Erscheinungen bestärkt, dass die Kanäle tatsächlich solche sind und nicht nur den Namen nach"* (Schiaparelli 1893, S. 22). Doch er fügt hinzu: *„Es ist nicht notwendig, anzunehmen, dass es das Werk intelligenter Wesen (l'opera esseri intelligenti) sei; und trotz des geometrischen Aussehens dieses ganzen Systems sind wir geneigt zu glauben, dass es in der Evolution des Planeten entstanden ist, genauso wie auf Erden der Ärmelkanal oder der von Mozambique"* (Schiaparelli 1893, S. 22).

Schiaparelli hat zwar mehr Kanäle als jeder andere vor ihm gesehen, aber seine eigentliche Entdeckung war die Verdoppelung dieser Kanäle (vgl. Abb. 25). Zum ersten Mal hatte er dieses Phänomen am 26. Dezember 1879 an einem einzigen Fall beobachtet, der sich jedoch bei der nächsten Opposition am 11. Januar 1882 wiederholte. Zunächst dachte er an eine *„durch Ermüdung des Auges hervorgerufene Täuschung oder an eine Art Schielsucht neuer Art“*; doch bald erlebte er Überraschung auf Überraschung. Der Reihe nach zeigten sich 20 Kanäle sehr deutlich und unbezweifelbar verdoppelt (Schiaparelli, Revue mensuelle d’Astronomie populaire 1882, S. 218, vgl. Pohle 1922, 280 f.). Die mit absoluter geometrischer Präzision ausgeführten Verdoppelungen der Kanäle haben natürlich mehr noch als die beobachteten einfachen Kanäle den Eindruck erweckt, als ob sie das Resultat einer *„Arbeit von Regeln und Kompass“* wären, die von intelligenten Wesen, den Bewohnern des Planeten, ausgeführt wurde. Trotzdem war Schiaparelli, was die Existenz solcher intelligenter Lebewesen auf dem Mars anbelangt, zunächst äußerst zurückhaltend. Denn für ihn ist der geometrische Charakter des weitverzweigten Kanalnetzes mit seinen zeitweiligen, aber sehr präzisen Verdoppelungen kein notwendiger Grund für die Annahme eines Eingriffs von intelligenten Wesen. Denn die „Geometrie der Natur“ ist an vielen Beispielen feststellbar, bei denen die Vorstellung von irgendeiner künstlichen Tätigkeit völlig ausgeschlossen ist, wie z. B. bei den *„perfekten Sphäroiden der Himmelskörper, dem Ring des Saturn, dem Regenbogen und bei der Welt der Kristalle“* (Schiaparelli 1893, S. 24). Andererseits weist Schiaparelli aber darauf hin, dass er sich hüten werde, die Vorstellung von intelligenten Wesen auf dem Mars zu bekämpfen, da sie für ihn eine *„Annahme ist, die nichts Unmögliches einschließt (Io mi guarderò bene dal combattere questa supposizione, la quella nulla include d’impossibile)“* (Schiaparelli 1893, S. 24).

In einer späteren Abhandlung aus dem Jahre 1895 mit dem Titel „Das Leben auf dem Planeten Mars“ (La vita sul pianeta Mars) gibt aber Schiaparelli seine Zurückhaltung völlig auf und lässt seiner Fantasie freien Lauf. Was er dazu sagen will, soll zugegebenermaßen nicht den Wert eines wissenschaftlichen Ergebnisses besitzen, sondern zum Teil *„an einen Roman grenzen“*. Aber er ist dennoch der Meinung, dass der Grad der Wahrscheinlichkeit, den seine Spekulationen besitzen, nicht kleiner sein kann *„als derjenige so manch anderer, kühnerer und weniger harmloser Romane, die unter dem heiligen Namen der Wissenschaft in die Bücher Eingang finden sowie auf Tagungen und in Universitäten vorgetragen werden“* (Schiaparelli 1895, S. 7). Schiaparelli geht in seinen Spekulationen von der Vorstellung aus, dass, falls es in den kontinentalen und trockenen Gebieten auf der Oberfläche des Mars organisches Leben gibt, dieses seine Existenz der Schneeschmelze am Nordpol verdankt. Der Fortschritt und die Entwicklung des ganzen Planeten Mars hängen daher von der gerechten und angemessenen Verteilung dieses Schmelzwassers ab. Auf Grund dieser Überlegungen ist Schiaparelli davon überzeugt, dass viele der dunklen Streifen trotz ihrer Bezeichnung als „Kanäle" nicht in ihrer ganzen Breite Abflussadern der nördlichen Gewässer sein können. Wäre dies der Fall, so würden sie ausreichen, um in wenigen Stunden die ganze große Überschwemmung abfließen zu lassen. Was bisher „Kanäle" genannt wurde, sind nicht, wie manche geglaubt haben, besonders breite Wasserläufe. Die plausibelste Annahme ist, sie für Vegetationszonen zu halten, die sich rechts und links der wirklichen Kanäle erstrecken, welche zwar längs derselben Linien existieren, aber nicht breit genug sind, um von der Erde aus gesehen zu werden. Diese Vegetationszonen heben sich von der Umgebung des Planeten durch eine dunklere Farbe deutlich ab und müssen niedriger liegen als ihre helle Umgebung, in die das Wasser nicht vordringen kann. Was uns als ein dunkler Streifen erscheint und bisher allgemein „Kanal" genannt wurde, wird daher eine Senke in der Oberfläche oder ein flaches Tal sein. Am nördlichen Talende stehen starke Dämme, welche das Wasser der großen Überschwemmung bis zum passenden Zeitpunkt in den gebührenden Grenzen halten; dort schließen und öffnen sich die Schleusen; am südlichen, tiefer gelegenen Ende hingegen erfolgt der Abfluss des Restwassers (vgl. Schiaparelli 1895, S. 9). Diese Erklärung veranschaulicht Schiaparelli durch eine beigefügte Skizze (vgl. Abb. 26), die den Querschnitt durch eines der breiten Marstäler zeigen soll:

Abb. 26: Querschnitt durch ein Marstal mit Kanälen und Vegetationsstreifen (aus Schiaparelli 1895)

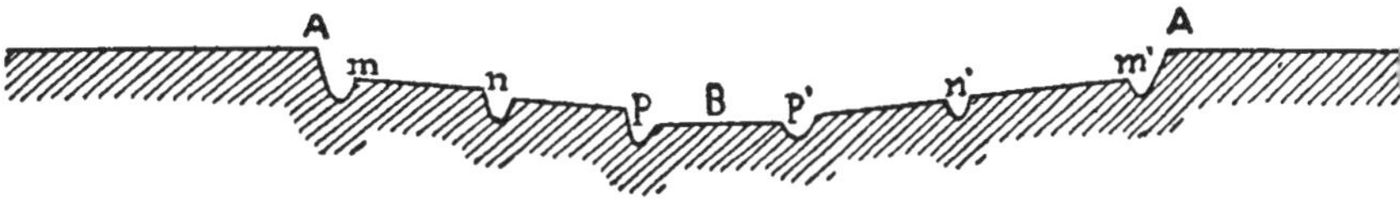

Schiaparelli nimmt an, dass zum Nutzen der gesamten Bevölkerung des Mars diese Art der Bewässerung, die für einen irdischen Beobachter als zeitweilige Verdoppelungen der Vegetationsstreifen erscheint, genau geregelt werden muss. Auf diese Weise glaubt er auf Grundlage von plausiblen Folgerungen das von der Erde aus beobachtete wechselnde Aussehen der sogenannten „Kanäle", d. h. der bewirtschafteten Täler des Mars, erklären zu können, *„ohne wunderbare Dinge zu unterstellen oder wie wahnsinnig in unbekannten Gefilden umherzuirren (senza supporre cose miracolose e senza vagare all'impazzata nei campi dell'ignoto)"* (Schiaparelli 1895, S. 10). Als logische Konsequenz ergibt sich daraus eine ganze Reihe von weiteren Erklärungen. So kann man sich sekundäre Wasserspeicher vorstellen, die gebraucht werden, um das Wasser an Täler zu verteilen, die mit der Überschwemmung nicht direkt verbunden sind, sodann die für die Regelung der Verteilung erforderlichen Bauten sowie die vielen Fabriken, die vom Wasser bei seinem Abfluss von den Böschungen zur Talsohle angetrieben werden können. Der Mars muss daher nach Schiaparelli nicht nur *„das Paradies der Wasserbauingenieure"*, sondern auch *„das Paradies der Sozialisten"* sein. Denn die Gemeinsamkeit der Interessen, durch welche die Bewohner jedes Tales unvermeidlich miteinander verbunden sind, müsste dazu führen, dass die Einrichtung des kollektiven Sozialismus viel praktischer und zweckmäßiger ist als jede andere Regierungsform auf der Erde. Und er entwirft ein Bild nicht nur von den wissenschaftlich-technischen Fähigkeiten, sondern auch von den moralischen Eigenschaften der Marsbewohner, die mit denen auf unserer Erde nicht zu vergleichen sind: *„Welch einzigartige Disziplin, Eintracht, Gesetzestreue und Achtung vor den Rechten anderer müssen auf einem Planeten herrschen, auf dem das Wohl jedes Einzelnen so eng an das der Allgemeinheit geknüpft ist, wo zweifellos internationale Unstimmigkeiten und Kriege unbekannt sind, wo jene riesige Summe von Forschung, Arbeit und Geldmitteln, welche die wahnsinnigen Bewohner eines benachbarten Himmelskörpers vergeuden, um sich gegenseitig zu schaden, ganz dafür eingesetzt wird, den gemeinsamen Feind zu bekämpfen, nämlich die Schwierigkeiten, welche ihnen die geizige Natur bei jedem Schritt entgegenstellt"* (Schiaparelli 1895, S. 11).

Schiaparelli hat mit diesen seinen Spekulationen über die Erbauer der Marskanäle nur das ausgedrückt, was damals die fast allgemein akzeptierte Auffassung seiner zeitgenössischen Fachkollegen der Astronomie, wie Proctor und Flammarion, war. Derjenige aber, dessen Name mit dieser Deutung der Marskanäle als von intelligenten Lebewesen künstlich geschaffene Bauwerke untrennbar verbunden bleibt, war der amerikanische Geschäftsmann Percival Lowell, der seit der Entdeckung der Kanäle durch Schiaparelli, den er den Kolumbus der neuen Welt des Mars bezeichnet, sein weiteres Leben als Astronom der Erforschung dieses Planeten gewidmet hat.

Der Überlebenskampf der Marsmenschen: Lowell

Als Percival Lowell seine große Privatsternwarte in 2000 m Höhe in Flagstaff, Arizona, im Jahre 1894 errichtete, war er sich im Unterschied zu Schiaparelli von vornherein sicher, dass der Mars von intelligenten Lebewesen bewohnt ist. Nur geht er von der Vorstellung aus, dass sie entsprechend der harten Bedingungen auf diesem Planeten, wie dünne Atmosphäre, niedrige Temperaturen, große Trockenheit und Mangel an Wasser, einen letzten Endes hoffnungslosen Überlebenskampf führen. In den Kanälen sah er daher von allem Anfang seiner Forschungen an ein künstlich geschaffenes über den ganzen Planeten ausgedehntes Bewässerungssystem, das die Grundlage für die Existenz organischen Lebens auf dem Mars darstellt. Seine Sternwarte, auf der er dieses System in allen Einzelheiten zu erforschen hoffte, war mit einem für die damalige Zeit und für einen Privatmann geradezu riesigen Instrument, mit einem Refraktor von 61 Zentimeter Durchmesser und 9,45 Meter Brennweite, ausgestattet. Obwohl dieses Instrument damals nur von wenigen Fernrohren auf der ganzen Erde übertroffen wurde, legte Lowell noch mehr auf die hervorragenden atmosphärischen Verhältnisse in Arizona den größten Wert. Sie waren für ihn die wichtigste Bedingung für eine Beobachtung der Details der Marsoberfläche. So sagt er in der Vorrede zu seinem ersten Werk über den Mars: *„Die Größe eines Instrumentes ist eine bloß sekundäre Angelegenheit. Ein größeres Instrument in einer schlechten Luft wird nicht das zeigen können, was ein kleineres in einer guten Luft kann“* (Lowell 1895, S. V).

Seit Beginn seiner Beobachtungen der Kanäle auf der Marsoberfläche im Mai 1894 wurde Lowell von zwei Mitarbeitern, W. H. Pickering und A. E. Douglass unterstützt. Beide leisteten als versierte astronomische Beobachter wertvolle Beiträge nicht nur zur Verbesserung der Kenntnisse über die Atmosphäre und geologischen Struktur der Marsoberfläche, sondern auch zur Entdeckung weiterer Kanäle. Auf Pickering beruft sich Lowell, wenn er ähnlich wie Schiaparelli davon spricht, dass die sogenannten Kanäle, die man von der Erde aus beobachten kann, nicht wirklich die Kanäle sind, die Wasser führen, sondern nur die Vegetationszonen, die sich an diesen Kanälen entlang ziehen. Und es war auch Pickering, der schon einige Jahre zuvor die Meinung vertreten hatte, dass auch die blaugrünen Gebiete auf dem Mars, die sogenannten „Meere“, nichts anderes als Regionen einer weitverbreiteten niedrigen Vegetation sind. Denn selbst dann, wenn die sogenannten Meere und Seen nur wenige Fuß seichte Wasserflächen wären, fehlt jede Reflexion des Sonnenlichtes, die an einer bestimmten Stelle wie in einem Spiegel hätte auftreten müssen. Die Beobachtungen in Flagstaff bestärkten diese Ansicht, insofern als man erkennen konnte, dass nicht alle Teile der dunkelgrauen Regionen auf der gleichen Ebene liegen. Mit anderen Worten: *„Es sind dort Berge und Täler vorhanden und konsequenterweise können daher die dunklen Regionen nicht die Oberfläche von Ozeanen sein“* (Pickering 1894/1921, S. 102). Das aber bedeutet, dass es auf dem Mars kein mit noch so großen Teleskopen sichtbares Wasser mehr gibt. Der Grund dafür ist nach Lowells Meinung, dass der Mars, weil er kleiner als die Erde ist, seinem Lebensalter, wenn schon nicht den Jahren nach, älter als die Erde sein muss. Seine Meere sind im Prozess dieses schnelleren Alterns ausgetrocknet und das Wasser hat sich in die Spalten und Höhlen seines Inneren zurückgezogen. Was davon übrig geblieben ist, sind die sich jährlich erneuernden Polkappen. Und das daraus entstehende Schmelzwasser ist die einzige noch verbliebene Reserve an flüssigem Wasser, das durch das künstlich hergestellte Kanalsystem verteilt wird. Die Schwierigkeit, durch welche Kräfte solche Wassermassen in den sich Tausende von Kilometern erstreckenden Kanälen in einer weitgehend flachen Landschaft transportiert werden, umgeht Lowell dadurch, dass er an künstlich errichtete Pumpstationen denkt (vgl. Pickering 1906/1921, S. 148).

Im Großen und Ganzen gesehen ist daher der Mars für Lowell bereits ein Wüstenplanet, dessen Bewohner einen heroischen Überlebenskampf führen, indem sie ein gewaltiges über den ganzen Planeten gezogenes System von Bewässerungskanälen erbaut haben, an deren Kreuzungspunkten Oasen angelegt sind. Bei einem solchen Bewässerungssystem auf einem Planeten, der im Unterschied zu den Vorstellungen von Schiaparelli überhaupt keine Ozeane, Meere oder Seen mehr besitzt, muss die Anzahl dieser Kanäle natürlich viel größer sein. Als Schiaparelli sein Lebenswerk vollendete, hatte er 113 Kanäle entdeckt. Diese Anzahl ist nach den Beobachtungen auf Lowells Sternwarte in Flagstaff auf 437 angewachsen. Angesichts dieses ungeheuren über den ganzen Planeten ausgedehnten Kanalsystems stellt sich natürlich die Frage, mit welchen geistigen Fähigkeiten und körperlichen Kräften die Erbauer eines solchen Riesenwerkes ausgestattet sein müssen. In der Beantwortung dieser Frage lässt sich Lowell zu fantastischen Annahmen hinreißen, die er mit seltsamen rechnerischen Angaben zu begründen versucht. Denn er nimmt an, dass diese Herkules-Aufgabe nur von Marsbewohnern geleistet werden kann, die in allen Dimensionen ihres Körpers dreimal so groß sind wie die Menschen auf der Erde. Dementsprechend sind auch ihre Muskeln, die eine dreimal so große Länge, Breite und Dicke haben, 27-mal so effektiv wie die unseren. Ein Marsbewohner, der auf die Erde versetzt würde, wäre daher nach Lowells Berechnungen *„27-mal so stark wie unsereiner und könnte daher 27-mal so viel zu Stande bringen. Bei einer dreimal geringeren Schwerkraft auf dem Mars würde seine effektive Kraft sogar 81-mal größer als die eines Menschen sein, sei es beim Graben von Kanälen oder bei anderen körperlichen Tätigkeiten.“* Da aber, wie Lowell weiß, *„die Schwerkraft auf der Oberfläche des Mars in der Realität etwas größer als ein Drittel wie auf der Oberfläche der Erde ist, wäre das wahre Verhältnis nicht 81, sondern ungefähr 50; das bedeutet, ein Marsianer müsste physisch 50-fach effizienter sein als ein Mensch“* (Lowell

1897, S. 205). Lowell ist zwar davon überzeugt, dass nichts an dieser Berechnung problematisch ist, doch vorsichtig genug, um zu betonen, dass damit nur die Möglichkeit, nicht aber die Wahrscheinlichkeit solcher Giganten auf dem Mars demonstriert werden soll. Fest steht für ihn jedenfalls, dass dieser Überlebenskampf der Marsbewohner sich immer mehr einem bitteren Ende nähert: *„Die Austrocknung des Planeten schreitet mit Sicherheit so weit fort, bis überall auf seiner Oberfläche kein Leben mehr aufrechterhalten bleibt. Langsam, aber sicher wird es mit der Zeit ausgelöscht werden. Wenn der letzte Funken auf diese Weise erstickt ist, wird der Planet als eine tote Welt durch den Weltraum rollen und seine evolutionäre Laufbahn wird für immer beendet sein"* (Lowell 1908, S. 216).

Krieg der Welten: Die Invasion vom Mars

Noch bevor der Höhepunkt der von Schiaparelli, aber noch mehr von Lowell, hervorgerufenen Marseuphorie erreicht war, begann man sich Vorstellungen darüber zu machen, wie es möglich sein könnte, mit den von den meisten zeitgenössischen Astronomen als sicher angenommenen Marsbewohnern in Kontakt zu kommen. Da weder Flammarion noch ein anderer Astronom die technische Möglichkeit sahen, wie dieser Abgrund der Entfernung von Millionen von Kilometern zum Mars von der Erde aus überwunden werden könnte, ging man eher von einem möglichen Besuch der genialen geistig höherstehenden und technisch fortgeschritteneren Marsbewohner aus, der sich dann aber zum Alptraum einer Invasion vom Mars entwickelte.

Das erste Werk, das noch vor den begeisterten Schilderungen der genialen Wasserbauingenieure Schiaparellis und Lowells über die Leistungen und das Aussehen der Marsbewohner berichtete, ging von der gar nicht so unglaubwürdigen Annahme eines kosmischen Zufalls aus. Im Jahre 1865, in dem auch Jules Verne seinen berühmten utopischen Roman „Von der Erde zum Mond" veröffentlichte, erschien auch ein Buch mit dem Titel „Un habitant de la planète Mars (Ein Bewohner des Planeten Mars)". Dieses Werk, das ein *„gelehrter Freund"* Flammarions, Henri de Parville (1838 – 1909) so verfasst hatte, dass man zunächst nicht wusste, ob es eine wissenschaftliche Abhandlung oder nur reine Fantasie war, enthielt eine Abbildung einer Marsmumie, die man bei Erdölbohrungen in Amerika in einem Meteoriten eingeschlossen vorgefunden haben soll. Diese bewundernswert gut erhaltene Mumie war zwar *„an manchen Stellen verkohlt und die sehr kurzen Füße konnten nur beschädigt herausgelöst werden, hingegen war der Kopf fast unversehrt; kein Haarwuchs, eine glatte, lederartige Haut, ein dreieckiges Gehirn, ein* *scharf geschnittenes Gesicht, statt der Nase ein von der Stirn ausgehender Rüssel, ein winziger Mund mit wenigen Zähnen, zwei Augenhöhlen, deren Augäpfel man sicher herausgenommen hatte, denn in den Höhlen hatte sich Kalk abgelagert, sehr lange Arme, die über die Schenkel hinausreichten, fünf Finger, von denen der vierte erheblich kürzer als die anderen war ... Die fast überall verkohlte Haut dürfte ursprünglich von rotgelber Farbe gewesen sein"* (de Parville 1865; dt. Übers. zit. nach Abret/Boia 1984, S. 36 f.). Obwohl dieses Buch sich bei genauerer Betrachtung nur als ein „astronomischer Roman" erwies, war sein Inhalt nach den damaligen Erkenntnissen wissenschaftlich so gut fundiert, dass Flammarion nicht umhinkonnte, diese Abbildung eines imaginären Marsbewohners (vgl. Abb. 27) in sein umfangreiches Werk „Les terres du ciel" (1884) aufzunehmen, das sich mit der Beschreibung und den Bedingungen des Lebens auf den Planeten des Sonnensystems beschäftigt.

Parville stimmt auch in der Beschreibung dieser Bedingungen auf dem Planeten Mars mit Flammarion vollkommen überein: *„Die biologischen Bedingungen auf dem Mars sind denen der Erde ähnlich, man findet Gebirge, Meere, Kontinente und Polkappen. Folglich ist auf diesem Planeten die Existenz von Menschen, die uns sehr ähnlich sind, anzunehmen"* (de Parville 1865; zit. nach Abret/Boia 1984, S. 37). Parville dichtet ihnen zwar einen Rüssel an, doch er geht nicht so weit wie Flammarion, der die Marsmenschen mit Flügeln ausstatten wollte (Flammarion o. J., S. 376). Auch für den Transport der Marsmumie zur Erde findet Parville eine natürliche Erklärung: Ein Meteorit hat vor Jahrmillionen die Marsoberfläche gestreift und den Gipfel eines Marsgebirges mitgerissen, auf dem sich das Grab des Marsianers befand. Nach einer langen Reise durch den Weltraum kam derselbe Meteorit in die Nähe der Erde, drang in unsere Atmosphäre und schlug in Amerika ein. Auf diese Weise hatte de Parville bereits den tatsächlich erfolgten Aufprall des Marsmeteoriten ALH 84001 vorweggenommen, der zwar keine Mumie eines Marsmenschen, jedoch Fossilien organischer Herkunft enthalten soll (vgl. Goldsmith 1996).

Mit den Entdeckungen der Marskanäle durch Schiaparelli und Lowell und ihrer Interpretation als das Werk von menschenähnlichen Lebewesen, die uns in ihrer Intelligenz weit überragen, wuchs auch die Faszination, die dieser geheimnisvolle Planet auf die zeitgenössischen Schriftsteller und Dichter ausübte. Es war kein Geringerer als Guy de Maupassant, der Schiaparellis Beobachtungen der Marsoppositionen der Jahre 1884 und 1886 zum Anlass nahm, um in einer Erzählung vom Jahre 1889 (L'Homme de Mars) von einem seltsamen Besucher zu erzählen, der ihn eindringlich fragte, ob er

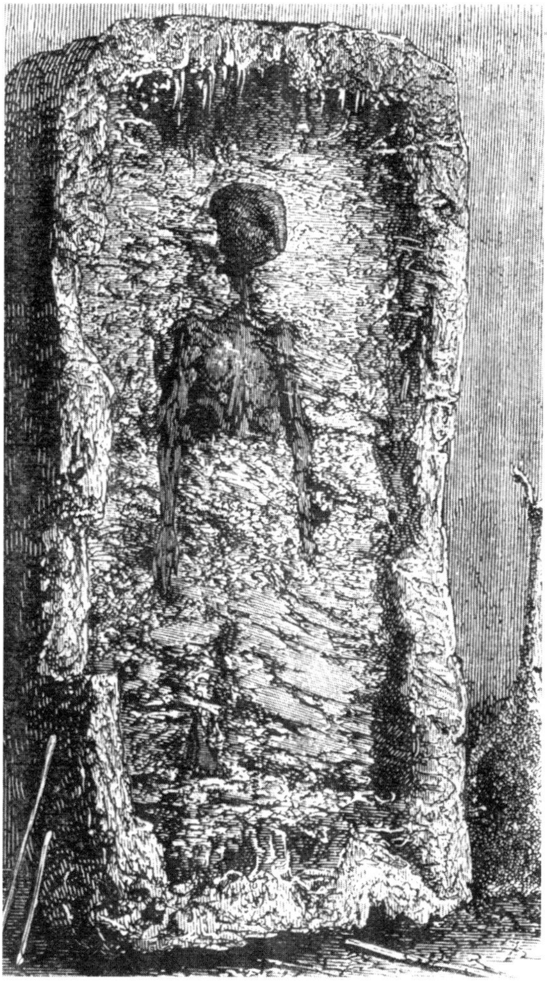

Abb. 27: Die Mumie eines Marsbewohners (aus Flammarion 1884, nach de Parville 1865)

daran glaube, dass die anderen Planeten bewohnt seien. Auf seine bejahende Antwort hin wurde der kleine schmächtige Mann von einer heftigen Freude ergriffen und rief: *„Wie konnte ich nur an Ihnen zweifeln? Man muss schon ein Narr sein, ein Tor, ein Trottel, ein Ignorant, um sich einzubilden, dass die Milliarden von Welten einzig und allein zum Ergötzen und Erstaunen des Menschen, dieses törichten Insekts, erglänzen und ihre Bahn ziehen, um nicht zu begreifen, dass die Erde nichts anderes als ein kaum wahrnehmbares Staubkörnchen im Staub der Gestirne ist"* (Maupassant 1889, dt. Übers. 1988, S. 111). Und als Beweis, dass der Mars bewohnt ist, dass es dort Leben gibt, dass man dort denkt, dass man dort arbeitet und dass man von dort auf uns herabschaut, sieht der seltsame Besucher Maupassants die von Schiaparelli entdeckten Kanäle an. Dass diese dortigen Wesen die hundert Kilometer breiten Kanäle auszuheben im Stande waren, begründet der über Flammarions Spekulationen über die geflügelten Marsbewohner genau informierte Besucher Maupassants mit der viel geringeren Schwerkraft auf dem Mars: *„Also Monsieur, da die Stärke seiner Schwerkraft von der Masse und dem Volumen, das heißt vom Gewicht und der Entfernung der Oberfläche zum Mittelpunkt abhängt, lässt sich daraus unzweifelhaft auf diesem Planeten ein Zustand verminderten Gewichts folgern, der dem dortigen Leben einen vollkommen anderen Ablauf vorschreibt, die mechanischen Bewegungsabläufe in einer uns unbekannten Art regelt und eine geflügelte Spezies prädominieren lassen muss. Jawohl, Monsieur, der Marskönig hat Flügel. Er fliegt, begibt sich von einem Kontinent zum anderen, wandelt wie ein Geist durch seine Welt, deren Atmosphäre ihn indessen an sich bindet, aus der er nicht entrinnen kann ... Nun, Monsieur, Sie stellen sich diesen Planeten mit Pflanzen, Bäumen und Tieren bevölkert vor, deren Gestalt wir nicht einmal erahnen können, und bewohnt von großen geflügelten Wesen, wie man sie uns bei den Engeln geschildert hat? Ich sehe sie über ihren Ebenen und Städten in der goldfarbenen Luft, die ihnen dort oben beschieden ist, herumsegeln“* (Maupassant 1889, dt. Übers. 1988, S. 116).

Und auf die Gefahr hin, für verrückt gehalten zu werden, gibt er schließlich seine Beobachtung einer gescheiterten Invasion vom Mars preis:

„Neulich abends auf der Steilküste bemerkte ich über mir, ganz nah, eine leuchtende, durchscheinende, mit enormen, um sich schlagenden Schwingen umgebene Kugel, oder zumindest meinte ich, in der nächtlichen Dämmerung Flügel gesehen zu haben. Wie ein verwundeter Vogel ruderte sie durch die Luft, kreiste mit geheimnisvollem Lärm um sich selbst, schien ganz außer Atem, dem Sterben nahe, orientierungslos. Sie flog an mir vorbei. Man hätte meinen können, es wäre ein ungeheuerlicher gläserner Ballon, angefüllt mit verstörten Kreaturen, die man mit Mühe wahrnehmen konnte, die, indes wie die Mannschaft eines in Seenot geratenen Schiffes, welche die Herrschaft darüber verloren hat und von Woge zu Woge getrieben wird, hin und her geschaukelt wurden. Und diese seltsame Kugel sollte, nachdem sie einen gewaltigen Bogen beschrieben hatte, weit draußen im Meer abstürzen, wo ich ihren Sturz aus großer Höhe, einem Kanonendonner gleich, vernahm ... Ja, ich habe es gesehen, ich habe das erste Raumschiff gesehen, das erste kosmische Schiff, welches von denkenden Wesen in die Unendlichkeit gesandt wurde“ (Maupassant 1889, dt. Übers. 1988, S. 117 f.).

Abb. 28: Geflügelte Marsbewohner (aus Maupassant 1889)

Diese fantastische Erzählung einer verunglückten Landung der Marsbewohner auf der Erde war der Beginn einer Welle von Marsromanen, in denen nicht nur die intellektuelle Überlegenheit der Marsbewohner, sondern auch mehr und mehr ihre Invasionsgelüste dargestellt wurden.

Die Vorstellungen von einer solchen Invasion, die von dem deutschen Mathematiklehrer und Autor wissenschaftsgeschichtlicher Werke Kurd Laßwitz (1848 – 1910) entwickelt wurden, hatten noch einen harmlosen und versöhnlichen Charakter. In seinem 1897 erschienenen immer wieder aufgelegten Roman „Auf zwei Planeten" sind die Invasoren vom Mars geradezu liebenswürdige Geschöpfe einer technisch wie geistig und sozial hochstehenden Zivilisation. Anders als bei Lowell sind sie keine kraftstrotzenden Giganten, noch besitzen sie wie bei Flammarion Flügel, sondern sie sind zarte, sanfte Wesen von menschlicher Größe und Gestalt mit besonders großen Augen, in denen sich die gewaltige Überlegenheit des Geistes zeigt (Laßwitz 1897, Bd. 1, S. 63). Als es den technisch hochbegabten Marsbewohnern gelang, einen Stoff herzustellen, mit dem man die Schwerelosigkeit verstärken und vermindern konnte, reifte in ihnen der Plan, den barbarischen Erdbewohnern die Segnungen ihrer Kultur zu bringen und für sich selbst einen neuen Wohnplatz zu erobern. Sie errichteten am Nordpol, der zur Zeit, als Laßwitz seinen Marsroman schrieb, noch nicht entdeckt worden war, eine Station, von der aus der Eroberungszug über die Erde erfolgte, die auf diese Weise zu einem Protektorat des Mars wurde. Die Herrschaft der Marsmenschen über die kulturell und sittlich minderwertigere Erdbevölkerung wurde zwar mit den besten Absichten begonnen, führte aber schon sehr bald zu Konflikten. So mussten aus den großen Städten alle Haustiere verschwinden. Denn *„die Nähe größerer Tiere war den Martiern wegen der damit verbundenen Unreinlichkeit und des Geruchs ein Abscheu, und der Umgang der Menschen mit ihren Haustieren erschien ihnen als einer der barbarischsten Züge im Leben der Erde"* (Laßwitz 1897, Bd. 2, S. 312). Schließlich aber gelang es den Menschen, die Martier wieder bis zum Nordpol zurückzudrängen. Es wurde ein Waffenstillstand geschlossen, dem die Aufhebung des Protektorates und ein Friedensvertrag folgten.

Während diese Geschichte einer Invasion vom Mars noch ein glückliches Ende fand, sollte jedoch noch im selben Jahr des Erscheinens des Marsromans von Laßwitz eine andere beklemmend realistische Darstellung dieses Krieges zweier Welten alle Ängste der Menschen vor einer Invasion vom Mars wachrufen. Dass der von Lowell so eindringlich geschilderte Überlebenskampf auf dem sterbenden Planeten nicht von heroischen, sozial empfindenden, uns Menschen geistig und kulturell überragenden Wesen, sondern von eiskalten grausamen Ungeheuern geführt werden könnte, war die Idee eines englischen Schriftstellers, des damals erst 32-jährigen Herbert George Wells, der als akademisch ausgebildeter und jahrelang tätiger Biologielehrer Fantasie genug hatte, um sich in der 1898 auf dem Höhepunkt der damaligen Marsforschung erschienenen Erzählung „The War of the Worlds" von den „Marsmenschen" ein Bild auszumalen, das ihrer trostlosen Situation auf einem sterbenden Planeten entsprach. Technisch hochbegabt, ausgestattet mit einem immensen Gehirn und einem quallenartigen tentakelbewehrten Körper von atemberaubender Hässlichkeit waren sie erfüllt von dem verzweifelten Wunsch, sich einen neuen Ort fürs Überleben zu erobern. Gesteigert wird diese ekelerregende Beschreibung noch durch die Schilderung ihrer schrecklichen Ernährungsweise. Im Unterschied zu den Menschen auf der Erde war das *„verwickelte Gefüge der Verdauungswerkzeuge"*, das den Hauptbestandteil unseres Körpers bildet, bei den Marsleuten überhaupt nicht vorhanden: *„Sie waren Köpfe, nichts als Köpfe."* Sie aßen nicht, brauchten also auch nicht zu verdauen. Stattdessen nahmen sie das frische, lebende Blut anderer Geschöpfe und führten es mittels eines kleinen Röhrchens in ihre eigenen Adern ein. Wenn uns schon die bloße Vorstellung dieses Vorgangs grauenhaft und abstoßend erscheint, so weist Wells jedoch darauf hin, *„wie widerwärtig unsere fleischfressenden Gewohnheiten einem vernunftbegabten Kaninchen erscheinen würden"* (Wells

1974, S. 120). Aus dem mitgebrachten Material konstruierten die Marsleute Kriegsmaschinen, mit denen sie die Menschen wie lästige Insekten ausrotteten, soweit diese nicht schon vorher als Nahrungsquelle eingefangen worden waren. Mit ihren Hitzestrahlen vernichteten sie in wenigen Augenblicken ganze Batterien von Soldaten, zerstörten Häuser und Befestigungslager und entvölkerten schließlich mit ihren Gasangriffen ganz London, aus dem bereits ein Großteil der Menschen in Panik geflohen war. Doch das Ende der Invasion war nahe. In dem fast menschenleeren London konnte man auf einmal ein schluchzendes Geheul hören, das langsam erlosch. Überall zerstreut in den umgestürzten Kriegsmaschinen lagen steif und still, in einer Reihe hingestreckt, die Marsleute, *„erwürgt von fäulnis- und krankheitserregenden Bakterien, gegen die ihre körperliche Beschaffenheit widerstandslos war … erwürgt, nachdem alle Anschläge der Menschen fehlgeschlagen hatten, von den niedrigsten Wesen, die Gott in seiner Weisheit ins Leben gerufen hat“* (Wells 1974, S. 163 f.).

Wie realistisch diese Darstellung einer Marsinvasion war, demonstrierte Jahrzehnte später eine Hörspielversion dieser Geschichte, die in New York eine Panik größten Ausmaßes hervorrief. Inszeniert wurde sie von Orson Welles zu einer Zeit, als sich die Marskanäle bereits als optische Täuschung erwiesen hatten und kein wissenschaftlich ausgebildeter Astronom an die Existenz von Marsmenschen glaubte.

Die Ernüchterung: Das Ende der Marskanäle

Bereits während der Opposition von 1898 bis 1899 hatte der italienische Astronom V. Cerulli die Kanäle für ein „optisches Spiel von Truglinien“ angesehen und sogar die weißen Polarkalotten ebenfalls für eine optische Täuschung erklärt, der kein reales Gebilde auf der Marskugel entspreche (vgl. Cerulli 1900). Zweifel an der realen Existenz der Marskanäle traten schließlich auch bei den Mitarbeitern Lowells, Pickering und Douglass, auf. So meint Pickering, dass Lowells Karten von dem System der Marskanäle zwar den Eindruck erwecken, als ob diese künstlich geschaffene Bauwerke wären, aber er weist auch darauf hin, dass sie aus vielen einzelnen Zeichnungen zusammengesetzt sind: *„Alle diese Kanäle, die auf den Karten dargestellt werden, sind nicht auf einmal zu sehen. Im Gegenteil sind nur sehr wenige in derselben Nacht sichtbar“* (Pickering 1906/1922, S. 143 f.). Zweifel an der Existenz der künstlichen Kanäle gab es noch bei einigen anderen Astronomen. So versuchte der englische Astronom Maunder durch ein Experiment mit unbefangenen Schulkindern nachzuweisen, dass es sich bei den Marskanälen um eine physiologisch bedingte optische Täuschung handelt, die dadurch zustande kommt, dass unzusammenhängende Flecken und Punkte zu geraden Linien ergänzt werden. Nachdem es aber in Flagstaff gelungen war, eine Anzahl von Kanälen auf eine von allen physiologischen Einflüssen freie fotografische Platte bildlich zu fixieren, war Lowell davon überzeugt, einen sicheren Beweis gegen den Vorwurf in der Hand zu haben, dass es sich bei den Marskanälen nur um optisch-physiologische Trugbilder handelt, und glaubte daher, Maunders Erklärung als *„Schuljungen-Theorie“* (schoolboy-theory) verspotten zu können. Auch andere Verteidiger der Kanaltheorie waren der Auffassung, dass nach dieser fotografischen Bestätigung die *„kindischen Versuche Maunders mit Schuljungen und die Bemühungen anderer Astronomen, die Kanäle für Produkte der Einbildung auszugeben, endgültig ad acta gelegt werden“* (Brenner 1905, S. 153).

Nach Lowells eigenen Angaben begannen in Flagstaff bereits im Jahre 1901 die Versuche zur Selbstregistrierung der Kanäle auf fotografischen Platten: *„Die ersten Versuche zeigten nichts. Zwei Jahre später konnte man schon schwach sichtbare Formen hervorrufen. Aber erst weitere zwei Jahre später wurden die lang andauernden Anstrengungen von Erfolg gekrönt.“* Mit großer Mühe und Geduld war einem Mitarbeiter Lowells, C. O. Lampland, eine *„bemerkenswert gute Ausführung“* der Kanäle geglückt. Nachdem Schiaparelli diese ihm zugeschickten Fotografien gesehen hatte, schrieb er voller Bewunderung an Lowell: *„Ich hätte nie geglaubt, dass dies möglich sei“* (Lowell 1908, S. 155). Eine Hauptcharakteristik dieser Kanäle, von denen eine große Anzahl von solchen Fotografien hergestellt wurde, war, dass sie alle hervorragenden Punkte der Marsoberfläche tatsächlich miteinander verbinden. Daher konnte Lowell nachträglich auch über seine aus vielen Einzelbeobachtungen zusammengestellte Generalkarte des Mars sagen: *„Wenn wir eine Karte des Planeten herstellen und seine hervorstechenden Markierungen mit geraden Linien verbinden, so werden wir zu unserer Überraschung finden, dass wir die Realität abgebildet haben“* (Lowell 1908, S. 155). Dann aber macht Lowell eine verräterische Bemerkung: *„Sonderbar genug sind die Kanäle am meisten deutlich sichtbar nicht zur Zeit der größten Annäherung an die Erde, zu der die allgemeinen Merkmale konsequenterweise am besten zu sehen sind, sondern erst wenn der Planet sich entfernt, treten die Kanäle hervor“* (Lowell 1908, S. 167). Das aber bedeutet, dass die Kanäle umso weniger sichtbar sind, je näher und deshalb umso größer der Planet Mars in den Fernrohren erscheint. Dem entspricht aber die ironische Bemerkung des Direktors der Yerkes-Sternwarte, der auf eine Anfrage, was denn der größte damals vorhandene Refraktor von den Marskanälen zeige, die Antwort

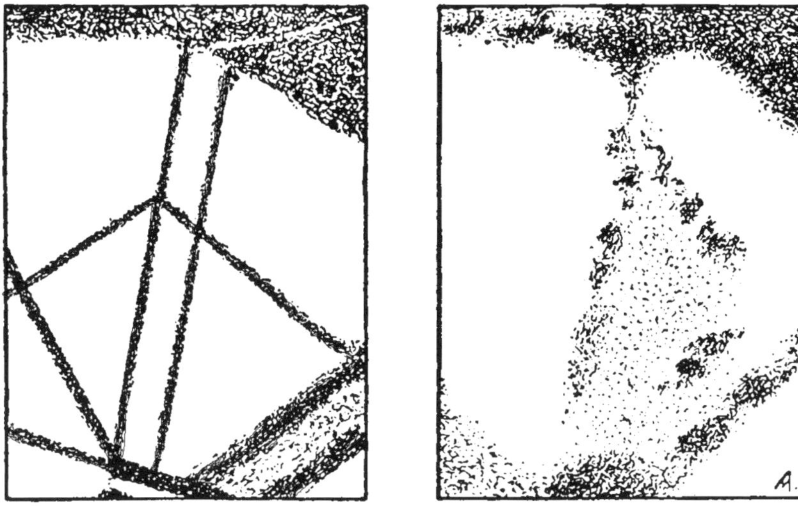

Abb. 29: Schiaparellis Kanäle lösen sich auf (nach Antoniadi, aus Lundmark 1930)

gab: *„Der 40-zöllige Refraktor ist zu kräftig für die Marskanäle, er löst sie in kleine Elemente auf“* (Pohle 1922, S. 295). Zu dem gleichen Ergebnis kam auch ein früherer Anhänger der Kanaltheorie Antoniadi, der anhand eigener Beobachtungen ebenfalls erkennen musste, dass sich die Kanäle bei stärkerer Vergrößerung in unzusammenhängende Flecken und Punkte auflösten (vgl. Abb. 29).

Auch war die Überzeugungskraft der fotografischen Aufnahmen von den Kanälen sehr gering. Denn die Original-Negativbilder der ganzen Marsscheibe waren nur 3,3 Millimeter groß, und die Breite der Kanäle lag damit unter einem zehntel Millimeter. Bei den damals grobkörnigen fotografischen Platten war es an sich kaum verwunderlich, dass solche Strukturen entstehen konnten, die sich bei ihrer Betrachtung mit einer Lupe wieder auflösten. Man sprach daher auch von „Plattentäuschungen“. Auch Pickering war der Meinung, dass man zwar zunächst annehmen konnte, dass diese Fotografien dazu dienen, die Zweifler an diesen Kanälen von ihrer Realität zu überzeugen. Es stellte sich jedoch bald heraus, dass diejenigen, die an den Kanälen zweifelten, *„auch ungeeignet waren, sie auf den Fotografien zu sehen, so dass das Argument mit der Fotografie nur einen geringen Wert hatte“* (Pickering 1906/1922, S. 135). Hinzu kam noch, dass Lowell nicht nur zu den wenig aussagekräftigen Fotografien Zeichnungen anfertigte, um die Einzelheiten, in diesem Fall die „Kanäle“ zu verdeutlichen, sondern auch retuschierte Aufnahmen in Umlauf brachte. Eine von diesen Aufnahmen sah der be-

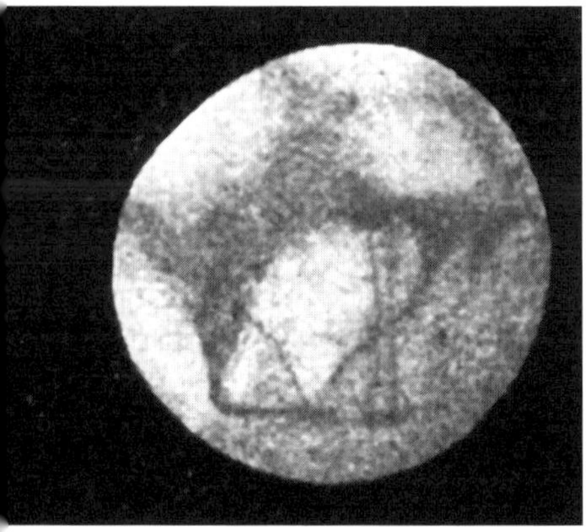

Abb. 30: Retuschierte Fotografie des Mars von Lowell (aus Bürgel 1911)

kannte deutsche Astronom Bruno H. Bürgel als Beweis für die Existenz der Kanäle *„auf fotografischem Wege“* (Bürgel 1911, S. 267; vgl. Abb. 29) an, während Kritiker dieser von Lowell selbst offen gelegten Verfahrensweise der Meinung waren, dass mit der Retuschierung die Beweiskraft dieser Aufnahmen gänzlich verloren gehen müsste.

Nach diesen Diskussionen wurden dann allgemein die Marskanäle für optische Täuschungen gehalten. Aber weder diese ernüchternde Einsicht noch die ungeheure Entfernung zwischen Erde und Mars verhinderten die Pläne, diesem geheimnisvollen Planeten einen Besuch abzustatten.

Flüge zum Mars

Der Aufbruch ins Weltall hatte von allem Anfang an nicht nur die Landung auf dem Mond zum Ziel. Einer der Ersten, die Berechnungen anstellten, wie man die nächsten Planeten unseres Sonnensystems, insbesondere den Mars, mit Hilfe einer bemannten Rakete erreichen könnte, war Walter Hohmann (1880 – 1945). Bereits 1925 veröffentlichte er seine Ideen, wie man mit dem geringsten Energieaufwand zu anderen Planeten gelangen kann, unter dem Titel „Die Erreichbarkeit der Himmelskörper“. Hohmanns Bahnberechnungen zu den erdnächsten Planeten Venus und Mars sind bis heute das Vorbild für Treibstoff sparende Flugmethoden geblieben und werden ihm zur Ehre „Hohmannbahnen“ genannt. Er selbst sprach von einer ellipsenförmigen „Kometenfahrt“, deren sonnennächster Punkt (Perihel) die Erdbahn und deren sonnenfernster Punkt (Aphel) die Marsbahn berührt. Um auf diese energiesparende Bahn zu gelangen, muss man aber gleich nach dem Aufstieg von der Erde die Rakete noch einmal beschleunigen und um auf dem Mars zu landen ein weiteres Mal Treibstoff verbrauchen. Dagegen ist aber Oberth der Meinung, dass *„ein geschickter Raumschiffer nicht 3-mal hintereinander bei verhältnismäßig geringer Geschwindigkeit Gas geben wird, sondern er wird sein Ziel mit einem einmaligen Antrieb zu erreichen suchen“* (Oberth 1974, S. 164). Das gilt auch für den Flug zum Mars, bei dem sich *„die Hin- und Rückfahrt zusammen schon in 4 – 6 Monaten bewerkstelligen lässt, ohne dass man dabei um die Sonne fahren müsste“* (Oberth 1974, S. 367). Der dadurch entstehende höhere

Brennstoffverbrauch könnte nach seiner Meinung dadurch ausgeglichen werden, dass man auf dem Mars selbst, von dem Oberth glaubt, dass es dort *„in hinreichender Menge Wasser gibt"* (Oberth 1974, S. 368), Brennstoff erzeugen kann, sodass auch die Rückfahrt zur Erde gesichert ist. Wenn einmal eine solche Station zur Erzeugung von Brennstoffen auf dem Mars stehen sollte, *„dann"*, sagt Oberth, *„wäre er vom Standpunkt der Brennstofffrage von allen Körpern unseres Sonnensystems am leichtesten zu erreichen"* (Oberth 1974, S. 168).

Solche Ideen waren es, welche die weiteren Pläne zu einem Flug zum Mars bestimmten. Zuerst hatte der schon ein Jahr nach Ende des 2. Weltkrieges zum technischen Direktor des USA-Armeeinstitutes für die Entwicklung ferngelenkter Geschosse ernannte Wernher von Braun als Auftakt sowohl für eine Landung auf dem Mond als auch auf dem Mars Pläne zum Bau der bereits von Oberth vorgeschlagenen Weltraumstation vorgelegt. Nachdem es ihm gelungen war eine umgebaute V 2 bis zu einer Höhe von 402 Kilometern zu treiben, war seine Meinung, dass die Entwicklung einer solchen Raumstation so *„unabwendbar wie der Sonnenaufgang"* ist: *„Der Mensch hat seine Nase bereits in den Raum hinausgesteckt und wird sie nicht wieder zurückziehen"* (v. Braun/Ley o. J., S. 8). Die Weltraumstation war deswegen für ihn eine Vorbedingung für Weltraumfernflüge, weil von ihr aus ein von der Schwerkraft der Erde ungehinderter Zugang sowohl zum Mond als auch zum Mars geschaffen wäre. Dementsprechend großzügig angelegt war auch seine erste Marsprojekt-Studie. Mit dieser Studie wollte er zeigen, dass auf diese Weise die Durchführung umfangreich ausgestatteter Expeditionen zum Mars mit konventionellen chemischen Raketentreibstoffen möglich ist. Eine solche Expedition sollte aus zehn Fernraumschiffen mit einer Besatzung von 70 Mann bestehen. Der Abstieg zur Marsoberfläche sollte mit drei Landungsraketen vorgenommen werden und der Rückflug zur Erde sollte mit sieben Fernraumschiffen erfolgen. Die Transportraketen für den Verkehr zwischen Erdoberfläche und der Ausgangsbahn von der Weltraumstation in 1730 Kilometer Höhe sollten dreistufig und bei Nutzlasten von 39,4 Tonnen rund 80 Meter lang und 6400 Tonnen schwer sein. Nicht weniger als 950 Flüge von der Erdoberfläche zur Ausgangskreisbahn wären erforderlich, um die Expedition vorzubereiten, und dabei würde man 5 320 000 Tonnen Raketentreibstoffe verbrauchen. Die eigentliche Marsexpedition braucht dagegen „nur" 36 000 Tonnen Treibstoffe, und in der Umlaufbahn um den Planeten Mars, wo die Fernraumschiffe wie künstliche Satelliten kreisen sollten, würden 600 Tonnen Nutzlast für die Expedition zur Verfügung stehen. Es war klar, dass ein derartig gigantischer Plan keine Zustimmung bei den Regierungsbehörden fand. Nach viel zeitraubender Detailarbeit legte Wernher von Braun für die Marsexpedition einen sparsameren Plan mit zwölf Mann Besatzung und nur zwei Raumschiffen vor: ein Passagierschiff mit einer Landungsrakete und ein Lastschiff. Die Nutzlastkapazität der Transportraketen für den Verkehr zwischen Erdoberfläche und Ausgangskreisbahn wurde auf rund zehn Tonnen verringert. Durch konstruktive und rechnerische Maßnahmen wurde das Abfluggewicht dieser großen Raketen weiter reduziert, sodass sie beim Start nur noch 1280 Tonnen wiegen – gegenüber 6400 Tonnen beim ersten Entwurf (vgl. v. Braun/Ley o. J., S. 318). Um Treibstoff zu sparen sollte auch nicht der kürzeste Weg zum Mars eingeschlagen werden, wie ihn Oberth vorgeschlagen hatte, sondern der bereits von Hohmann berechnete Weg einer „Kometenbahn" um die Sonne: *„Wir haben uns eben daran zu gewöhnen, dass man auf einer interplanetarischen Reise nicht schnurstracks auf sein Ziel zustrebt. Da das Schiff vorübergehend selbst ein winziger, Leben tragender Himmelskörper ist, zieht es eher wie ein Komet durch das Sonnensystem. Nur unter voller Ausnutzung der Umlaufgeschwindigkeit der Erde kann das Schiff sich mit dem geringstmöglichen Treibstoffverbrauch zur Marsbahn hinausschwingen. Die auf dem Hinflug zurückgelegte Strecke ist daher viel länger als die 56 Millionen Kilometer, die bei der günstigsten Opposition zwischen Erde und Mars liegen. Sie ist nicht weniger als 590 Millionen Kilometer lang!"* (v. Braun/Ley o. J., S. 239). Die für den kometengleichen Flug von Planetenbahn zu Planetenbahn erforderliche Zeit beträgt 260 Tage oder etwas länger als acht Monate, wobei das Raumschiff die Erde zu einer Zeit verlassen muss, in welcher der Mars an einem Punkt seiner Bahn steht, von dem er ebenfalls 260 Tage braucht, um zum Stelldichein zu kommen. Von den zwölf Mann Besatzung sollen dann neun Mann mit der Landungsrakete zur Marsoberfläche hinabsteigen.

Den mehr als ein Jahr dauernden Aufenthalt auf der kalten Marsoberfläche vergleicht Wernher von Braun mit einem Winterlager in der Arktis. Die Expedition muss praktisch mit allem ausgerüstet sein, was sie während ihrer Abwesenheit von der Erde braucht: mit Sauerstoff, Lebensmitteln und Trinkwasser, Werkzeugen, Ersatzteilen, heizbaren und luftdichten Quartieren und mit Fahrzeugen mit genügend Kraftstoff. Außerdem muss eine Funkstation vorhanden sein, welche die mehrere Hundert Millionen Kilometer zwischen der Erde und den einsamen Forschern auf dem Mars überbrücken kann. Die Landungsgruppe hat die Aufgabe, das Wetter und das Klima auf dem Mars gründlich zu studieren, die Gesteine und den Boden nach Bakterien zu untersuchen und nach Anzeichen zu forschen, ob der Mars jemals von intelligenten Wesen bewohnt gewesen ist. Sie muss aber auch mit allen möglichen technischen Schwierigkeiten und Überraschungen fertig werden, von denen sich die Konstrukteure der Ausrüstung nichts hatten träumen lassen. Sandstürme bedrohen die komplizierten Geräte der für den Rückflug bestimmten Rakete, sodass die Forscher gelegentlich befürchten könnten, sie würden für immer auf diesem fremden Planeten bleiben müssen. Deshalb geht Wernher von Braun auch ausführlich auf die *„menschliche Seite des Problems"* ein. Nach seiner Auffassung soll ein Teilnehmer der Marsmission keineswegs ein verwegener Bursche sein, der die Gefahr liebt und seinem persönlichen Glück vertraut. Er muss vielmehr ein im langjährigen Dienst sehr gut ausgebildeter Flieger und zugleich auch ein besonders pedantischer und vorsichtiger Mensch sein, auf den gewöhnlich zu Hause eine Frau und drei Kinder warten.

Es waren aber nicht bemannte Raumschiffe, sondern unbemannte Raumsonden, die mit ihren Erkundungen ein ganz neues Bild vom Mars lieferten. Die Anfänge dieser Unternehmungen waren zwar zunächst wenig erfolgreich. Erst nach drei vergeblichen Versuchen gelang der UdSSR am 1. November 1962 der Start einer Raumsonde zum Mars. Der Funkkontakt brach jedoch rund drei Monate vor der größten Annäherung an den Planeten am 21. März ab. Erfolglos blieb auch die Raumsonde der USA, Mariner 3, die am 5. November 1964 gestartet wurde, um am Mars vorbeizufliegen. Dagegen brachte endlich der Start der Sonde Mariner 4 am 28. November 1964 den erwünschten Erfolg. Denn sie konnte im Juli des darauf folgenden Jahres 22 Fotos vom Mars aus der Entfernung von 10 000 km zur Erde übermitteln. Diese Bilder zerstörten jedoch zunächst alle Vorstellungen vom Planeten Mars als einer zweiten Erde. Dort, wo die von der Erde aus beobachtenden Astronomen Meere, Oasen, Kanäle und eine sich mit den Jahreszeiten verändernde Vegetation zu erblicken glaubten, sah man nur zahlreiche Krater und öde Landschaften, die eher dem Mond als der Erde glichen. Weitere Raumsonden, die mit hoher Geschwindigkeit am Mars vorbeiflogen, bestätigten zunächst diesen ersten Eindruck von einer toten Welt. Erst die Raumsonde Mariner 9, die am 13. November 1971 in eine Umlaufbahn um den Mars einschwenkte, lieferte mit ihren mehr als siebentausend Aufnahmen ein genaueres und vielfältigeres Bild von unserem Nachbarplaneten. Zuerst verhinderte zwar ein riesiger, wochenlang tobender Sandsturm den Blick auf seine Oberfläche, dann aber zeigte sich, dass der Planet Mars durch eine große Bruchlinie in eine Nord- und eine Südhälfte geteilt ist. Zu dieser Bruchlinie gehört ein riesiges System kilometertiefer Risse und Schluchten von 4000 km Länge, das die Bezeichnung Valles Marineris erhielt. In diesem Gebiet hatten auch Schiaparelli und andere Astronomen von der Erde aus Kanäle und Seen oder Oasen zu sehen geglaubt. Für einigermaßen entsprechende Gräben, wie z. B. Agathodämon oder Coprates, wurden die Namen beibehalten. Ansonsten musste die gesamte Terminologie radikal verändert werden. An die Stelle der „Kanäle" traten Begriffe wie Fossa (Graben), Chasma (Schlucht) oder Vallis (Tal). Ein ausgedehnter dunkler Fleck war kein Meer, sondern wie Syrtis maior eine Hochebene (Planum), die aus vorwiegend schwarzem Basalt, bedeckt mit unregelmäßigen Streifen von Staubablagerungen besteht. Es stellte sich nun auch heraus, dass die Veränderungen, die Schiaparelli und Lowell bemerkten, das Heller- oder Dunklerwerden oder gänzliche Verschwinden dieser Streifen, durch Windeinwirkung und nicht durch biologische Prozesse, wie eine jahreszeitlich wechselnde Vegetation verursacht worden sind.

Im Gebiet der kilometerhohen Tharsis-Aufwölbung hatte Schiaparelli ebenso wie später Lowell und Antoniadi vier teils helle, teils dunkle Flecken gesichtet. Schiaparelli hielt sie für Seen und gab ihnen entsprechende lateinische Namen. Lowell dagegen deutete sie als „Oasen", an denen sich mehrere „Kanäle" inmitten der Wüsten trafen. Als bei Ankunft von Mariner 9 noch der Sandsturm tobte, stachen diese Flecken von dem sie umgebenden Staubschleier deutlich ab. Doch als der Sandsturm nachließ und der Staub niedersank, tauchten keine Seen oder Oasen, sondern vier riesengroße Vulkane auf. Der größte von ihnen, den Schiaparelli wegen seiner schneeweißen Gestalt Nix Olympica genannt hatte, ragt nicht weniger als 27 Kilometer hoch auf und ist somit der größte Vulkan im Sonnensystem. Entsprechend dieser neuen Einsicht wurde er zu „Olympus Mons" umbenannt. Alle diese überraschenden Erkenntnisse machten deutlich, wie unzuverlässig die astronomischen Beobachtungen von der Erde aus waren, obwohl diese mit größter Präzision und einem ungeheuren Arbeitsaufwand ausgeführt worden sind. Die neuen Entdeckungen von Mariner 9 führten aber auch dazu, dass die anfängliche Enttäuschung über den toten mondähnlichen Wüstenplaneten Mars überwunden wurde und eine Reihe von weiteren erfolgreichen Erkundungsmissionen mit unbemannten Raumsonden stattfanden, die alle zur Vorbereitung einer bemannten Marsmission dienen sollten. Dazu trugen vor allem die Entdeckungen der Raumsonden mit Robotern bei, die auch Bodenproben analysieren konnten. Den Anfang machten die beiden Viking-Sonden 1 und 2, die im Sommer 1976 die Umlaufbahn um den Mars erreichten und ihre Landefähren absetzten. Diese waren mit Greifarmen und je einem kleinen Labor ausgerüstet, in dem biologische Experimente ablaufen konnten. Die untersuchten Bodenproben lieferten zwar keinen eindeutigen Beweis für Leben auf dem Mars. Es waren aber die Aufnahmen, die der Orbiter der Sonde Viking 1 in der Region Cydonia gemacht hatte, die noch einmal die alte Hoffnung aufflackern ließ, Spuren intelligenter Wesen auf dem Mars zu entdecken, um sogleich wieder zu verlöschen.

Auf einer dieser Aufnahmen war eine geologische Formation zu sehen, die einem menschlichen Gesicht glich, das in den Weltraum hinausstarrt. Umgeben ist dieses Marsgesicht noch von anderen Objekten, die den Eindruck einer verlassenen Ruinenstadt mit Wällen und einer Festung erwecken. Außerdem entdeckte man in der Nähe eine Pyramide, deren scheinbare Symmetrieachse direkt auf das Marsgesicht zeigt. Aus alldem und noch anderen rätselhaften Formationen glaubte man ein Szenario konstruieren zu können, das man als die Rückkehr von Lowells Kanalbauern betrachten kann: eine *„Stadt am Rande der Ewigkeit“* (Hoagland 1992), gelegen an einem ehemaligen, jetzt aber ausgetrockneten See oder Ozean und geometrisch genau in der Linie des Sonnenaufgangs der Sommersonnenwende ausgerichtet (vgl. Carlotto 1997, S. 184). Unterstützt wurde die „Cydonia-Hypothese“, die annahm, dass das „Gesicht“ von einheimischen Marsbewohnern geschaffen worden war, durch aufwendige Bildbearbeitung der originalen Viking-Aufnahmen von Computerspezialisten (DiPietro/Molinar 1982, Carlotto 1997), die sich jedoch sehr bald, ähnlich wie die Retuschierungen von Lowells Marsfotografien, als irreführend herausstellten. Denn erneute Aufnahmen aus einer Höhe von 444 Kilometern, die von der Marssonde Global Surveyor im Jahre 1998 angefertigt wurden, zeigten in aller Deutlichkeit, was die Geologen und Astronomen der NASA schon immer angenommen hatten, dass das Marsgesicht nichts anderes als eine optische Illusion aus Licht und Schatten ist.

Aber nachdem unbemannte Marssonden, wie Global Surveyor, seit 1997 Fließspuren von Wasser entdeckt haben und die 2001 gestartete Marssonde Odyssey in den Bodenschichten dicht unter der Oberfläche große Mengen von Wasserstoff aufgespürt hatte, die auf einen weit verbreiteten Permafrost mit Wassereis hindeuten, scheint es sehr wahrscheinlich, dass es zumindest in der Vergangenheit des Planeten Mars nicht nur fließendes Wasser, Seen, Meere und Ozeane, sondern vielleicht auch Leben gegeben haben mag. Neueste Bodenanalysen der Raumsonde Phönix haben jedenfalls 2008 in der Nordpolregion das Vorhandensein von Wasser eindeutig nachgewiesen.

Der „Hundeschlitten-Weg“ zum Mars

Schon mit den Entdeckungen der ersten unbemannten Marssonden wurde wieder das Projekt einer bemannten Marsmission aktuell. Der sogenannte „90-Tage-Report“, der von den Experten der NASA im Jahre 1989 ausgearbeitet wurde, sah im Unterschied zu den Plänen Wernher von Brauns nicht nur den Bau einer Weltraumstation, sondern auch die Errichtung einer Mondbasis vor, von der aus ein riesiges mehr als tausend Tonnen schweres Raumschiff schließlich zum Mars starten sollte. Die Fahrt dorthin sollte 18 Monate dauern mit einem einmonatigen Aufenthalt in einer Marsumlaufbahn. Von dort aus sollte dann eine kleine Crew mit einem Landeboot auf die Marsoberfläche steigen und sich dort zwei Wochen aufhalten. Die Kosten des gesamten Unternehmens wurden auf 450 Milliarden Dollar geschätzt. Das war auch der Grund, warum der Kongress diesem kostspieligen Vorhaben seine Zustimmung verweigerte. Doch damit war der Traum eines bemannten Fluges nicht beendet. Bis heute werden immer wieder kostengünstigere Pläne zu einer bemannten Marsmission entwickelt, unter denen von allem Anfang an der „Mars direkt"-Plan des Raumfahrtingenieurs Robert Zubrin hervorragt. Grundlage dieses Plans ist die von den Ergebnissen der unbemannten Marssonden nahegelegte Vorstellung, dass der Planet Mars, der heute kalt und trocken ist, einmal im Besitz eines warmen und feuchten Klimas war und dass von dieser Periode her noch genügend Ressourcen an verwertbaren Stoffen in seiner Atmosphäre und auf seiner Oberfläche vorhanden sind, um eine bemannte Marsmission weitgehend unabhängig von der Erde zu machen. Deshalb sieht der „Mars direkt"-Plan Zubrins bereits für den ersten bemannten Flug zum Mars eine Nutzung dieser Ressourcen vor.

Ähnlich wie Wernher von Braun vergleicht Zubrin die Eroberung des Mars mit der Eroberung der Arktis. Doch für ihn sind die früheren Vorstellungen, den Mars mit riesigen Raketen und dementsprechend großem Treibstoffvorrat zu erreichen, eine ähnliche Fehlplanung wie die gescheiterte Franklin-Expedition. Diese Expedition zur Aufsuchung der Nordwest-Passage war mit zwei großen Schiffen mit einer Besatzung von über hundert Mann und Bergen von Proviant ausgestattet und ging dennoch auf tragische Weise zugrunde, während Amundsen, der den Südpol mit Hundeschlitten erreicht hatte, mit einem kleinen, 30 Jahre alten Segelboot auch die Nordwest-Passage bezwungen hatte. Nach dem Vorbild von Amundsen, der die natürlichen Fähigkeiten der Polarhunde und die Ressourcen der Polargegend nutzte, bezeichnet Zubrin seine geplante Marsmission als den „Hundeschlitten-Weg" („dog-sled" way) zum Mars (Zubrin 1996, S. XVII). Um das größte Problem aller Planungen einer bemannten Marsmission, die Notwendigkeit, auf dem Hinflug den gesamten Treibstoff für den Rückweg mitnehmen zu müssen, zu vermeiden, schlägt er wie Oberth vor, die am Mars vorhandenen Ressourcen an Rohstoffen zu nutzen. Zunächst soll daher ein unbemanntes Raumschiff zum Mars geschickt werden. Dieses Raumschiff mit der Bezeichnung „Ares 1" befördert sechs Tonnen Wasserstoff, eine chemische Fabrik, einen Atomreaktor und eine Rakete, mit der die Raumfahrer vom Mars später zur Erde zurückfliegen können. Der Atomreaktor soll dann auf dem Mars Energie für die chemische Fabrik erzeugen, die mithilfe des Wasserstoffs Kohlendioxid aus der Atmosphäre in Methan und Wasser umwandelt. Der Sauerstoff aus dem gewonnenen Wasser würde anschließend gespeichert und der Wasserstoff für die Herstellung von weiterem Methan genutzt. Auf diese Weise könnten nach sechs Monaten 108 Tonnen Methan und Sauerstoff als Treibstoff für die Rückkehr zur Erde zur Verfügung stehen. Zwei Jahre nach dem Abflug des ersten Raumschiffes starten dann zwei weitere Raumfahrzeuge. Ares 2 befördert die Mannschaft und die Landeeinheit mit dem gleichen Namen „Beagle“, wie das Schiff geheißen hatte, das Charles Darwin auf seiner historischen Entdeckungsreise benützte. Die wichtigste Komponente der Beagle ist eine Wohneinheit (habitation module), die Lebensmittel für drei Jahre und eine Einrichtung zur Wiedergewinnung von Sauerstoff und Wasser enthält. Ares 3, das andere Raumschiff, befördert die gleiche Fracht wie Ares 1, um für einen weiteren bemannten Flug zum Mars gerüstet zu sein. Zubrins „Hundeschlitten-Weg“ zum Mars ragt unter allen früheren Planungen einer bemannten Marsmission nicht nur deswegen hervor, weil er nur einen Bruchteil dessen kostet, was im 90-Tage-Report vorgesehen war und mit den bereits vorhandenen technischen Mitteln jederzeit realisiert werden kann, sondern, weil er noch eine viel weitergehende Unternehmung in Aussicht stellt: die Umformung des Planeten Mars zu einer zweiten Erde.

Terraforming: Die Umgestaltung des Mars zu einer zweiten Erde

Dieses anspruchsvollste Programm menschlichen Forschungsgeistes und Tatendrangs, das jemals in der Geschichte der Menschheit aufgestellt worden ist, nennt man „Terraforming“. Der Begriff stammt zwar aus der Science-Fiction-Literatur des vergangenen Jahrhunderts (Williamson 1942), wird aber heutzutage bereits als Fachterminus in der Weltraumforschung verwendet. Ernsthafte wissenschaftlich begründete Ansätze dazu gab es auch schon im vergangenen Jahrhunderts, als Carl Sagan vorschlug, die Treibhaushölle Venus durch Ausstreuen von Algen in ihrer Atmosphäre bewohnbar zu machen (Sagan 1975). Was aber den Mars anbelangt, so konnte sich Zubrin auf den englischen Planetenforscher M.J. Fogg (1995) berufen, der für die Bewohnbarkeit des Mars vier wichtige Änderungen gefordert hat:

1. die globale Oberflächentemperatur muss erhöht werden,
2. die Dichte der Atmosphäre muss erhöht werden,
3. flüssiges Wasser muss zur Verfügung gestellt werden und
4. an der Oberfläche muss UV- und kosmische Strahlung erheblich reduziert werden.

Um diese Forderungen zu erfüllen, hat Zubrin gemeinsam mit Christopher P. McKay vom NASA Ames Research Center einen konkreten Plan über die technologischen Anforderungen für Terraforming Mars ausgearbeitet. Der erste Schritt, die globale Erwärmung der Oberfläche des Mars, könnte dadurch erreicht werden, dass man im Weltraum einen Spiegel mit einem Radius von 125 km in einer Höhe von 214 000 km so auf den Mars richtet, dass er die Sonnenstrahlen auf den Südpol des Mars wirft. Auf diese Weise wird das aus Kohlendioxid bestehende Trockeneis aufgelöst und ein Treibhauseffekt erzeugt, der sowohl die Temperatur als auch den atmosphärischen Druck erhöht. Um diesen Treibhauseffekt zu verstärken, ist es jedoch nötig weitere Mengen dieses Treibhausgases einzusetzen, das man aus Regolith, d. h. aus dem lockeren Material, das den Boden der Oberfläche des Mars bedeckt, gewinnen kann. Durch diese Verdampfung des Kohlendioxids der Marsoberfläche wird schließlich eine Kettenreaktion erzeugt, die dadurch entsteht, dass die dichtere Atmosphäre immer mehr die Oberfläche des Mars erwärmt und dadurch eine weitere Freisetzung von Gasen ermöglicht. Doch damit ist der Mars noch lange nicht als Wohnplatz für den Menschen geeignet. Kein flüssiges Wasser und die einfallende UV-Strahlung in Kombination mit der vorwiegend Kohlendioxid enthaltenden Atmosphäre machen die Marsoberfläche zu einem tödlichen Platz für das Leben. Deshalb muss durch die Produktion von künstlichen Treibhausgasen direkt auf dem Mars die Erwärmung der Marsoberfläche so verstärkt werden, dass auch das im Permafrost des Marsbodens vorhandene Wassereis zu schmelzen beginnt. Um den für höhere Lebewesen notwendigen Sauerstoffgehalt der Marsatmosphäre zu erhöhen, müssten zusätzlich wie in den frühen Phasen der Erdgeschichte Bakterien und Pflanzen eingesetzt werden. Auf diese Weise könnte dann nach der visionären Vorstellung von Zubrin der Mars zu einer zweiten Heimstätte nicht nur für den Menschen, sondern auch für eine Fülle von Arten von Lebewesen werden, die noch gar nicht geboren sind (Zubrin 1996, S. 271). Denn eine neue Welt wird neue Formen von Lebewesen hervorbringen, die es auf Erden bisher nicht gab.

Während Zubrin und die anderen Planeten-Ingenieure die Umgestaltung des Planeten Mars zu einer zweiten Erde als eine Notwendigkeit ansehen, denn eine Menschheit ohne Pioniergeist müsste zu einer statischen Gesellschaft stagnieren, ist man heutzutage schon vorsichtiger geworden. Denn noch immer ist nicht völlig klar, dass es auf dem Mars kein Leben gibt. Es könnten noch schlafende Organismen aus seiner frühen Geschichte im Untergrund leben. Bevor man ihn mit Bakterien und Erdorganismen verunreinigt oder einen Wettbewerb zwischen dem Leben auf der Erde und dem Mars veranstaltet, sollte man daher den Mars gründlich auf bestehendes Leben erforschen. Die ersten Stufen des Terraforming sollten nach heutiger Auffassung zunächst darin bestehen, dass man den Mars auf den Weg zurückführt, auf dem er in seiner frühen Geschichte war, um damit einigen schlafenden oder ums Überleben kämpfenden Organismen eine Chance zu geben, aus dem Winterschlaf zu erwachen und eine eigene Biosphäre zu schaffen, von der die Astronomen des 19. und beginnenden 20. Jahrhunderts noch geträumt haben.

10. Exoplaneten:

Die Suche nach einer zweiten Erde in anderen Sternsystemen

Nachdem sich die Vorstellung vom Mars als einer zweiten von intelligenten Lebewesen bewohnten Erde zwar als Illusion erwiesen hatte, aber man doch erkannt hatte, dass dort Wasservorkommen zumindest in gefrorenen Zustand vorhanden sind und damit auch Leben, wenn auch in primitivster Form, noch möglich sein kann, sind erneut Hoffnungen auf die Existenz außerirdischen Lebens entstanden. Denn zahlreiche Untersuchungen über die „Zähigkeit des Lebens" hatten schon lange zuvor nachgewiesen, unter welchen extremen Temperaturen Organismen auf unserer Erde noch unbeschädigt existieren können. Bereits nach Meinung mancher Biologen, die noch Zeitgenossen von Schiaparelli und Lowell waren, hatten solche schlichten Tatsachen praktisch sehr viel mehr Bedeutung für die Fragen nach dem „Leben im Weltall" als alle *„allgemeinen astronomischen Träumereien über Mondfestungen und Marsmenschen"* (Bölsche 1903, S. 269). Und als man dann organische Verbindungen sowohl bei Kometen und Meteoriten als auch im interstellaren Weltraum entdeckte (de Duve 1995 und 2005, S. 28), verlagert sich die klassische Suche nach intelligenten Nachbarn im Sonnensystem auf die Frage nach der Entwicklung des Lebens im All überhaupt.

Erneute Hoffnungen: Extremophile Organismen

Bereits von den Astronomen des 19. Jahrhunderts wurde immer wieder darauf hingewiesen, wie vielfältig und unübersehbar die Vielfalt der Lebenserscheinungen ist und wie weit die Existenzgrenzen des Lebens reichen. Um 1900 hatten Versuche über die Keimfähigkeit ausgetrockneter Samen gegen alle Erwartung eine fast unbegrenzte Lebensfähigkeit irdischer Organismen nachgewiesen (Proceedings of the Royal Society, Vol. 62).

Verschiedene sorgfältig getrocknete Samenarten wurden mit Hilfe flüssiger Luft 110 Stunden lang auf −183 °C bis −192 °C abgekühlt, ohne nach Ablauf der langsamen Auftauung ihre Keimfähigkeit eingebüßt zu haben. Noch erstaunlicher war die fast unglaubliche Tatsache, dass die Körner von fünf Samenarten, Weizen, Gerste, Erbsen, Kürbis und Moschuskraut, die sechs Stunden lang in flüssigen Wasserstoff hineingelegt wurden, eine Kälte von −250 °C vertragen konnten, ohne ihre Lebensfähigkeit zu verlieren (Proceedings of the Royal Society, Vol. 68, p. 360 ff., London 1911).

Diese Ergebnisse waren von entscheidender Bedeutung für die Frage nach der Möglichkeit des Lebens im All. Denn wenn das Leben durch eine derartige Kälte nicht getötet werden konnte, konnte man auch annehmen, dass es sich auf extrem kalten Körpern des Weltalls vorfinden lässt und unter Umständen dort auch entwicklungsfähig sein könnte.

Auch unter den Tieren fanden sich oft Beispiele unerhörter Widerstandskraft gegen große Kälte. Verschiedene Tierarten sind auf tiefe Temperaturen abgekühlt worden, sodass sie durchgefroren und äußerst spröde wurden. Aber das Einfrieren schien ihnen nicht im Geringsten zu schaden. Wenn sie nur vorsichtig aufgetaut wurden, setzte ohne weiteres ihr gewöhnliches Leben wieder ein. Von einigen solchen „wahren Geschichten vom zähen Leben“ gab es bereits vor mehr als hundert Jahren Berichte: *„Der eine sah Quallen einfrieren, dass der ganze Leib mit Eiskristallen durchsetzt war, und doch wieder tauend weiterleben. Dem anderen froren auf einer Nordpolfahrt die Karpfen hart wie Steine und als er sie ans Feuer brachte, sprangen sie ihm noch aus dem Topf.“* Und als man grüne Frösche in einem Glas mit Wasser dem Frost aussetzte, war das auch nicht das Ende ihres Lebens: *„Das Wasser wurde zu einem Eisklumpen, der das Glas sprengte, und durch das Eis schimmerten die grünen Leiber der Tiere; als aber der Klumpen im warmen Zimmer taute, krochen die Frösche heraus, als sei nichts geschehen“* (Bölsche 1903, S. 268). Bei weiteren Kälteversuchen ergaben sich als tiefste Temperaturgrade, unter denen das Leben noch erhalten blieb, für Fische −15 °C, für Frösche −28 °C, für Tausendfüßer −50 °C, für Schnecken −120 °C und für Bakterien −200 °C. Doch war man sich auch darüber immer im Klaren, dass diese äußersten Grenzen nur für Leben im Ruhezustand gelten und dass die Grenzen viel enger anzusetzen sind, wenn es sich um aktives Leben handelt (vgl. Lundmark 1930, S. 53 f.).

Auch die Frage nach den höchsten Temperaturen, bei denen Organismen noch leben können, ergab ein überwältigendes Bild von der großen Anpassungsfähigkeit der Lebensformen. Obwohl ein besonders wichtiger Bestandteil aller lebenden Organismen, das Eiweiß, das meist in stark wasserhaltiger Form auftritt, bei höheren Temperaturen gerinnt und damit für immer unfähig geworden ist, Lebensfunktionen zu unterhalten, gibt es niedere Organismen, deren Eiweiß weniger Wasser enthält und dadurch eine höhere Erhitzung verträgt ohne zu gerinnen. So hatte bereits der holländische Zoologe Antonius van Leeuwenhoek (1632–1723) die sogenannten Moos- und Rädertierchen entdeckt, die fast völlig ausgetrocknet werden können und dann wie kleine Sandkörner aussehen und durch nichts verraten, dass sie lebende Wesen sind. In diesem Zustand können sie, ohne zugrunde zu gehen, auf 110 °C erhitzt werden. Bei feuchter Witterung aber quellen sie wieder auf und beginnen von neuem ein tätiges Leben. Darüber hinaus gibt es aber auch Wesen, deren Lebensfunktionen überhaupt erst bei hohen Temperaturen in Gang kommen, wie z. B. die „Thermophilen", d. h. wärmeliebende Bakterien, deren Optimum der Lebensfunktionen bei 50 °C bis 65 °C liegt und die eine Erhitzung bis zu 150 °C ertragen können, ohne zugrunde zu gehen (vgl. Lundmark 1930, S. 52).

Heutzutage wurden solche Ansichten über die „Zähigkeit des Lebens" durch die Entdeckung von Mikroorganismen, die in extremen Umgebungen leben, nicht nur bestätigt, sondern sogar noch erweitert. Diese sogenannten „extremophilen" Mikroorganismen leben in den unwirtlichsten Gegenden und Plätzen der Erde, die für Menschen absolut lebensfeindlich sind: in kochend heißen Quellen im Yellowstone Park, in der Tiefsee auf dem Meeresgrund in der Nähe von Vulkanschloten, aus denen giftiger, bis zu 400 °C heißer Schwefelwasserstoff quillt. Auch in Salzseen mit bis zu 30 % Salzkonzentration und in der Antarktis bei Temperaturen weit unter dem Gefrierpunkt sind sie zu finden. Damit wurde klar, dass Leben nicht nur im Temperaturbereich von flüssigem Wasser möglich ist, sondern auch im Eis und jenseits des Siedepunktes. Diese erstaunliche Überlebensfähigkeit verdanken solche Mikroorganismen molekularen Besonderheiten, wie kompakten, hitzestabilen Proteinen, die bewirken, dass ihr Zelleiweiß auch im kochenden Wasser nicht gerinnt.

Solche Eigenschaften wie auch die Fähigkeit, Schwefelverbindungen zur Energieerzeugung zu nutzen, ließen die Ansicht aufkommen, dass diese extremophilen Lebewesen die Nachfahren jener Mikroorganismen sein könnten, aus denen sich vor 3,5 Milliarden Jahren in den sauerstoffarmen Urozeanen die ersten Einzeller entwickelt haben. Die Existenz solcher „Archaebakterien" legte auch die Vorstellung nahe, dass das Leben ein universelles Phänomen ist, das an allen Orten im Weltall, an denen es die Umstände zulassen, entstehen und sich weiterentwickeln kann, wenn nur genug Zeit dazu vorhanden ist. Solche Bedingungen zur Evolution des Lebens waren nach Ansicht vieler Biochemiker nicht nur auf der Erde vorhanden, sondern *„müssen auch noch auf vielen anderen Planeten im Universum existieren"* (Eigen 1971, S. 519). Mit dieser Ansicht, dass das Leben ein notwendiger Bestandteil und nicht eine außergewöhnliche Erscheinung ist, war daher auch ein mächtiger Antrieb für die Suche nach einer zweiten Erde in anderen Sonnensystemen gegeben, an deren Existenz die Astronomen von jeher glaubten.

Schon Giordano Bruno war der Meinung, dass die Fixsterne Sonnen sind und auch von Planeten umkreist werden (vgl. Kap. 3). Ebenso deutlich hat sich Kepler in seiner „Epitome Astronomiae Copernicanae“ ausgedrückt: *„Es ist möglich, dass die Sonne nichts Anderes ist als ein Fixstern, der unseren Augen nur wegen seiner Nähe so glänzend erscheint, und dass die übrigen Sterne in gleicher Weise Sonnen sind, von Planetensystemen umgeben“* (Kepler 1618, 1. Buch, 2. Teil, S. 35; vgl. Arago 1856, S. 144). Und William Herschel meint: *„Da Sterne Sonnen und Sonnen der gewöhnlichen Meinung nach Körper sind, die dazu dienen, ein System von Planeten zu erleuchten, zu erwärmen und im Weltraum zu erhalten, so können wir uns, der Analogie gemäß, eine zahllose Menge zu Wohnsitzen lebendiger Wesen dienende planetarische Körper vorstellen“* (Herschel 1795, S. 179). Mit solchen Vorstellungen bot sich eine neue scheinbar unbegrenzte Möglichkeit an, unter den Planeten von Millionen von sichtbaren Sternen nach einer zweiten Erde zu suchen. Doch das Problem dabei war, dass die Planeten in diesen fernen Sternsystemen wegen ihrer geringen Größe und Lichtschwäche selbst mit den besten Teleskopen dieser Zeit nicht sichtbar sein konnten. Doch das sollte sich entsprechend der Entwicklung der Beobachtungstechnik bereits im 19. Jahrhundert ändern.

Unser Platz inmitten der Unendlichkeit: Richard Proctor

Es war einer der überzeugten Vertreter der bewohnten Planetenwelten, Richard Proctor, der im Laufe seines Forscherlebens seine Ansicht, dass die Planeten unseres Sonnensystems derzeit bewohnt sein könnten, revidieren musste. Der Ausgangspunkt seiner neuen Theorie des Lebens im All, wie er sie in einem späteren Werk mit dem beziehungsvollen Titel „Our place among Infinities“ entwarf, war die Entwicklungsgeschichte der Erde (Proctor 1877, S. 38). Ein solcher Blick auf die Geschichte unserer Erde zeigt ein reiches Leben in beständig wechselnden Formen unter verschiedenen Bedingungen. Millionen Arten von Lebewesen haben in den enormen Zeiträumen seit dem ersten Auftreten des Lebens auf der Erde existiert und sind wieder verschwunden. Doch diese Dauer des Lebens ist *„ein absolutes Nichts im Vergleich zu der unendlichen Zeit, während welcher die Erde ohne Leben war“* (Proctor 1877, S. 43). Und was die Zukunft der Erde betrifft, nimmt Proctor an, dass eine Zeit kommen wird, in der alles Leben auf ihr verschwunden sein wird, weil die Kraft der Sonne erschöpft ist. Der ungeheure Unterschied der Zeit, in der unsere Erde ohne Leben war und künftig auch ohne Leben sein wird, im Vergleich zu jener Zeit, da sie von Lebewesen bewohnt war, macht es für ihn wahrscheinlich, dass das auch für das ganze Sonnensystem gilt: Nur kurze Lebensperioden unterbrechen auf dem einen oder anderen Planeten die endlosen Zeiten der Verödung, in denen kein Leben vorhanden war.

Wendet man nun diese entwicklungsgeschichtliche Betrachtungsweise auf irgendeinen Stern oder auf irgendeine Sonne mit den zu ihrem System gehörenden Weltkörper an, so ist nach Proctor zwar die Wahrscheinlichkeit für die Existenz von Leben auf einem solchen ganz beliebig herausgenommenen Sonnensystem zwar sehr klein, aber in Anbetracht dessen, dass nach seiner Auffassung jeder Planet, jeder Mond, jede Sonne und jeder Himmelskörper einmal seine Periode der Bewohnbarkeit haben kann, und in Anbetracht dessen, dass es Millionen und Abermillionen von Sonnen im Weltraum gibt, die von Millionen von kleinen Himmelskörpern umkreist werden, muss man annehmen, dass Millionen solcher Himmelskörper jetzt eine Wohnstätte lebender Geschöpfe sind. Damit zeigt Proctor jenen unverwüstlichen Optimismus, den auch die moderne Forschung auf der Suche nach außerirdischen Zivilisationen in fremden Sternsystemen kennzeichnet. Dieser Optimismus hatte seinen Grund vor allem in den neuen Forschungsmethoden und Beobachtungstechniken, welche die Sichtbarkeit der Sternenwelt in ungeahnter Weise erweitert haben.

Die Astronomie des Unsichtbaren: Die Entdeckung der Doppelsterne

Die Bedingung für die Sichtbarkeit eines Sternes ist seine ausreichende Helligkeit. Seit Ptolemäus teilt man die Helligkeit der Sterne am Firmament in Größenklassen ein. Um 1900 konnte man mit den besten Teleskopen Sterne bis zur 14. Größenklasse entdecken, was so viel heißt wie insgesamt ungefähr 44 Millionen Sterne. Doch der Fortschritt in der Fernrohrtechnik war schon im 19. Jahrhundert so weit, dass man die bisher nur rein theoretische Annahme, dass manche der sogenannten Fixsterne Sonnen mit lichtschwachen Begleitern sind, durch Beobachtungen tatsächlich bestätigen konnte. Allerdings stellte sich später heraus, dass diese Begleiter keine Planeten, sondern heiße selbstleuchtende Himmelskörper sind, auf denen man kein Leben annehmen konnte. Mit der Entdeckung dieser Doppelsterne war aber trotzdem ein erster Schritt in der empirischen Suche nach einer zweiten Erde außerhalb unseres Sonnensystems getan. Denn dadurch war klar geworden, dass es zumindest noch andere Himmelskörper gibt, um die sich Trabanten ähnlich wie unsere Planeten drehen.

Den Beginn der Suche nach den heute so genannten Exoplaneten kann man bereits mit den Beobachtungen gewisser Störungen in der Eigenbewegung des Sirius ansetzen, die der deutsche Astronom Fr. W. Bessel (1784–1846) wahrgenommen hatte. Seine Erklärung dieser Störungen war, dass sie nur durch unsichtbare dunkle Begleiter hervorgerufen werden. Als Alexander von Humboldt scherzend seine Besorgnis über diese *„Gespensterwelt der dunklen Gestirne“* äußerte, antwortete ihm Bessel in einem Brief vom Juli 1844: *„Es ist kein Grund vorhanden das Leuchten für eine wesentliche Eigenschaft der Körper zu halten. Dass zahllose Sterne sichtbar sind, beweist offenbar nichts gegen das Dasein ebenso zahlloser unsichtbarer“* (A. v. Humboldt 1850, 3. Bd., S. 268). Später nach Bessels Tod glaubte man, dass noch fünf andere Begleiter den Sirius umkreisen. Die Lichtschwäche dieser unsichtbaren Himmelskörper ließ sich auch nach Proctors Meinung am besten durch die Annahme erklären, dass sie dunkle Körper sind, also echte Planeten, die nur das Licht vom Sirius reflektieren. Mit unsere Erde wären sie jedoch nicht zu vergleichen. Denn nach den Störungen, die sie auf den Sirius, ihrer Riesensonne, ausüben, müssten sie ungeheure Dimensionen haben, welche die unsere Sonne mehrfach übertreffen (vgl. Proctor 1877, S. 122 f.). Aber auch in diesem Fall handelte es sich nicht um immens große Planeten, sondern um Sirius B, einen sogenannten „Weißen Zwerg“, der sich zusammen mit dem lichtstarken Hauptstern Sirius A um einen gemeinsamen Schwerpunkt dreht (vgl. Herrmann 1963, S. 302).

Mit dieser Erkenntnis war jedoch die Suche nach bewohnbaren Planeten in solchen Doppelsternsystemen noch lange nicht beendet. Denn mit der Spektralanalyse, die ja bereits erfolgreich in der Bestimmung der chemischen Zusammensetzung der Atmosphäre der Planeten unseres Sonnensystems eingesetzt worden war, hoffte man ein Hilfsmittel in der Hand zu haben, um feststellen zu können, ob um ganz bestimmte Fixsterne Planeten kreisen, obwohl diese Himmelskörper selbst unter Einsatz der stärksten Teleskope unsichtbar bleiben. Bei diesen Fixsternen handelt es sich um die sogenannten „veränderlichen Sterne“, die unter periodischen Schwankungen bald heller, bald dunkler werden. Wenn das Spektrum des Sterns für beide Perioden des Maximums und des Minimums der Helligkeit unverändert bleibt, bedeutet das, dass der Helligkeitsunterschied nicht in der Veränderung der Lichtquelle selbst, sondern in einer äußeren teilweisen Bedeckung des Sternes durch einen dunklen Körper seine Ursache hat. Wäre dagegen die Ursache der Helligkeitsschwankung in der Lichtquelle selbst gelegen, dann hätten sich auch für die verschiedenen Stadien der Helligkeitsänderung Unterschiede in der Beschaffenheit des Sternspektrums ergeben müssen. Nach derartigen Erkenntnissen schien jedenfalls ein *„vernünftiger Zweifel an das Dasein außersolarer Planetensysteme und eben damit auch die Wahrscheinlichkeit außerirdischen oder kosmischen Lebens nicht leicht möglich“* zu sein (Pohle 1922, S. 242). Freilich war man sich aber auch darüber im Klaren, dass eine zweite Erde, also ein

Planet von der Dimension unserer Erde, weder mit den damals vorhandenen Teleskopen noch mit Hilfe der Spektralanalyse entdeckt werden könnte. Wegen der unermesslichen Entfernungen und der relativen Winzigkeit eines solchen lichtschwachen Planeten war kein Fernrohr stark und kein Auge scharf genug, um ihn zu erblicken. Und wegen ihrer geringen Masse gegenüber dem kolossalen Übergewicht ihrer Sonnen waren weder beträchtliche Bewegungsstörungen noch sichtbare Verfinsterungen festzustellen. Trotzdem war die bloß theoretisch begründbare Möglichkeit einer Existenz von Planeten in Doppelsternsystemen der Anlass zu überschäumenden Fantasien auch der nüchternsten Astronomen dieser Zeit.

Besonders anregend waren die farbigen Doppelsterne, von denen man annahm, dass ihre Farben nicht bloß subjektiven Charakter haben, sondern objektiv auch ohne Beziehung auf unser Auge von sich aus wirklich farbiges Licht ausstrahlen (Littrow 1897, S. 676). *„Selbst die Fantasie eines Dichters würde nicht imstande sein“*, stellt Secchi voller Begeisterung fest, *„einen Tag zu schildern, der von einer roten Sonne erleuchtet wird, mit einer Nacht, die von einer grünen Sonne erhellt wird; oder einen Tag, an dem zwei Sonnen mit verschiedener Farbe strahlen, und eine Nacht, die mit goldfarbigem Dämmerlicht beginnt und mit blauem verschwindet“* (zit. nach Pohle 1922, S. 196). Auch der sonst so nüchterne deutsche Astronom H. J. Klein ergeht sich in derartigen Fantasien, wenn er schreibt: *„Jedenfalls haben wir in den ungleichen Farben der Doppelsterne eine Tatsache vor uns, die sofort den Gedanken erregt: Wie wird unter diesen Verhältnissen sich die Beleuchtung eines Planeten, der eine solche Doppelsonne umkreist, gestalten? Muss ein Planet nicht sehr farbige und sehr ungleichfarbige Tage haben, wenn seine beiden Sonnen etwa rot und grün sind? Das ist unzweifelhaft, aber wir können uns nur eine schwache Vorstellung von solchen farbigen Tagen machen. Nehmen wir an, unsere Sonne sei purpurrot und stehe hoch am Himmel. Nun ist die ganze Natur von diesem farbigen Lichte übergossen; aber statt des blauen Himmels sehen wir ein schwarzes Firmament, und ebenso schwarz erscheint der Pflanzenteppich. Jetzt erhebt sich über dem Horizont eine zweite Sonne, nehmen wir an von goldgelber Farbe. Sofort verwandelt sich der Anblick der ganzen Umgebung, neue Farben und Schattierungen entstehen, wer vermag sie zu schildern! Wie wir Menschen uns auf einen schönen Sonnentag freuen, so könnten die Bewohner der Planeten jener Doppelsterne den Aufgang ihrer blauen oder goldgelben Sonne erwarten, um eine Landpartie zu machen oder einen Berg zu besteigen, während jedenfalls die Maler die verschiedenfarbige Beleuchtung verwünschen. Doch vielleicht ist es dort auch anders, und wenn es drüben denkende Wesen gibt, so sehen sie möglicherweise die Natur mit ganz* *anderen Augen an als wir"* (H.J. Klein, Astronomische Abende, 5. Aufl., S. 327). Fast gleichlautend äußert sich auch der Direktor der Berliner Sternwarte M.W. Meyer: *„Wissen wir uns schon schwer in die Welt eines Planeten zu versetzen, an dessen Himmel zwei oder noch mehr Sonnen auf- und untergehen, so können wir uns die märchenhafte Farbenpracht einer Erdenwelt kaum noch vorstellen, in welcher diese Sonnen verschiedenfarbiges Licht ausstrahlen. Wenn dort die eine, sagen wir, die rote Sonne, allein über dem Horizont steht, wird die Landschaft von den warmen Farbtönen unseres Morgen- und Abendrots beständig übergossen sein. Geht dann die zweite, grüne, Sonne auf, so werden alle Dinge zwei Schatten werfen, aber diese Schatten sind nicht schwarz, sondern farbig ... Eine unbeschreibliche Farbenskala muss die Glücklichen immer wieder entzücken, welche dort leben und sehen dürfen. Farblos weiß oder dunkel sind dort fast unbekannte Begriffe. Die Zeiteinteilung trennt sich in rote, grüne oder in ein- und zweischattige Tage, die Jahreszeiten nach ein und zwei sonnigen"* (Meyer 1898, S. 392 f.). Noch drastischer und ergreifender weiß Flammarion diese fantastischen Welten zu schildern: *„Welch herrliches Panorama"*, schreibt er, *„rollt sich vor unserem Blick auf, wenn wir diese fernen Sonnen, diese wunderbaren Quellen neuer Farbenwelten betrachten! Erdkugeln von zwei verschiedenen Sonnen erhellt, von welchen die eine wie ein gewaltiger Rubin glüht, während die andere glänzt wie ein klarer Smaragd! Unbekannte Landschaften, wo Purpurrot alle Gegenstände übergießt, wo der Saphir mit dem Golde sich vermählt je nach der Stellung, die eine blaue oder gelbe dritte Sonne einnimmt! Orangefarbene Tage, grüne Nächte!"* Und er fügt voller Überzeugung die Worte hinzu: *„Wer wagte zu behaupten, dass diese mächtigen Sonnen lediglich zu dem Zweck geschaffen seien, um sich bloß in alle Ewigkeit zu umkreisen?"* (Flammarion 1871, S. 201 f.).

Der heilige Gral der Astronomie: Die Entdeckung einer zweiten Erde

Die Realität solcher Fantasien über die Existenz einer solchen zweiten viel glücklicheren Erde in Doppelsternsystemen war jedoch mit den Mitteln der damaligen Fernrohrtechnik und Spektralanalyse nicht zu überprüfen. Später stellten sich berechtigte Zweifel ein, ob es in solchen Sternsystemen, in denen sich zwei oder mehr Sonnen umkreisen, überhaupt zur Bildung von Planeten kommen könnte. Die komplexen wechselnden Gravitationskräfte darin, so glaubte man, müssten jede Entstehung von Staub- und Gasscheiben, in denen sich größere protoplanetare Objekte entwickeln können, verhindern. Doch die fantasiereichen Astronomen des 19. Jahrhunderts sollten zumindest, was die

Existenz von Planeten in solchen Doppelsternsystemen betrifft, recht behalten. Denn inzwischen hat man auch dort, wie z. B. im Doppelsystem 55 Cancri, Planeten entdeckt. Völlig überraschend wurden schon 1992 mit den immer mehr verbesserten indirekten Methoden Planeten sogar dort gefunden, wo man nie Planeten erwartet hätte: bei einem Pulsar, einem nach der Supernova-Explosion eines massereichen Sternes entstandenen schnell rotierenden Neutronenstern (vgl. von Hoerner 2003, S. 69). Den ersten Planeten in der Umlaufbahn um einen unserer Sonne ähnlichen Stern mit der Bezeichnung 51 Pegasi fanden dann 1995 die Schweizer Astronomen Michel Mayor und Didier Queloz. Aber die Entdeckung dieses Planeten, wie auch die in den darauffolgenden Jahren zahlreich erfolgten Entdeckungen weiteren Exoplaneten in anderen Sternsystemen, waren keine Entdeckungen einer zweiten Erde. Der Großteil dieser Exoplaneten waren Gasriesen mit der mehrfachen Masse des Jupiter, die in extrem engen Bahnen um ihre Sonnen kreisen.

Schließlich aber gelang Michel Mayor und seinem Team im Jahre 2007 das, was von allen Anfang das Ziel dieser Jagd nach den Exoplaneten war und sich bereits zum „heiligen Gral" der Astronomie entwickelt hatte: die Entdeckung eines Felsplaneten, der in Größe und Masse der Erde ähnelt und seinen Stern in jener Zone umkreist, in der die Existenz von flüssigem Wasser auf seiner Oberfläche möglich sein kann. Ein solcher erdähnlicher Planet mit einer festen Kruste wurde in der Umlaufbahn um den Stern Gliese 581 gefunden. Ob er tatsächlich als eine zweite Erde anzusehen ist, lässt sich aber noch nicht mit absoluter Sicherheit sagen. Denn nur das Lichtspektrum eines Planeten kann die chemische Zusammensetzung seiner Atmosphäre verraten und Aufschluss darüber geben, ob sie für Pflanzen und Tiere, wie sie auf unserer Erde vorkommen, geeignet ist. Dafür aber muss man einen solchen kleinen erdähnlichen Planeten direkt beobachten können, was mit heutiger Technik kaum möglich ist. Bisher konnten nur Infrarot-Aufnahmen von Exoplaneten mit einer mehrfachen Größe des Jupiter bei der 130 Lichtjahre entfernten Sonne HR 8799 im Sternbild Pegasus hergestellt werden. Auch das erste Foto eines Exoplaneten im sichtbaren Licht, ein Begleiter des 25 Lichtjahre entfernten Sterns Fomalhaut im Sternbild Südlicher Fisch, ist etwa dreimal so massereich wie Jupiter. Dagegen beruhen die Schätzungen über die Größe und das Gewicht für die nur mit indirekten Methoden entdeckten zweiten Erde, die um Gliese 581 kreist – sie soll anderthalbmal so groß wie unsere Erde sein und fünfmal so viel Masse haben –, nur auf Rechenmodellen. Das Gleiche gilt für die Schätzungen über die Beschaffenheit ihrer Atmosphäre und die Temperatur auf ihrer Oberfläche. Obwohl dieser möglicherweise bewohnbare Planet 14-mal enger um seinen Stern kreist, schätzt man die Durchschnittstemperatur seiner Oberfläche auf 0° bis 40 °C. Denn der Rote Zwerg Gliese 581 strahlt mindestens 50-mal schwächer als unsere Sonne. Angesichts seiner Temperaturen und der kosmischen Nachbarschaft zu unserer Sonne vermutet so mancher hoffnungsfrohe Astronom, dass dieser Planet höchstwahrscheinlich ein sehr wichtiges Ziel für künftige Raumflüge auf der Suche nach außerirdischem Leben sein wird. Doch die Hoffnung, diese zweite Erde mit den heutigen Mitteln der Raketentechnik zu erreichen, ist trügerisch. Denn selbst wenn man mit Lichtgeschwindigkeit reisen könnte, was unmöglich ist, würde man bis dorthin Jahrzehnte brauchen. Auch wenn es gelänge, mit halber Lichtgeschwindigkeit zu fliegen, müsste man nach sorgfältigen Berechnungen für extrem schnelle Raketenflüge (von Hoerner 2003, S. 116) die ungeheure Menge Energie von 3,86 Milliarden Kilowattstunden für jedes Kilogramm von Raumschiff und Zubehör benötigen. Weite Reisen zu anderen Sternen sind zwar denkbar, aber machbar sind sie, wenn überhaupt, weder heute noch in nächster Zukunft.

Mit der Entdeckung solcher praktisch für uns unerreichbaren erdähnlichen Exoplaneten hat aber ein anderes Forschungsprogramm wieder neue Bedeutung erlangt, das ursprünglich, als es noch von den meisten Fachastronomen belächelt wurde, die Bezeichnung „Project Ozma“ nach dem Namen der Prinzessin eines fernen Märchenlandes bekommen hatte, aber heute unter der Bezeichnung SETI (Search of Extraterrestrial Intelligence) allgemein anerkannt ist. Technisch ist dieses wissenschaftliche Suchprogramm erst durch die Entwicklung der Radioteleskope möglich geworden.

Die Suche nach außerirdischen Intelligenzen mit Hilfe der Radioastronomie

Die Erfindung der Radioteleskope war ein großer Schritt um in die Abgründe der fernen Sternenwelt vordringen zu können. Denn diese Teleskope können noch die elektromagnetischen Wellen kosmischer Objekte erfassen, wozu die Instrumente der optischen Astronomie, die auf die kurzen Wellen des sichtbaren Lichts angewiesen sind, nicht in der Lage sind. Auf diese Weise kann die schwache elektromagnetische Strahlung von Himmelsobjekten bis zu mehreren Milliarden Lichtjahren Entfernung registriert werden, sodass ins Weltall wesentlich weiter hinausgehorcht als gesehen werden kann. Es stellte sich jedoch bald heraus, dass es beim Arbeiten mit diesen Radiowellen ähnliche technische Probleme gibt wie in der optischen Astronomie. Dort wurden Fortschritte in dem Maße erzielt, in dem die Größe der Teleskopspiegel zunahm. Große Spiegel sammeln mehr Licht und erleichtern das Auffinden lichtschwacher Himmelsobjekte in großer Entfernung. Genauso ist es in der Radioastronomie notwendig, große Radioteleskope zu bauen, um mehr von den Radiowellen aufzufangen, die vom Weltraum her als schwache Signale von entfernteren Objekten die Erde erreichen. Hinzu kommt in der Radioastronomie eine weitere Schwierigkeit, die den Bau von Radioteleskopen mit riesigen parabolförmigen Spiegeln als Antennen erfordert, welche die Spiegel der optischen Teleskope bei Weitem übertreffen. Dies ist nötig, um den Ort einer kosmischen Radioquelle am Himmel so genau wie möglich zu bestimmen oder – was dasselbe ist – zwei eng benachbarte Radioquellen noch getrennt wahrnehmen zu können. In dieser Hinsicht sind die Radioteleskope den optischen Fernrohren unterlegen. Daher haben auch die Radioteleskope die optischen Teleskope im Allgemeinen nicht abgelöst. Und das Ziel bleibt weiterhin, Exoplaneten mit Hilfe optischer Weltraumteleskope außerhalb der Erdatmosphäre fotografisch festzuhalten.

Doch für die Suche nach intelligentem Leben in anderen Sternsystemen stellt die Radioastronomie die bisher einzige Möglichkeit dar. Denn sie allein ist fähig, Signale außerirdischer Zivilisationen aufzufangen. Diesen alten Traum der Menschheit hat als Erster Frank Drake, ein Astronom auf der in den Bergen von West Virginia in den USA errichteten Radio-Sternwarte Green Bank, angepackt. Dass es sich dabei aber lediglich um *„Einwegkontakte“* (von Hoerner 2003, S. 119) handeln kann, war jedoch von Anfang an klar. Denn jede Signalübertragung hat die Lichtgeschwindigkeit als oberste Grenze. Das bedeutet, dass die Signale, die von der Erde zu unserem nächsten Sonnensystem mit Lichtgeschwindigkeit gesendet werden, viele Jahre brauchen, bevor man eine Antwort auf eine Nachricht erhalten würde. Da es jedoch höchst unwahrscheinlich ist, dass es gerade in einem unserer nächsten Sonnensysteme Planetenbewohner gibt, die in der Lage wären, mit uns Kontakt aufzunehmen, müsste man auf eine Antwort von den Planeten weiter entfernter Sonnensysteme hunderte oder tausende Jahre warten. Daher hat man sich, abgesehen von den Versuchen mit Raumsonden wie Pioneer 10 Botschaften ins All zu schicken (vgl. Sagan 1975, S. 23 ff.), darauf beschränkt, das Weltall nach Signalen außerirdischer Zivilisationen abzuhorchen. Außerdem hatten schon zu Beginn solcher Versuche ängstliche Gemüter davor gewarnt, aggressiven feindlichen Wesen zu verraten, *„dass es uns gibt und wo wir uns befinden. Die könnten dann herfliegen und uns versklaven oder ausrotten. Wenn man plötzlich im Urwald aufwacht, dann soll man Augen und Ohren weit aufmachen, nicht aber den Mund“* (von Hoerner 2003, S. 137). Doch solche Ängste, die an die Panik über die vorgespielte Invasion vom Mars (vgl. oben Kap. 9) erinnert, waren nicht der Grund, von solchen Sendeversuchen abzusehen. Vielmehr ist man heute auch nach Meinung der SETI-Fachleute zu einem erfolgversprechenden Senden von Signalen noch gar nicht in der Lage: *„Um es ernstlich zu betreiben, bräuchten wir einige große Teleskope, die nur für starkes Senden gebaut sind und die Hunderte von Jahren nichts anderes tun“* (von Hoerner 2003, S. 137).

Bleibt nur die Hoffnung übrig, dass es bereits vor langen Zeiträumen eine technisch hochstehende Zivilisation gab, die sich auf dieses Abenteuer eines Signalkontaktes mit uns eingelassen hat. Für die Abschätzung der Wahrscheinlichkeit, dass es im Weltall solche technisch hochstehenden außerirdischen Zivilisationen gibt, hat Frank Drake eine viel diskutierte und unterschiedlich interpretierte Gleichung aufgestellt. Sie enthält alle Faktoren, die man für eine realistische Überlegung dieser Art benötigt: die Zahl der neuen Sterne, die pro Jahr entstehen; die Anzahl aller Sterne, die Planeten haben; die durchschnittliche Anzahl der Planeten mit lebensfreundlichen Bedingungen; die Wahrscheinlichkeit, dass wo Leben möglich ist, es auch wirklich entsteht; der Prozentsatz von den belebten Planeten, auf denen sich eine intelligente Spezies entwickeln kann; die Wahrscheinlichkeit, mit der solche intelligente Lebewesen sich zu einer mit technischen Mittel kommunizierenden Zivilisation entwickelt, und schließlich die durchschnittliche Dauer, mit der solche technisch hochstehenden Zivilisationen existieren. Je nachdem, welche Zahlen, die fast alle nur auf reiner Spekulation beruhen, man in diese Gleichung einsetzt, wird man zu ganz unterschiedlichen Lösungen kommen, die von 0 bis 10 000 oder vielen Millionen reichen.

Eine beunruhigende Frage für alle Optimisten bei diesen Abschätzungen hat jedoch der Physiker Enrico Fermi gestellt, die unter dem Namen „Fermiparadox“ bekannt ist. Diese einfache Frage lautet: *„Wo sind sie?“* Denn nach seiner Auffassung müsste in unserem Universum, das so alt und so groß ist, mindestens eine weit fortschrittlichere Zivilisation uns schon längst kolonisiert haben. Da sie es bisher nicht getan haben, wird es sie auch nicht geben. Die Antwort auf Fermis Frage hat bereits Proctor vor mehr als hundert Jahren gegeben. Der Grund, warum wir von den außerirdischen Zivilisationen noch nichts gehört haben, sind nicht nur die langen Zeiträume, die solche Reisen oder Signale von weit entfernten Sternsystemen benötigen, sondern jene langen Zeiträume, in denen jeder Planet, der in seiner Entwicklungsgeschichte einmal Leben getragen hat oder noch tragen wird, von jeglichem Leben verödet ist. Diese langen Zeiträume ohne Leben auf allen Planeten des Universums und so auch auf der Erde könnten verhindern, dass es jemals zu einem Kontakt mit jenen außerirdischen Zivilisationen kommt. Und selbst dann, wenn solche Signale unsere Erde wirklich erreichen, muss man davon ausgehen, dass ihre Erzeuger schon längst nicht mehr existieren. Oder wir selbst sind entweder zu dieser Zeit noch nicht vorhanden oder existieren dort schon längst nicht mehr, sodass die Signale außerirdischer Zivilisationen auf eine verödete Welt treffen, die bereits wie die Venus zu einer Treibhaushölle geworden ist.

Das Ende der Welt und die Flucht von der Erde

Die Erde umkreist zwar die Sonne innerhalb der sogenannten „dauernd bewohnbaren Zone", die Grenzen dieser bewohnbaren Zone sind aber nicht auf alle Zeiten fixiert. Denn unsere Sonne bleibt nicht immer in demselben Zustand. Früher glaubte man, dass die Lebensdauer der Sonne als Dauerbrenner nicht sehr lange ist, und sie auf jeden Fall, welche Energiequelle sie auch benützt, einmal einfach erkalten wird, wenn diese erschöpft ist (vgl. oben Kap. 7). Heute weiß man, dass diese Katastrophe viel weiter entfernt ist und überhaupt ganz anders abläuft. Denn die Sonne ist wie alle Sterne zunächst ein Wasserstoffbrenner, der sich ziemlich stabil erhält, möglicherweise bis zu 15 Milliarden Jahren. Sie erkaltet jedoch nicht einfach, sondern heizt sich zunächst einmal selbst auf. Diese Zunahme an Leuchtkraft treibt die bewohnbare Zone immer weiter nach außen. Auf diese Weise könnte auch ohne Terraforming flüssiges Wasser auf dem zunehmend wärmeren Mars existieren, während zu dieser Zeit die Erde bereits zu einer venusähnlichen Treibhaushölle geworden ist, in der alle Ozeane verdampft sind.

Doch das Ende unserer Erdenwelt muss nicht das Ende der Menschheit sein. Bereits Kepler scheint schon über eine Flucht von der Erde nachgedacht zu haben, wenn er im Jahre 1629 über seinen „Traum vom Mond" schreibt: *„Verjagt man uns von der Erde, so wird mein Buch als Führer den Auswanderern und Pilgern zum Mond nützlich sein"* (zit. n. Bölsche 1903, S. 361).

Der Grund für solche Fluchtpläne, die immer wieder in der Geschichte der Menschheit aufgetaucht sind, war die Erkenntnis, dass unser Heimatplanet Erde nicht nur durch einen Zusammenstoß mit einem Kometen verwüstet werden könnte, sondern, wenngleich erst in vielen Millionen Jahren, vom Tod unserer Sonne bedroht ist. An Auswanderungspläne, nicht nur von der Erde zum Mars und zu den Monden der großen Gasriesen in unserem Sonnensystem, sondern auch zu den fernen Exoplaneten hatte man daher bereits zu Beginn der Entwicklung der Raketentechnik gedacht. Einer ihrer Pioniere, der schon erwähnte Robert Goddard (vgl. oben Kap. 6), glaubte nicht nur an die Existenz extrasolarer Planetensysteme, sondern war auch davon überzeugt, *„dass es auf manchen dieser Planeten Wärme- und Lichtbedingungen gibt, die den unseren gleichen; und wenn dies zutrifft und der Planet in etwa das Alter und die Größe unserer Erde besitzt, dann könnten dort sehr gut Menschenwesen* *wie wir selbst leben, vermutlich mit seltsamen Moden und noch seltsameren Sitten"*. Doch er schreibt auch: *„Die Antwort darauf, ob unsere Mutmaßungen stimmen oder nicht, wird die ferne Zukunft erbringen"* (vgl. Sagan 1982, S. 277). In dieser fernen Zukunft, zu einer Zeit da unsere Sonne erkaltet und die Planeten unbewohnbar sein würden, stellte er sich vor, dass unsere Nachkommen durch den Raum reisen und nicht nur die nächstgelegenen Systeme, sondern auch die weit entfernten Sternhaufen besuchen würden. Um diese ungeheuren Entfernungen zu überwinden dachte er an eine Art Tiefschlaf oder Scheintod für die menschliche Schiffsbesatzung.

Nachdem wir aber heute wissen, dass für die Existenz der Menschheit auf der Erde noch einige Milliarden Jahre übrig bleiben, können wir diese Bedrohung getrost vergessen. Gemessen an dem Zeitraum der Lebensgeschichte des ganzen Universums, die auf mehrere 100 Milliarden Jahre geschätzt wird, ist zwar die Lebensgeschichte unseres Sonnensystems sehr kurz, aber für die Menschheit, die nicht einmal zwei Millionen Jahre alt ist, sind die räumlichen und zeitlichen Dimensionen dieser Vorgänge so ungeheuer groß, dass sie für uns jede Bedeutung verlieren.

Noch mehr gilt das auch für die zukünftige Entwicklung des Universums, bei der es theoretisch zwei Möglichkeiten gibt: entweder grenzenlose Expansion oder Gravitationskollaps. Eine Entscheidung darüber hängt von dem Verhältnis gegenseitiger Anziehungskraft und Geschwindigkeit der Galaxien ab. Ist die universelle Gravitation entsprechend groß, dass sie die Geschwindigkeit der sich voneinander entfernenden Galaxien abbremsen und zum Stillstand bringen kann, dann werden die Galaxien wieder aufeinander zuzustürzen beginnen, wie ein Ball, den man hochwirft, wieder infolge seiner Schwere auf die Erde zurückfällt. Die Expansionsgeschwindigkeit der Galaxien ist zwar bekannt. Sie lässt sich auch genau messen. Aber wir wissen nicht, ob diese Geschwindigkeit ausreicht, um der gegenseitigen Massenanziehung der Galaxien untereinander für immer zu entfliehen. Das hängt von der Masse und Verteilung der Galaxien im Weltraum ab. Für die Berechnung der sog. „Fluchtgeschwindigkeit", d. h. der Mindestgeschwindigkeit, die für die Überwindung der gegenseitigen Massenanziehung ausreicht, genügt es aber, die mittlere Dichte der gesamten Materie des Weltalls zu kennen. Denn je höher diese mittlere Dichte ist, desto größer muss diese Fluchtgeschwindigkeit sein. Nach den bisherigen Beobachtungen und Schätzungen scheint es eher so zu sein, dass wir in einem „offenen", ewig weiter expandierenden Universum leben. Allerdings ist man vor einiger Zeit auch auf Spuren extragalaktischer Materie gestoßen, deren Massen viel größer zu sein scheinen als die Galaxienhaufen selbst, die sie umgeben. Das macht wieder die Vorstellung von einem kollabierenden Uni-

Abb. 31: Kältetod (aus Flammarion 1894)

versum wahrscheinlicher. In diesem Fall wäre die zukünftige Entwicklung des Universums wesentlich dramatischer, und das Ende würde eine Katastrophe von ungeheurem Ausmaß sein. Sie entspräche dann sehr genau den religiösen Weltuntergangsmythen, die kulturinvariant in der Geschichte der Menschheit immer wieder aufgetaucht sind, in denen die Rede vom Herabstürzen der Sterne auf die Erde und von dem großen, alles vernichtenden Feuer ist.

Die Kontraktion des Weltalls beginnt zwar unmerklich und langsam, wenn die Expansionsbewegung zögernd in die Kontraktionsbewegung umkippt. Aber ähnlich wie die explosive Anfangsphase der Expansion beim sogenannten Urknall wird auch die Endphase der Kontraktion ein dramatisches Ereignis sein, in dem alle bisherigen Strukturen der Welt vernichtet werden.

Denn ein kollabierendes Universum, das sein Volumen ständig verringert, heizt sich in einem unvorstellbaren Ausmaß auf, bis alles in einem Feuermeer versinkt. So ungemütlich diese Hölle am Ende der Welt auch sein mag, sie hat gegenüber der Vorstellung vom ständig weiter expandierenden Universum einen Vorteil. Denn das expandierende Universum wird früher oder später vom Wärmetod, der eigentlich besser „Kältetod“ heißen müsste, eingeholt. Mit dieser Überlegung hatte schon im 19. Jahrhundert der deutsche Physiker Clausius die Menschheit geängstigt. Sie ist eine Konsequenz des zweiten Hauptsatzes der Thermodynamik, des von Clausius selbst so genannten Entropiegesetzes. In einer schauerlichen Vision sieht er die letzten Menschen am Äquator zusammengedrängt, wo nach und nach auch die letzte Spur organischen Lebens verschwindet, bis die Erde als gefrorener Ball um eine ebenfalls erstorbene Sonne kreist und schließlich in sie hineinstürzt. Und der französische Astronom Camille Flammarion hat in seinen Spekulationen über das „Ende der Welt“ bereits die Alternative von Wärmetod und Kältetod in beklemmenden Bildern vorausgeahnt (vgl. Abb. 31 und 32).

Während dieser Kältetod des Universums unausweichlich erscheint, bietet jedoch der „Hitzetod“ des kollabierenden Universums einen Ausweg aus die-

Abb. 32: Wärmetod (aus Flammarion 1894)

ser Weltkatastrophe. Wie der Phönix aus der Asche, so entsteigt der Hölle der Vernichtung am Ende der Kontraktionsphase ein neues Universum. Denn in der Endphase der Kontraktion werden die Voraussetzungen für eine neue Expansion geschaffen. Aus dem „Urknall" ist somit ein „Zwischenknall" geworden, der sich in Form eines Zyklus immer wieder wiederholt. Anfang und Ende der Welt fallen also, wie schon Max Born (1969) über das „pulsierende Universum" spekulierte, zusammen, wenn es auch praktisch unmöglich sein wird, davon jemals etwas zu erfahren, da alle Spuren im Aufruhr der Vernichtung und des Wiederaufbaues verschwunden sind. Denn dieser Zwischenknall ist wie ein Fleischwolf, in dem alle Strukturen so durchgedreht werden, dass keine Informationen über sie zurückbleiben. Auf die Geschichte der Menschheit bezogen sind aber diese katastrophalen Zyklen irrelevant. Wir sind vor ihnen sowohl durch unsere winzige Größe als auch durch unsere Vergänglichkeit absolut geschützt (vgl. Oeser 1987, S. 64). Denn wir stellen nur einen unmerklich kurzen Bruchteil eines Pulsschlages im Leben des zyklisch abnehmenden und sich immer wieder ausdehnenden Universums dar. Daher können auch heute noch für den, der sich Sorgen über das Ende der Welt und der Menschheit macht, die poetischen Worte Flammarions ein Trost sein: *„Wenn das letzte menschliche Augenlid sich schließen wird und unser Weltkörper, nachdem er so lange der Sitz des Lebens mit seinen Leidenschaften, seinen Arbeiten, seinen Freuden und Leiden, seiner Liebe und seinem Hass, seinen religiösen und politischen Anmaßungen und allen seinen vergänglichen Nichtigkeiten in das Sargtuch einer tiefen Nacht sinken wird, aus der die erloschene Sonne kein Leben mehr erwecken kann: dann wird das Universum ebenso vollständig sein wie heute, die Sterne werden weiter glänzen am Firmament, andere Sonnen werden über andere Erden leuchten, andere Frühlinge werden das Lächeln der Blumen und die Illusionen der Jugend wiederbringen, andere Morgen und andere Abende werden aufeinander folgen und die Welt wird wie heute weiterleben"* (Flammarion o. J., S. 158).

Schluss:

Illusion und Wirklichkeit der Weltraumforschung

Die Suche nach einer zweiten Erde hat ihren Grund in dem Entdeckerdrang des Menschen, der auf dem uralten Drang alles Lebens beruht, sich so weit wie möglich auszubreiten. Verbunden damit ist seine Sehnsucht, auf diesen fremden Welten nicht nur eine neue und vielleicht auch schönere Wohnstätte zu entdecken, sondern auch Nachbarn im All anzutreffen, um jenes bedrückende Gefühl der Einsamkeit zu überwinden, das jeden befällt, der einmal erkannt hat, wie unermesslich groß und öde die unendlichen Räume des Weltalls sind.

In der Hoffnung, auf Planeten innerhalb oder außerhalb unseres Sonnensystems Leben und vielleicht auch menschenähnliche Wesen vorzufinden, wurden immer größere und leistungsfähigere Fernrohre hergestellt, mit denen man diese Himmelskörper beobachten konnte, die man seit der kopernikanischen Wende als eine andere Art von Erde anzusehen berechtigt war. Noch bevor alle Gegenden unseres Heimatplaneten erforscht waren, hatte man sich auf diese Weise Kenntnisse von Landschaften verschaffen können, deren analoge Gegenstücke damals auf der Erde völlig unzugänglich waren. So gab es eine lange Zeit, in der die weißen Polkappen des Mars uns bekannter waren als die Pole der Erde. Die auch mit den größten und leistungsfähigsten Teleskopen unüberwindbare Undeutlichkeit der Details ließ jedoch keine genaueren Erkenntnisse über diese weit entfernten Welten zu. An ihre Stelle trat eine blühende Fantasie, die auf Grund der exakten Daten der Astronomie über die Entfernung der Planeten von der Sonne, ihre Umlaufgeschwindigkeiten, die Stellung ihrer Achsen, ihre Rotationsdauer und die Zusammensetzung ihrer Atmosphären eindrucksvolle Illusionen über Landschaft und Klima der Planeten und Monde unseres Sonnensystems schuf und sie mit Lebewesen bevölkerte, die von wissenschaftlich-technischen wie moralisch hochstehenden menschenähnlichen Geschöpfen bis zu scheußlichen Ungeheuern von grauenhafter Hässlichkeit reichten. Hinzu trat die bereits auf die Erde angewandte entwicklungsgeschichtliche Betrachtungsweise, die in der Venus eine junge Erde, mit tropischen Sumpflandschaften und urweltlichen Tieren und im Mars einen sterbenden Planetengreis sah, auf denen ihre Bewohner heroisch um ihr Überleben kämpfen.

Da jedoch die erdgebundene Beobachtung nicht genügte, um sich Gewissheit über die wahren Zustände auf diesen Planeten zu verschaffen, wurden unbemannte Raumsonden gebaut, die mit Raketen hochgejagt die weiten Entfernungen zu den Planeten überbrückten. Sie waren es, die alle diese Illusionen gründlich zerstörten, aber uns auch Einblicke in eine bizarre Welt von Landschaften lieferten, wie sie menschliche Fantasie noch nie ersonnen hat: Sie fertigen dreidimensionale Farb- oder Infrarotaufnahmen von der kraterverschrundeten, heißen Oberfläche des Merkur und von den wilden, unheimlichen Treibhauslandschaften unserer Schwesterwelt Venus an. Nach anfänglicher Enttäuschung konnte man auf dem geheimnisvollen Mars uralte Flusstäler und Riesenvulkane erkennen, die darauf hinwiesen, dass er tatsächlich einmal in der Vergangenheit wie eine zweite Erde mit Ozeanen und Flüssen war, die man heutzutage mit den uns zur Verfügung stehenden technischen Mitteln wieder zu neuem Leben erwecken könnte. Aber auch dann, wenn ein solcher gigantischer Plan in absehbarer Zeit nicht umsetzbar wäre, ist dem menschlichen Entdeckungsdrang keine Grenze gesetzt. Denn die Suche nach einer zweiten Erde hat sich bereits in den anderen Sternsystemen fortgesetzt.

Wenn es auch noch nicht gelungen ist, in den fernen Tiefen des Weltraums eine zweite Erde mit menschenähnlichen intelligenten Bewohnern zu entdecken oder mit ihnen durch Signale in Kontakt zu kommen, so bleibt doch eins gewiss: Es waren und sind noch heute gerade diese Illusionen über eine zweite Erde, welche die Weltraumforschung zu solch großen Erfolgen vorangetrieben haben. Und damit zeigt sich wieder, dass der wahre Wissenschaftler immer ein Fantast oder wie Kepler sogar ein Träumer sein muss, um jene Fortschritte zu erreichen, die heute unsere Vorstellungen vom Weltall bestimmen.

Literatur

ABRET, H. UND BOIA, L.: Das Jahrhundert der Marsianer – Der Planet Mars in der Science Fiction bis zur Landung der Viking-Sonden 1976. München 1984.

ARAGO, F.: Populäre Astronomie. 4 Bde. Deutsche Original-Ausgabe hrsg. von W. G. Hankel. Leipzig 1856.

ARRHENIUS, S.: Das Werden der Welten. Alte und neue Folge. Aus dem Schwedischen übersetzt von L. Bamberger. Leipzig 1913.

ARRHENIUS, S.: Der Lebenslauf der Planeten. Aus dem Schwedischen von B. Finkelstein. Leipzig 1919.

ASIMOV, I.: Außerirdische Zivilisationen. Köln 1981.

BODE, J. E.: Gedanken über die Natur der Sonne und Entstehung ihrer Flecken. In: Beschäftigungen der Berlinischen Gesellschaft Naturforschender Freunde, 2. Bd., Berlin 1776.

BOELSCHE, W.: Von Sonnen und Sonnenstäubchen. Kosmische Wanderungen. Berlin 1903.

BORN, M.: Die Relativitätstheorie Einsteins. 5. Aufl. Berlin, Heidelberg, New York 1969.

BRAUN, K.: Ueber Kosmogonie vom Standpunkte christlicher Wissenschaft. Münster 1905.

BRAUN, W. V. UND W. LEY: Start in den Weltraum. Gütersloh o. J.

BRENNER, L.: Photographie von Marskanälen. In: Astron. Rundschau VII, 1905.

BREWSTER, DAVID: More Worlds than One, the creed of the philosopher and the hope of the christian. London 1862.

BRUNO, G.: Das Aschermittwochsmahl. Ins Deutsche übertragen von L. Kuhlenbeck. Leipzig 1904.

BRUNO, G.: Dell'Infinito, Universo e Mondi et Della Causa, Principio et Uno. Venise 1584.

BRUNO, G.: Zwiegespräche vom unendlichen All und den Welten. Ins Deutsche übertragen von L. Kuhlenbeck. Jena 1904.

BÜDELER, W.: Das Abenteuer der Mondlandung. Gütersloh 1969.

BÜRGEL, BRUNO H.: Aus fernen Welten. Eine volkstümliche Himmelskunde. Mit zahlreichen Abbildungen. Berlin/Wien 1910.

CAPELLE, W.: Die Vorsokratiker. Die Fragmente und Quellenberichte. Stuttgart 1940.

CARLOTTO, M. J.: Die Mars-Rätsel. Eine genauere Betrachtung. Das Gesicht, die Pyramiden und andere ungewöhnliche Objekte auf dem Mars. Peiting 1997.

CASPAR, M.: Johannes Kepler. Stuttgart 1958.

CERULLI, V.: Neue Marsbeobachtungen 1898/99. Versuch einer optischen Erklärung der Wahrnehmungen an Mars. Teramo 1900.

Ciolkovskij, K.E.: Außerhalb der Erde. Übers. von W. Petri. München 1977.
Costello, P.: Jules Verne. Aalen 1979.
Cyrano de Bergerac: Die Reise zu den Mondstaaten und Sonnenreichen. Ins Deutsche übertragen von M. Schimper 1913, Neudruck: München o.J.
Darwin, G.H.: Ebbe und Flut sowie verwandte Erscheinungen im Sonnensystem. Leipzig 1902.
De Duve, Chr.: Vital Dust. New York 1995.
De Duve, Chr.: Welchen Zwängen unterliegen Ursprung und Evolution des Lebens? In: T.D. Wabbel (Hrsg.): Leben im All – Positionen aus Naturwissenschaft, Philosophie und Theologie. Düsseldorf 2005.
Derham, W.: Astrotheologie, oder Anweisung zu der Erkenntniß Gottes aus Betrachtung der himmlischen Körper. Hamburg 1795.
Descartes, R.: Die Prinzipien der Philosophie. Übers. von A. Buchenau. Hamburg 1908.
De Vico: Memorie della Specola del Collegio Romano 1840–1841. Roma 1841.
Diogenis Laertii de vitis, dogmatibus et apophthegmatibus clarorum philosophorum libri X. Amsterdam 1692.
DiPietro, V. und G. Molenaar: Unusual Martian Surface Features. Glenn Dale 1982.
Drake, F. und D. Sobel: Is Anyone Out There? The Scientific Search for Extraterrestrial Intelligence. New York 1992.
Eigen, M.: Selforganization of Matter and the Evolution of Biological Macromolecules. In: Naturwissenschaften Bd.58, S.465–523.
Fetscher, J. und R. Stockhammer: Marsmenschen. Wie die Außerirdischen gesucht und erfunden wurden. Leipzig 1997.
Flammarion, C.: La pluralité des mondes habités. Quinzième edition. Paris 1871.
Flammarion, C.: Les mondes imaginaires et les mondes réels. Paris 1880.
Flammarion, C.: Les terres du ciel. Voyage astronomique sur les autres mondes. Paris 1884.
Flammarion, C.: Das bewohnte Welten-All. Astronomische und philosophische Betrachtungen. Deutsche, vom Verf. autorisierte Ausgabe, 2.Aufl., bearb. von A. Drechsler. Leipzig 1884.
Flammarion, C.: La planete Mars et ses conditions d'habitabilité. Paris 1892.
Flammarion, C.: Komet und Erde. Eine astronomische Erzählung. Leipzig 1910.
Flammarion, C.: Astronomie populaire. Paris 1905.
Flammarion, C.: Himmels-Kunde für das Volk. Neuenburg o.J.
Fogg, M.J.: Terraforming: Engineering Planetary Environments, SAE International. Warrendale, PA 1995.
Fontenelle, B. de: Oeuvres diverses. La Haye 1728.
Fontenelle, B. de: Dialogen über die Mehrheiten der Welten. Mit Anmerkungen und Kupfertafeln von Johann Elert Bode. Berlin 1780.
Fontenelle, B. de: Entretiens sur la pluralité des mondes. Dijon. An. 2 (=1800).
Galilei, G.: Sidereus Nuncius. Venedig 1610.
Galilei, G.: Opere Vol. IV. Milano 1810.
Galilei, G.: Dialog über die beiden Weltsysteme. Übers. von E. Strauß. Leipzig 1891.
Godwin, F.: The Man in the Moon. London 1638.
Goldsmith: D.: Die Jagd nach Leben auf dem Mars. Bern, München, Wien 1996.
Gonzalés, D.: L'Homme dans la Lune, ou Voyage chimérique fait au Monde de la Lune. Paris 1648.

Gruithuisen, F. von P. (Hrsg.): Naturwissenschaftlich-astronomisches Jahrbuch für physische und naturhistorische Himmelsforscher. Neuntes Jahr. München 1846.
Henseling, R.: Mars. Seine Rätsel und seine Geschichte. Stuttgart 1925.
Henseling, R.: Blick durchs Fernrohr. Stuttgart 1934.
Herrmann, D.: Das Weltall. Aufbau, Geschichte, Rätsel. München 2006.
Herrmann, J.: Leben auf anderen Sternen? Gütersloh 1963.
Herrmann, J.: Astronomie. Gütersloh 1960.
Herschel, J.: John Herschel's neueste Entdeckungen auf dem Cap, den Mond und seine Bewohner betreffend. Hamburg 1836.
Herschel, W.: On the nature and construction of the sun and fixed stars. London 1794.
Herschel, W.: Über die Natur und den Bau der Fixsterne. In: Sammlung astronomischer Abhandlungen, Beobachtungen und Nachrichten. Zweyter Supplement-Band, hrsg. von J. E. Bode. Berlin 1795.
Hoagland, R.: The Monuments of Mars: A City on Edge of Forever. Berkley 1992.
Hoerner, S. v.: Sind wir allein? SETI und das Leben im All. München 2003.
Humboldt, A. von: Kosmos. Entwurf einer physischen Weltbeschreibung. Stuttgart und Augsburg 1850.
Huygens: Christiani Hugenii Kosmotheoros, Sive de Terris coelestibus, earumque ornatu conjecturae. Amsterdam 1698.
Huygens: Christiaan Huigens, Wereld-Beschouwer, of onderzoek over de hemelsche Aardeklooten, en derzelver Cieraad. Meet noodige wiskunstige Afbeeldingen. Uit het Latyn vertaald door P. Ramus. Amsterdam 1754 (Nachdruck Utrecht 1989).
Huygens: Celestial Worlds Discover'd: or, Conjectures concerning the Inhabitants, Plants and Productions of the Worlds in the Planets. London 1698.
Kant, I.: Werke. Akademie Textausgabe. Berlin 1968.
Kepler, J.: Dissertatio cum nuncio siderio nuper ad mortales misso a Galilaeo Galilaei Mathematico Patavino. Prag 1610.
Keppleri Mathematiei olim Imperatorii Somnium, seu opus posthumum de Astronomia lunari. Divulgatum a Ludovico Kepplero filio. Francfort 1634.
Keplers Traum vom Mond. Übers. von L. Günther. Leipzig 1898. Neu abgedruckt in: H. Köhl (Hrsg.): Phantastische Raumfahrt. München o. J.
Joannis Kepleri Opera Omnia. Ed. Ch. Frisch 1858–71 (Neudruck Gerstenberg Reprints 1971).
Kircher, A.: Itinerarium exstaticum. Rom 1656.
Klein, H. J.: Astronomische Abende, 5. Aufl. Leipzig 1902.
Klein, H. J.: Kosmologische Briefe. 1. Aufl. Graz 1873.
Lalande, M. de : Astronomisches Handbuch oder die Sternkunst in einem Lehrbegriff. Leipzig 1775.
Lambert, J. H.: Cosmologische Briefe über die Einrichtung des Weltbaues. Augsburg 1761. Im Auszug hrsg. von Fr. Löwenhaupt. Mülhausen 1943.
Lasswitz, K.: Auf zwei Planeten. Berlin 1926.
Leibniz, G. W.: Die Theodicee. Übers. v. A. Buchenau. Leipzig 1925.
Leonardo da Vinci: Tagebücher und Aufzeichnungen. Leipzig 1940.
Littrow, J. J. von: Wunder des Himmels. 8. Aufl. bearbeitet von E. Weiß. Berlin 1897.
Locke, J.: An Essay Concerning Human Understanding. London 1758.
Lorenzen, D.: Mission: Saturn. Cassini enthüllt die Geheimnisse des Ringplaneten. Stuttgart 2005.

Lowell, P.: Mars. Boston und New York 1897.
Lowell, P.: Mars as the Abode of Life. New York 1908.
Lowell, P.: Mars and its Canals. New York 1911.
Luciani Samosatensis opera omnia in duos tomos divisa. Salmurii Anno MDCXIX.
Lukian: Sämtliche Werke. Mit Anmerkungen. Nach der Übersetzung von C. M. Wieland bearbeitet und ergänzt von Hanns Floerke. Berlin 1922.
Lundmark, K.: Das Leben auf anderen Sternen. Leipzig 1930.
Maupassant, G. de: L'homme de Mars. In: La Lanterne du 10 octobre 1899. Neu abgedruckt in: Contes fantastiques complets. Verviers 1978. Dt. Übers. von G. Schön. In: Simon, E. und O. R. Spittel (Hrsg.): Fahrt durch die Unendlichkeit. Berlin 1988.
Newcomb, S.: Populäre Astronomie, 2. Aufl. Leipzig 1892.
Newton, I.: Opuscula. Collegit partimque Latine vertit ac recensuit Joh. Castillioneus. Lausanne, Genf 1744.
Newton, I.: Mathematische Prinzipien der Naturlehre. Hrsg. von J. Ph. Wolfers. Berlin 1872.
Nikolaus von Kues: Die belehrte Unwissenheit. Deutsch übers. v. P. Wilpert. Hamburg 1967.
Oberth, H.: Wege zur Raumschiffahrt. Bukarest 1974.
Oeser, E.: Kepler. Die Entstehung der neuzeitlichen Wissenschaft. Göttingen, Zürich, Frankfurt 1971.
Oeser, E.: Wissenschaftstheorie als Rekonstruktion der Wissenschaftsgeschichte. 2 Bde. Wien und München 1979.
Oeser, E.: Psychozoikum. Berlin und Hamburg 1987.
Parville, Henri de: Un Habitant de la planète Mars. Paris 1865.
Pickering, W. H.: Mars. Boston 1921.
Pickering, W. H.: Is the Moon a Dead Planet? In: The Century Illustrated Monthly May 1902, p. 90 – 99.
Pickering, W. H.: The Origin of Our Moon. In: Harper's Monthly Magazine. Vol. CXV. June 1907 to November 1907, p. 120 – 129.
Plassmann, J.: Himmelskunde. Freiburg 1898; 3. Aufl., Freiburg 1913.
Plutarch: Das Mondgesicht (De facie in orbe lunae). Übers. von H. Görgemanns. Zürich 1968.
Poe, E. A.: Das unvergleichliche Abenteuer eines gewissen Hans Pfaall. Übers. von G. Etzel. In: Unterredung mit einer Mumie und andere phantastische Geschichten. Wien 1947.
Pohle, J.: Die Sternenwelten und ihre Bewohner. 7., verbesserte Aufl. Köln 1922.
Preyer, W. Th.: Naturwissenschaftliche Tatsachen und Probleme. Berlin 1880.
Proctor, R. A.: Other Worlds than ours. Fifth edition. London 1882.
Proctor, R. A.: Our place among Infinities. New edition. London 1897.
Sagan, C., J. Agel: Nachbarn im Kosmos. Leben und Lebensmöglichkeiten im Universum. München 1975.
Sagan, C.: Aufbruch in den Kosmos. München 1982.
Schiaparelli, G.: Considerazioni sul moto rotatorio del Pianeta Venere. Milano 1890.
Schiaparelli, G.: Il pianeta Marte, in: Natura ed Arte 5 e 6. 1893.
Schiaparelli, G.: La vita sul pianeta Marte, in: Natura ed Arte 11. 1895.
Schröter, J. H.: Selenotopographische Fragmente über den Mond. Helmstedt 1791.

SCHRÖTER, J. H.: Aphroditographische Fragmente zur genaueren Kenntnis des Planeten Venus. Helmstedt 1796.

SCHRÖTER, J. H.: Beobachtungen über die Sonnenfackeln und Sonnenflecken. Erfurt 1789. Neu hrsg. von D. Gerdes. Lilienthal 1995.

SMITH, R.: A compleat system of opticks. Cambridge 1738.

SPITALER: Die Astrophotographie, in: Gäa., Bd. 33. 1887.

SWEDENBORG, E.: De telluribus in mundo nostro solari, quae vocantur planetae et de telluribus in coelo astrifero, deque illarum incolis; tum de spiritibus et angilis ibi, London 1758; dt. Übers.: Von den Erdkörpern der Planeten und des gestirnten Himmels Einwohnern. Frankfurt und Leipzig 1771; Nachdruck 1937.

VERNE, J.: De la Terre à la Lune. Paris 1865 (dt. Übers.: Von der Erde zum Mond. Wien, Pest, Leipzig 1877).

VERNE, J.: Autour de la Lune. Paris 1870 (dt. Übers.: Reise um den Mond. Wien, Pest, Leipzig 1875).

VOLTAIRE: Micromégas. Voyages d'un habitant de Sirius et d'un habitant de Saturne. Paris 1752.

WELLS, H. G.: The First Men in the Moon. London 1901.

WELLS, H. G.: Die ersten Menschen auf dem Mond. Übers. von W. von Grünau. Reinbek bei Hamburg 1968.

WELLS, H. G.: The War of the Worlds. London 1898.

WELLS, H. G.: Der Krieg der Welten. Übers. von G. A. Crüwell und C. Schmölders. Zürich 1974.

WHEWELL, W.: Astronomy and General Physics. London 1833.

WHEWELL, W.: History of the Inductive Science. London 1837.

WHEWELL, W.: Of the Plurality of Worlds. London 1853.

WILKINS, J.: A discourse concerning a new World and another Planet, in two books. London 1640.

WILLIAMSON, J. (STEWART, W.): Collision Orbit. Astounding Science Fiction, XXIX (5), 80 (1942).

ZUBRIN, R. UND R. WAGNER: The Case of Mars. The Plan to Settle the Red Planet and Why We Must. New York 1996.

Register

Personen

Sachen